BIANDIANZHAN YICI SHEBEI JIEGOU YUANLI
JI XUNSHI YAODIAN PEIXUN JIAOCAI

变电站一次设备结构原理
及巡视要点培训教材

国网新疆电力有限公司　编

中国电力出版社
CHINA ELECTRIC POWER PRESS

图书在版编目（CIP）数据

变电站一次设备结构原理及巡视要点培训教材 / 国网新疆电力有限公司编 . -- 北京：中国
电力出版社，2022.8（2025.1重印）
ISBN 978-7-5198-6425-5

Ⅰ．①变… Ⅱ．①国… Ⅲ．①变电所－一次设备－技术培训－教材 Ⅳ．① TM63

中国版本图书馆 CIP 数据核字（2022）第 008606 号

出版发行：中国电力出版社
地　　址：北京市东城区北京站西街 19 号（邮政编码 100005）
网　　址：http://www.cepp.sgcc.com.cn
责任编辑：丁　钊（010-63412393）
责任校对：黄　蓓　马　宁
装帧设计：郝晓燕
责任印制：杨晓东

印　　刷：北京天宇星印刷厂
版　　次：2022 年 8 月第一版
印　　次：2025 年 1 月第四次印刷
开　　本：710 毫米 ×1000 毫米　16 开本
印　　张：19.75
字　　数：383 千字
定　　价：118.00 元

编 委 会

前　言

电网是国家重要的基础设施，电力安全关系国计民生。变电站是电网的重要组成部分，变电站设备巡视是保证电网安全稳定运行、电力可靠供应的重要举措，责任重大、使命光荣。变电站设备巡视对人员业务素质和技能水平提出了较高的要求。国网新疆电力有限公司结合现场需要，在充分调研总结基础上，编写了本教材，以指导一线人员学习业务知识，提升一线运维人员技能水平。

本教材共分为十七章，重点对变压器、断路器、隔离开关等十七类一次设备进行逐一讲解，内容涵盖设备概述、结构原理、巡视要点、典型案例、习题测评等。教材框架完整、解析详尽、覆盖面广，通过详细的文字介绍、大量的现场设备图片，使读者能够近距离学习变电站设备的结构原理，掌握设备巡视要点。

本书可同时作为变电运维人员升值考试参考书籍，也可作为变电运维竞赛时的备选教材，检验变电运维人员的技能水平，提升变电运维专业综合素质。

鉴于变电运维新技术快速发展，新装备不断涌现，各类作业规范要求不断补充，本教材虽经认真编写、校订和审核，难免有疏漏和不足之处，需要不断地修订和完善，欢迎广大读者提出宝贵意见和建议，使之更臻成熟。

目　录

第一章

变 压 器

第一节 变 压 器 概 述

一、变压器基本情况

变压器是一种静态的电机,通过电磁感应关系,将一种电压等级的交流电转变成同频率的另一种电压等级的交流电。变压器用于升压、降压,以便实现电能经济、远距离传输,供用户使用。它具有以下两个特点:①一种通过改变电压而传输交流电能的静止感应电器;②只能改变电压,不能改变频率,输入与输出频率保持一致(50Hz 或 60Hz)。

二、变压器的分类

(1) 按功能分。有升压变压器、降压变压器和联络变压器。

(2) 按相数分。有三相变压器和单相变压器。

(3) 按调压方式分。有无励磁调压和有载调压变压器。

(4) 按绕组形式分。有双绕组变压器、三绕组变压器和自耦变压器。

(5) 按绝缘介质分。有干式变压器、油浸式变压器和 SF_6 气体绝缘变压器。

(6) 按冷却方式分。有油浸自冷变压器、油浸风(水)冷变压器、强迫油循环风冷变压器。

(7) 按铁芯形式分。有芯式变压器和壳式变压器。

第二节 变 压 器 原 理

一、变压器主要部件原理及结构

当前应用最多的变压器主要是油浸式变压器,故本章节只介绍油浸式变压器原理及结构,油浸式变压器是将铁芯和绕组浸入油中的变压器,主要由铁芯、绕组、绝缘介质、油箱及套管、储油柜、分接开关、气体继电器、压力释放阀、油位计、温度计、吸湿器、冷却系统、油流继电器等部件组成。

1. 铁芯

铁芯由电工硅钢片及夹紧装置组成,它有两个作用:①铁芯的磁导体构成了变压器的磁路，它将一次电路的电能转为磁能，又将磁能转变为二次电路的电能，它是能量转换的媒介；②铁芯外面套有绕组，作为骨架，支持着引线，几乎安装了变压器内部的所有部件。

变压器铁芯是变压器中主要的磁路部分，通常由含硅量较高，表面涂有绝缘漆的热轧或冷轧硅钢片叠压而成，采用框形闭合结构，由芯柱和铁轭两部分组成，其中套线圈的部分称为芯柱，不套线圈只起闭合磁路作用的部分称为铁轭。

变压器的铁芯有芯式和壳式两种形式，如图 1-1 所示。

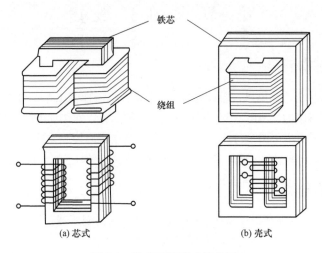

图 1-1　铁芯两种形式结构图

（1）芯式铁芯。是绕组包围芯柱（见图 1-2），大型电力变压器普遍采用芯式铁芯。

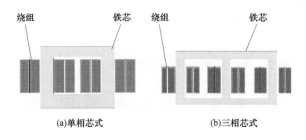

图 1-2　芯式铁芯结构图

（2）壳式铁芯。是芯柱包围绕组（见图 1-3），一般用于配电变压器。

2. 绕组

绕组是变压器输入和输出电能的电气回路，通常是按原理或按规定的联结方法连接起来，绕组主要作用是：一次绕组将系统的电能引进变压器，二次绕组将电能传输出去，绕组是传输和转换电能的主要部件。

变压器绕组类型主要有层式绕组和饼式绕组。

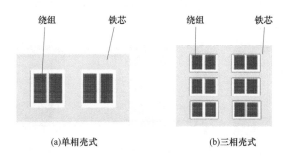

(a)单相壳式　　　　　　　(b)三相壳式

图 1-3　壳式铁芯结构图

（1）层式绕组。导线先沿轴向排列，然后再沿径向排列所组成的绕组形式。层式绕组没有油隙垫块，每一匝线都互相挨着，如图 1-4 所示。

（2）饼式绕组。导线先沿径向排列形成线段，然后再由若干段沿轴向排列所组成的绕组形式。线段之间用油隙垫块隔开形成油隙，如图 1-5 所示。

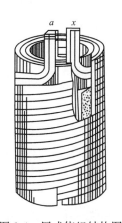
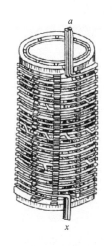

图 1-4　层式绕组结构图　　　　图 1-5　饼式绕组结构图

3. 油箱

油箱是变压器器身的外壳和浸油的容器，变压器总装的骨架，因此，变压器油箱起到机械支撑、冷却散热作用。变压器油箱可分为钟罩式和箱盖式。

（1）钟罩式油箱。钟罩式油箱是大型变压器最常用的一种结构形式，其油箱分为上、下两节构成，当将上节油箱（俗称钟罩）吊开之后，变压器器身的绝大部分将暴露出来，这给现场的检修带来了极大的便利；缺点是由于上节油箱高度较高，现场吊罩检查时，吊罩高度较高，现场高度空间受限时，将带来不便，如图 1-6 所示。

（2）箱盖式油箱。箱盖式油箱顾名思义其下部油箱主体为长方形或椭圆形油桶结构，顶部多为平顶箱盖，箱盖和油箱主体通过箱沿螺栓连接合成整体；缺点是当检修或检查变压器器身时，必须将器身吊出油箱，对现场安装条件要求较高，如图 1-7 所示。

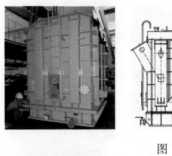
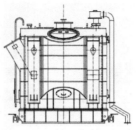

图 1-6　钟罩式油箱

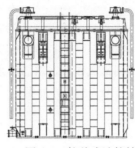

图 1-7　箱盖式油箱结构图

4. 变压器油

变压器油有 25 号和 45 号两种，主要起到绝缘、散热、消弧的作用。

（1）绝缘作用。变压器油具有比空气高得多的绝缘强度，绝缘材料浸在油中，不仅可提高绝缘强度，而且还可免受潮气的侵蚀。

（2）散热作用。变压器油的比热大，常用作冷却剂。变压器运行时产生的热量使靠近铁芯和绕组的油受热膨胀上升，通过油的上下对流，热量通过散热器散出，保证变压器正常运行。

（3）消弧作用。在变压器的有载调压开关上，触头切换时会产生电弧。由于变压器油导热性能好且在电弧的高温作用下能分解为大量气体，产生较大压力，从而提高了介质的灭弧性能，使电弧很快熄灭。

二、变压器附件原理及结构

不同型号的变压器主要在于容量、附件的差异。如双绕组变压器只包括高、低压两绕组的变压器，多绕组变压器指每相上有两个以上绕组的变压器；自耦变压器指至少两个绕组具有公共部分的变压器，自耦变压器中绕组之间除通过磁通耦合外，还有电路上的直接联结，与同容量的双绕组变压器相比，结构尺寸较小；有载调压变压器和无励磁调压变压器的区别在于分接开关调压方式不同；自冷变压器和强迫油循环风冷的变压器在于冷却方式不同。

以油浸三相三绕组自冷式有载调压变压器及油浸单相三绕组强迫油循环风冷变压器为例，结构如图 1-8～图 1-10 所示。

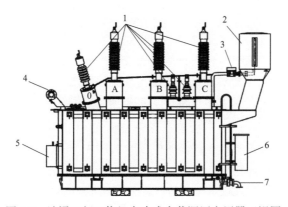

图 1-8 油浸三相三绕组自冷式有载调压变压器正视图

1—套管；2—本体储油柜；3—气体继电器；4—开关储油柜；5—调压结构箱；6—端子箱；7—排油阀

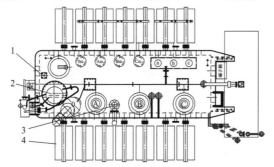

图 1-9 油浸三相三绕组自冷式有载调压变压器俯视图

1—中压侧分接开关；2—高压侧分接开关；3—压力释放阀；4—散热器

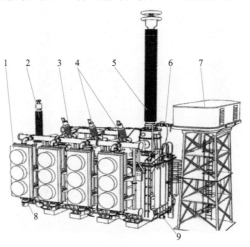

图 1-10 油浸单相三绕组强迫油循环风冷变压器示意图

1—冷却器；2—中压套管；3—中性点套管；4—低压套管；5—高压套管；6—气体继电器；

7—油枕；8—油泵；9—排油阀

1. 套管

变压器套管是变压器重要附件之一，是变压器箱外的主要绝缘装置，变压器绕组的引出线必须穿过绝缘套管，使引出线之间及引出线与变压器外壳之间绝缘，起固定引出线的作用；同时，变压器套管是变压器载流元件之一，变压器在运行中，长期通过负载电流，当变压器外部发生短路时，将通过较大短路电流。

变压器套管运行条件最苛刻，易受到电压、电流、拉力、震动、风力、大气污秽等多方面的综合影响，因此，是变压器最为重要的组件之一。

图 1-11　纯瓷套管结构图

套管按绝缘种类不同，可分为纯瓷套管和电容式套管。

（1）纯瓷套管。纯瓷套管多用于变压器中低压侧，它由接线板、瓷套、导电杆组成，导电杆穿过瓷套与接线板和绕组连接，如图 1-11 所示。

1）接线板。用于套管与外部引线连接固定。

2）瓷套。绝缘、支撑作用。

3）导电铜杆。用于变压器绕组引出线与外部高压线连接。

（2）电容式套管。由主绝缘电容芯子、外绝缘上下瓷件、连接套筒、油枕、弹簧装配、底座、均压球、测量端子、接线端子、橡皮垫圈、绝缘油等组成，如图 1-12 所示。

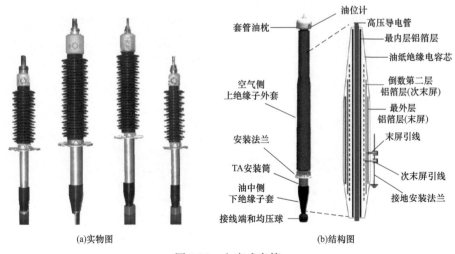

(a)实物图　　　　　　　　　(b)结构图

图 1-12　电容式套管

套管的主要附件如下：

1）油枕。用来调节因温度变化而引起的油体积变化，使套管内部免受大的压力。其上设有油表，供运行时监视油面，为全密封结构，将内室与大气完全隔绝。

2）均压球。尾部均压球的作用是改善电场分布，避免接线端子的尖端放电。均压球内是接线端，用来连接引线。

3）末屏。末屏引出线一般在电容芯的最外层电容屏，用于与地等电位连接，运行中接地，预防性试验时解开以便测量套管的容量和介损。

4）油位表。油位表作用是运行时监视油面。

5）绝缘子外套。用作内绝缘的容器，并使内绝缘免遭周围环境因素的影响，有绝缘、支撑作用。

6）绝缘电容芯。由铝箔层组成，作为套管内绝缘。

2．储油柜

储油柜安装于变压器上方，用管道与变压器的油箱相连。当变压器油的体积随着油的温度膨胀或减小时，储油柜起着调节油量，保证变压器油箱内经常充满油的作用。若没有储油柜，变压器油箱内的油面波动会带来以下两个方面的不利因素：①油面降低时露出铁芯和绕组部分会影响散热和绝缘；②随着油面波动，空气从箱盖缝里排出和吸进，而由于上层油温很高，使油很快地氧化和受潮。储油柜的变压器油在平常几乎不参加油箱内的循环，它的温度要比油箱内的上层油温低得多，而变压器油在低温下氧化过程慢，故为减少变压器油和空气的接触面，防止油的过速氧化而设置了储油柜。

储油柜分为敞开式和密封式两大类，密封式又可分为胶囊、金属波纹式和隔膜式储油柜。

（1）敞开式储油柜。是由铁板卷制成的单一筒体，绝缘油通过结构简单的呼吸器与外界大气相通，敞开式储油柜呼吸器作用有限，运行时绝缘油易受潮和氧化，如图 1-13 所示。

图 1-13　敞开式储油柜实物图

（2）胶囊式储油柜。如图 1-14 所示，壳体内装有一个耐油尼龙复合橡胶的软气囊，囊内通过呼吸管及吸湿器与大气接触，囊外和变压器油接触，当变压器油箱中油膨胀或收缩导致储油柜油面上升或下降时，使软气囊向外排气或自行吸气以平衡软气囊内外侧压力，起到呼吸作用，从而将变压器油与空气彻底隔开，并且随变压器温度变化及时补偿油箱内的压力差；软气囊采用悬挂式，动作灵活、通气阻力小。

胶囊式储油柜的主要附件有：

1）胶囊。通过呼吸管及吸湿器与大气接触，囊外和变压器油接触，当变压器油箱中油膨胀或收缩导致储油柜油面上升或下降时，使软气囊向外排气或自行吸气以平衡软气囊内外侧压力，起到呼吸作用，从而将变压器油与空气彻底隔开。

2）放气塞。用于排放储油柜内气体。

3）人孔。检修时用于进入储油柜内部。

4）油位计。用于观察储油柜内油位，当油位达到设定的最高或最低位置时，油位表通过报警开关能及时、准确地报警。

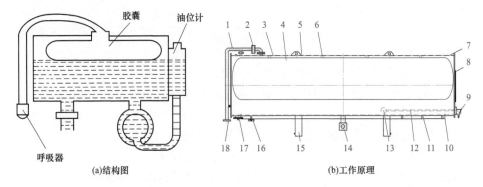

(a)结构图   (b)工作原理

图 1-14   胶囊式储油柜工作原理图

1—抽真空联管；2—抽真空阀；3—柜壳；4—胶囊；5—吊板；6—胶囊挂钩；7—放气塞；8—人孔；
9—指针式油位计；10—安全杆；11—电缆挂线钩；12—油位计连杆；13—油位计浮子；
14—主联管、蝶阀；15—柜脚；16—注、放油管；17—集污盒；18—接储油柜吸湿器联管

5）注、放油管。向储油柜内注油或放油。

胶囊式油枕优点：安装维护简单，观测直观。

胶囊式油枕缺点为：

1）胶囊易老化、龟裂，安装时容易损坏、破损，使空气中的水和雨水进入油中。

2）主变压器在长期运行中，会有部分气体进入油枕中，这些气体占据了一定位置，影响了油枕内胶囊的呼气，当气体过多时，使油表出现假油面。

（3）金属波纹式储油柜。金属波纹式储油柜又分为内油式金属波纹储油柜和外油式金属波纹储油柜。

1）内油式金属波纹式储油柜。波纹膨胀芯体内部充油，外腔与大气相通，储油腔通过下部连接口与变压器油箱相通，波纹膨胀芯体内不与外界大气相通。当绝缘油随温度变化产生体积膨胀或收缩时，促使波纹膨胀芯体内沿垂直方向伸缩，从而改变波纹膨胀芯体内油腔大小，实现对绝缘油的体积变化补偿，如图 1-15 所示。

内油式金属波纹式储油柜的主要附件为：①散热窗：用于波纹膨胀体在胀缩时散发热量；②芯体保护装置：当变压器油量随温度变化超出储油柜的最大补偿量时，波纹膨胀芯体保护装置自动卸油避免芯体损坏，同时可有效保护变压器；③排气管：用于排放储油柜内气体；④油位指示：用于观察储油柜内油位，显示储油柜油位。

2）外油式金属波纹式储油柜。如图 1-16 所示，波纹补偿器是一个内腔与大气相通的气囊，放置于绝缘油中，储油腔通过下部连接口与变压器油箱相通。波纹补偿器内腔通过呼吸口与外界大气相通。当绝缘油随温度变化产生体积膨胀或收缩时，促使波纹补偿器沿水平方向伸缩，从而改变柜内油腔大小，实现对绝缘油的体积变化补偿。外油式金属波纹式储油柜的主要附件如下：

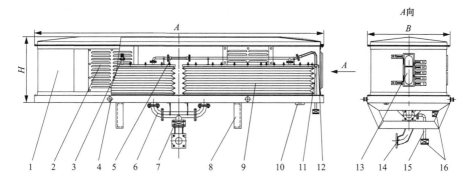

图 1-15　内油式金属波纹式全密封储油柜图

1—外壳；2—散热窗；3—芯体保护装置；4—吊柄；5—排气软连管；6—输油管路；
7—碟阀；8—柜脚；9—波纹膨胀芯体；10—接线端子盒；11—排气管；
12—油位指示；13—视窗；14—软连接管；15—注油管；16—碟阀

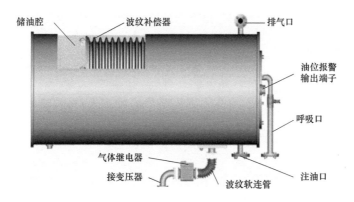

图 1-16　外油式金属波纹式储油柜

① 储油腔：存放变压器油。

② 波纹补偿器：一个内腔与大气相通的气囊，放置于绝缘油中，储油腔通过下部连接口与变压器油箱相通。

③ 排气口：用于排放储油柜内气体，正常运行时是关闭状态。

④ 油位报警输出端子：油位达到设定的最高或最低位置时，及时准确报警。"假油位"现象是储油柜内的气体没有排放干净造成一定的气体滞留，即储油柜不是真空状态，变压器运行发热后气体的受热膨胀系数远大于变压器油的膨胀系数，严重减少了波纹管的补偿空间，导致油位指针偏高的异常现象。

金属波纹式储油柜优点如下：

1）由于油枕直接储油，有效容积大，能满足各类大型变压器需求。

2）全密封、免维护、不老化、抗破损、补偿量大、灵敏度高、动作平稳可靠、工作寿命长。

3）采用超柔性不锈钢波纹芯体，无凝露原理设计，满足变压器绝缘油容积补偿，确保变压器油与空气隔离。

金属波纹式储油柜缺点如下：

1）油枕中的波纹体要求每个波纹管单元的伸缩刚性必须一致，造价高。

2）结构复杂安装不方便。

（4）隔膜式储油柜。如图 1-17 所示，由两个半球柱体组成，储油柜中间有隔膜，隔膜周边固定在下半圆柱柜沿下方，用密封垫压紧，隔膜浮在油面上，随着油面的变化而浮动，使油面与大气分开。在油柜右端板上侧装有一测针式油位表，当隔膜上下移动时，通过固定在隔膜上的支架，可自由伸缩的栏杆，以及传动齿轮、磁偶等机构，将变压器油位用指针在刻度盘上指示出来。油位表的刻度是均匀的，共分 10 个位置。"10"为最高油位，"0"为最低油位，在最高、最低油位时均可发出报警信号。油位表指示的刻度即油位的高低是和油位温度成一定比例的。隔膜式储油柜的主要附件如下：

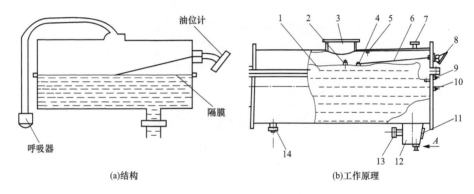

(a)结构　　　　　　　　　　　　　　(b)工作原理

图 1-17　隔膜式储油柜

1—隔膜；2—放气塞；3—观察孔；4—支架；5—固定螺母；6—连杆；
7—吸湿器管接头；8—油位表；9—放水塞；10—排气塞；11—集气盒指示标；
12—集气盒；13—气体继电器管接头；14—集污器

1）隔膜 1。使油面与大气分开。

2）放气塞 2。用于排放油袋内气体。

3）观察孔 3。用于油枕检查时查看隔膜和连杆。

4）油位表 8。用于观察储油柜内油位。

5）放水塞 9。放出气袋内进入的水分。

6）排气塞 10。用于排放气袋内气体。

7）集气盒 12。阻止变压器在注油和运行过程中产生的气体进入储油柜内，确保油位的指示准确。

隔膜式储油柜优点：内部装一个耐油尼龙膜袋，确保变压器油与空气隔离。

隔膜式储油柜缺点如下：

1）油表易出现虚假油位或油位突然上升，因为油室排气不彻底或排气完毕后未及时把排气塞拧上，以致空气重新进入，油温升高时柜内空气膨胀，压油袋受压加大，使油表位上升。储油柜油位底部橡胶圈容易老化、渗油。

2）储油柜隔膜固定处容易渗油，储油柜隔膜容易老化，引起隔膜袋破裂，造成油质老化加快。

3. 分接开关

分接开关是一种通过改变变压器高压绕组抽头来改变高低压绕组的匝数比，从而调节变压器输出电压的一种装置，分为有载分接开关与无励磁分接开关两大类。如果切换分接头必须将变压器从电网中切除，即不带电切换，称为无励磁调压或无载调压，这种分接开关称为无励磁分接开关，或无载调压分接开关；如果切换分接头不需要将变压器从电网中切除，即可带着负载切换，则称为有载调压，这种分接开关称为有载分接开关，如图 1-18 所示。

图 1-18　调压机构箱示意图

无论有载分接开关还是无励磁分接开关，一般都采用线性调或正反调的调压方式，如图 1-19 所示。

（1）有载分接开关。工作原理：因为操作有载分接开关时变压器处于励磁状态，故需保证分接切换过程中负载回路不断路、不短路。

为实现不断路，变压器两相邻抽头必须有一个短（桥）接过程。

为实现不短路，在变压器两相邻抽头之间串接合适的电阻（或电抗）。

有载分接开关切换过程示意图如图 1-20 所示。

因各生产厂家的基本型号及表示方法不同，有载分接开关一般分为复合型和组合型，如图 1-21 所示。

复合型有载分接开关指切换机构与选择机构在一个油室内，一般通断的负荷电流较小。

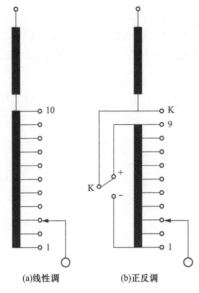

(a)线性调   (b)正反调

图 1-19   调压接线图

组合型有载分接开关指切换机构与选择机构分开，切换机构在一个单独的油室内，选择机构与变压器器身在同一油室内，一般通断的负荷电流较大。

（2）无励磁分接开关。无励磁分接开关用于在变压器无励磁的状态下来变换分接位置，从而改变变压器的匝数比。

这种变换是利用机械操作装置来选择不同分接头。定触头可是圆周布置（旋转式）或直线布置（导轨型和滑动型），驱动机构多数是手动操作，但是也可采用电动机构。

无励磁分接开关只能在变压器无励磁下进行调压操作。

4. 气体继电器

气体继电器是用于带储油柜的油浸变压器和有载调压开关的一种保护装置。装在变压器储油柜和油箱之间的管道间，利用变压器内部故障使油分解产生气体或造成油流涌动时，使气体继电器的接点动作，接通指定的控制回路，并及时发出信号告警（轻瓦斯）或启动保护元件自动切除变压器（重瓦斯）。

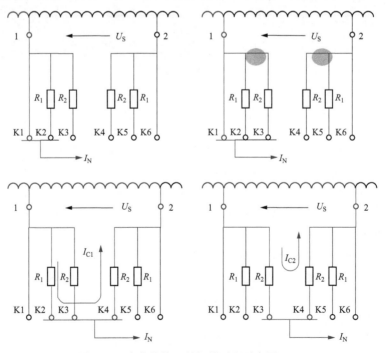

图 1-20   有载分接开关切换过程示意图（一）

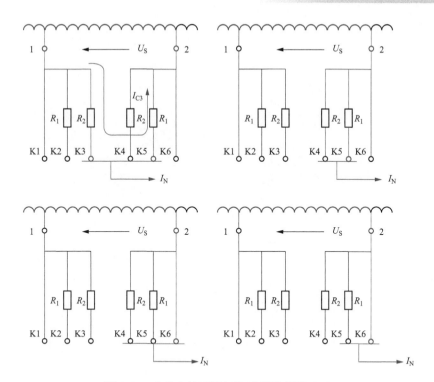

图 1-20　有载分接开关切换过程示意图（二）

当变压器（或有载开关）内部出现轻微故障时，变压器油由于分解而产生的气体聚集在继电器上部的气室内，迫使其油面下降，浮杯（浮子）随之下降到一定位置，其上的磁铁使干簧接点吸合，接通信号回路，发出报警信号。

当变压器（或有载开关）内部出现严重故障时，将会出现变压器油涌浪，在管路产生油流，冲动继电器的挡板，当使挡板达到某一限定位置时，继电器的跳闸接点接通，切断变压器电源，以保护变压器。

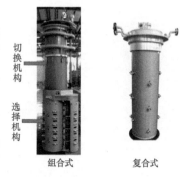

图 1-21　有载分接开关结构图

如果发生变压器因漏油而使油面降低至气体继电器视察窗以下时，继电器下浮子也会发出信号，用于报警或跳闸。双浮球挡板式气体继电器如图 1-22 所示，浮杯挡板式气体继电器如图 1-23 所示。

气体继电器结构为：

1）壳体。壳体是由耐气候变化的铸铝合金制成，并涂有油漆，依照出口形式可分为螺纹连接或法兰盘连接，如图 1-24 所示。

玻璃视窗：壳体上玻璃视窗是用来监控开关系统功能的，可通过玻璃视窗上的数据刻度读出聚集气体的体积量。

图 1-22　双浮球挡板式气体继电器　　　　图 1-23　浮杯挡板式气体继电器

翻盖：玻璃视窗用可翻起的翻盖保护，设备运行时应保持翻盖在打开状态。

2）顶盖。顶盖是由耐气候变化的铸铝合金制成，并涂有油漆。顶盖部件上半部分有接线盒、放气阀和检查钮等，检查钮用闷盖螺母覆盖，同时上面还附有一个检查钮操作说明标牌。在接线盒底部，除了有一个接地点外，最多还可安装八个接线端子。接线端子数量的多少是由接线系统的布线配置决定，即和瓦斯保护的功能和数量有关，如图 1-25 所示。

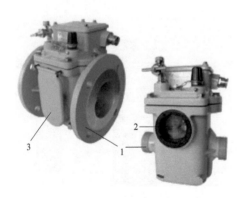

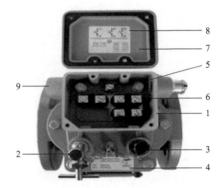

图 1-24　气体继电器外部结构图　　　　　图 1-25　气体继电器内部结构图
1—法兰盘连接；　　　　　　　　　　　　1—接线盒；2—放气阀；3—闷盖螺母；
2—玻璃视窗；　　　　　　　　　　　　　4—操作说明标牌；5—接地点；6—接线端子；
3—翻盖　　　　　　　　　　　　　　　　7—盖板；8—开关接线；9—电缆螺旋固定处

接线盒：接线盒用一个铝制盖板采用防碰、防尘、防潮措施进行封闭，铝盖内侧附有开关接线图。

电缆螺旋固定处，接线时，可选择通过两边的电缆螺旋固定处任何一处，将连线穿入接线盒中。

3）开关装置主要有框架部件与开关系统，单浮子气体继电器仅有一个开关系统，双浮子气体继电器有一个上开关系统和一个下开关系统。恒磁磁铁和浮子采用机械方法固定在一起，并作为一个整体可活动地安装在框架上，如图1-26、图1-27所示。

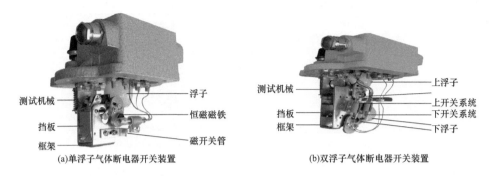

(a)单浮子气体断电器开关装置 (b)双浮子气体断电器开关装置

图 1-26 浮子气体继电器开关装置图

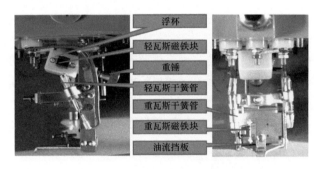

图 1-27 浮杯挡板式气体继电器实物结构图

下面以双浮球气体继电器为例，说明各种情况下气体继电器的动作过程：

（1）轻瓦斯气体报警。当变压器内部有少量气体产生，气体量积累到一定量时，上浮球向下运动，带动磁铁柱，吸合气体继电器上部两对干簧管触点，轻瓦斯动作报警，如图1-28所示。

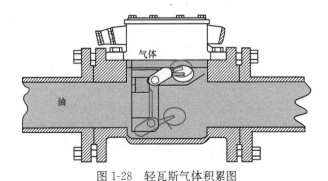

图 1-28 轻瓦斯气体积累图

（2）绝缘油流失，如图1-29所示。

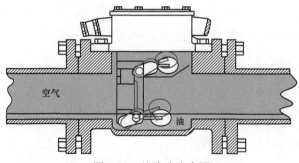

图 1-29　绝缘液流失图

1）故障。由于渗漏造成绝缘油流失

2）反应。随着液体水平面的下降，上浮子也同时下沉，此时发出报警信号；当液体继续流失，储油柜、管道和气体继电器被排空。随着液面的下降，下浮子下沉，通过浮子的运动，启动一个开关触点，重瓦斯动作，由此跳开变压器各侧断路器，切断电源。

（3）绝缘液体流动（见图 1-30）。

1）故障。由于一个突发性、自发性事件而产生向储油柜方向运动的压力波流。

2）反应。压力波流冲击到安装在液流中的挡板，当波流的流速超过挡板的动作值时，挡板顺波流的方向运动；通过这一运动，启动开关触点，重瓦斯动作由此跳开变压器各侧断路器，切断电源；当压力波流消退后，下开关系统恢复原位。

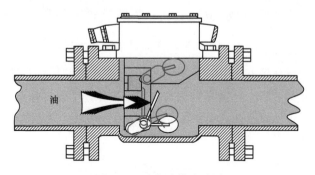

图 1-30　绝缘液体流动图

5. 压力释放阀

压力释放阀适用于油浸式电力变压器、有载分接开关等，用来保护油箱。变压器的压力释放阀是变压器非电量保护的安全装置，在变压器油箱内部发生故障时，油箱内的油被分解、汽化，产生大量气体，油箱内压力急剧升高，此压力如不及时释放，将造成变压器油箱变形甚至爆裂。压力释放阀就是当变压器在油箱内部发生故障、压力升高至压力释放阀的开启压力时，压力释放阀在 2ms 内迅速开启，使变压器油箱内的压力很快降低。当压力降到关闭压力值时，压力释放阀便可靠关闭，使变压器油箱内永远保持正压，有效防止外部空气、水分及其他杂质进入油箱。

压力释放阀的主要结构形式是外弹簧式，主要由弹簧、阀盖、阀壳体（罩）等零部件组成。当变压器发生内部故障，油箱内绝缘油作用于动作盘的压力大于启动值，动作盘推动弹簧向上移动，变压器油排出。动作盘向上移动时带动标示杆移动，标示杆移动触发开关，跳闸信号接通，如图 1-31 所示。

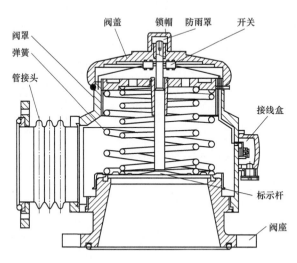

图 1-31　压力释放阀结构图

压力释放阀主要附件如下：

（1）标示杆。标示杆带有颜色，指示压力释放阀动作情况，同时与开关配合，触发信号。

（2）弹簧。提供压力。

（3）开关。继电器触点，标示杆移动触发开关，接通跳闸信号。

6. 油位计

油位计是用来指示变压器内部油位高低的指示器，目前使用的有玻璃油位计、磁铁式油表和磁针式油表等。

（1）玻璃式油位计。油位指示自成系统，油位表在储油柜的一端，如图 1-32 所示。

（2）磁铁式油表。当储油柜油面升降时，浮子也随之升降，通过连杆使永久磁铁转动，吸引玻璃板另一侧的磁铁转动，从而带动指针转动，指针位置在表盘上反映储油柜中的油面位置，如图 1-33 所示。

（3）磁针式油表。当储油柜内油位的变化，使得油位计连杆上的浮球上下摆动，带动油位计的转动机构转动，通过磁耦合器及指针轴的转动，将储油柜的油位在表盘上通过指针指示出来。油位计内装有超限油位报警机构，可实现油位远程监测，如图 1-34 所示。

图 1-32　玻璃式油位计实物图

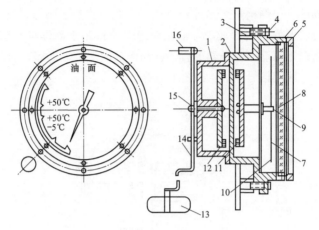

图 1-33   磁铁式油表结构示意图

1—端盖；2—表座；3—密封垫圈；4—螺栓；5—表盖；6—密封垫圈；7—表盘；8—玻璃板；
9—轴；10—指针；11—永久磁铁；12—永久磁铁；13—浮子；14—连杆；15—轴；16—平衡锤

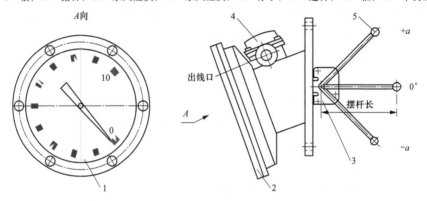

图 1-34   磁针式油表结构示意图

1—表盘；2—表体；3—传动部分；4—接线盒；5—浮球部分

7. 温度计

变压器用温度计用来测量变压器油顶层温度和变压器绕组温度，变压器的安全运行和使用寿命是和运行温度密切相关的，在《国家电网有限公司变电运维管理规定》中规定了变压器运行时油顶层的温度和绕组的平均温度，如图 1-35 所示。

图 1-35   温度计实物图

变压器油温除了变压器制造厂家另有规定外，油浸式变压器顶层油温一般不应超过油浸式变压器顶层油温在额定电压下的一般限值（见表 1-1）。当冷却介质温度较低时，顶层油温也相应降低。

表 1-1　　　　　　　油浸式变压器顶层油温在额定电压下的一般限值　　　　　　　（℃）

冷却方式	冷却介质最高温度	顶层最高油温	不宜经常超过温度	告警温度设定
自然循环自冷（ONAN） 自然循环风冷（ONAF）	40	95	85	85
强迫油循环风冷（OFAF）	40	85	80	80
强迫油循环水冷（OFWF）	30	70		

（1）油面温控器结构及工作原理。变压器油面温控器主要由弹性元件、传感导管、感温部件、温度变送器、数字式温度显示仪组成，如图 1-36 所示。由弹性元件、传感导管和感温部件构成的密封系统内充满感温介质，当被测温度变化时，感温部件内的感温介质体积随之变化，这个体积增量通过传感导管传递到仪表内弹性元件，使之产生一个相对应的位移，这个位移经机构放大后便可指示被测温度，并驱动温度控制开关，输出开、关控制信号以驱动冷却系统，达到控制变压器温升的目的，如图 1-37 所示。

油面温控器的主要附件如下：

1）表针。用于指示变压器当前油温数值。

2）最高指示针。用于指示变压器达到的最高油温值。

3）温度控制开关。用于调整油温告警值定值，与主变压器非电量保护配合，达到整定值时非电量保护发告警信号。

4）航空插头。连接电气线路的机电元件，用于油温控制器与外部控制回路连接。

5）导热油。导热油是变压器油，起密封和导热的作用。

6）温包。温包是 Pt100 铂电阻，感应油温。

（2）绕组温控器结构及工作原理。由于大容量变压器顶层油温明显滞后绕组温度，用绕组温度信号投切变压器冷却系统能及时、有效地改善变压器工况，因此大容量变压器一般采用绕组温度信号来投切变压器冷却系统。但是无论在技术上，还是在工艺上，直接测量电力变压器绕组温度都存在一个高压隔离的问题，所以目前国内外普遍采用一种以 IEC354《油浸变压器负载导则》为基础的"热模拟"技术间接测量变压器绕组温度。

"热模拟"技术的工作原理如图 1-38 所示。从变压器的电流互感器取得的与负载电流成正比的附加电流 I_{ct}，经复合变送器变流成 I_h（I_h 是对 I_{ct} 进行调整后，根据变压器铜油温差人为给出的工作电流）。I_h 对复合变送器内附设的一组特别设计的电热元件进行加热，该电流在电热元件上所产生的正比于负载电流的附加温升即模拟的铜油温差 T_{wo}，迭加到变压器顶层油温 T_o 上，从而使得绕组温度计温包获得变压器的绕组温度 $T_w = T_o + T_{wo}$。

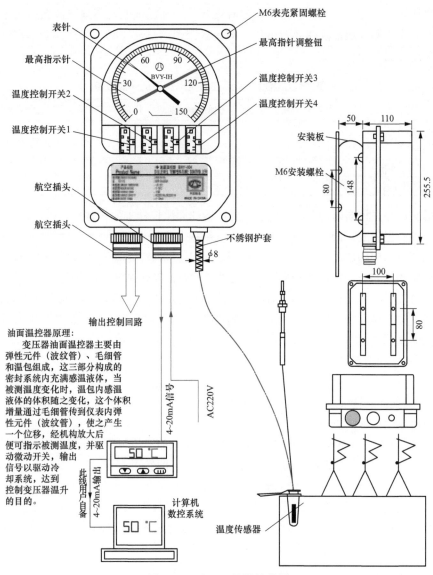

表针
最高指示针
温度控制开关2
温度控制开关1
航空插头
航空插头

M6表壳紧固螺栓
最高指针调整钮
温度控制开关3
温度控制开关4

不绣钢护套
安装板
M6安装螺栓

输出控制回路

油面温控器原理:
变压器油面温控器主要由弹性元件（波纹管）、毛细管和温包组成，这三部分构成的密封系统内充满感温液体，当被测温度变化时，温包内感温液体的体积随之变化，这个体积增量通过毛细管传到仪表内弹性元件（波纹管），使之产生一个位移，经机构放大后便可指示被测温度，并驱动微动开关，输出信号以驱动冷却系统，达到控制变压器温升的目的。

此线用户自备
4~20mA信号
AC220V

计算机数控系统
温度传感器

图 1-36　油面温控器结构图

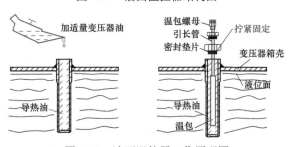

加适量变压器油
导热油

温包螺母
引长管
密封垫片
拧紧固定
变压器箱壳
液位面
导热油
温包

图 1-37　油面温控器工作原理图

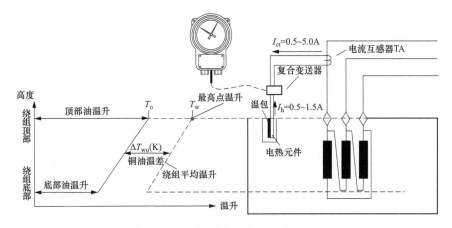

图 1-38　变压器绕组温控器工作原理图

绕组温控器的结构图如图 1-39 所示，主要附件为：

1）表针。用于指示变压器当前油温数值。

2）最高指示针。用于指示变压器达到的最高油温值。

3）微动开关。用于调整油温告警值定值，与主变压器非电量保护配合，达到整定值时非电量保护发告警信号。

4）航空插头。连接电气线路的机电元件，用于油温控制器与外部控制回路连接。

8. 吸湿器

吸湿器又称呼吸器，为变压器在温度变化时内部气体出入提供通道，解除正常运行中因温度变化产生对油箱的压力，如图 1-40 所示。

吸湿器内装有吸附剂硅胶，油枕内的绝缘油通过吸湿器与大气连通，内部吸附剂吸收空气中的水分和杂质，以保证绝缘油的良好性能。

硅胶变色原理：为了显示硅胶受潮情况，一般采用变色硅胶。变色硅胶原理是利用二氯化钴（$CoCl_2$）所含结晶水数量不同而有几种不同颜色做成，二氯化钴含六个分子结晶水时，呈粉红色；含有两个分子结晶水时，呈紫红色；不含结晶水时，呈蓝色。

油杯：油杯的作用是延长硅胶的使用寿命，把硅胶与大气隔离开，使只有进入变压器内的空气通过硅胶。

9. 冷却系统

当变压器的上层油温与下层油温产生温差时，形成油温对流，并经冷却器冷却后流回油箱，起到降低变压器运行温度的作用，防止变压器长期处于高温状态，造成绝缘老化，影响设备的供电可靠性。

变压器冷却方式有以下几种：

（1）油浸式自冷。将变压器的铁芯和绕组直接浸入变压器油中，经过油的对流和散热器的辐射作用，达到散热的目的。

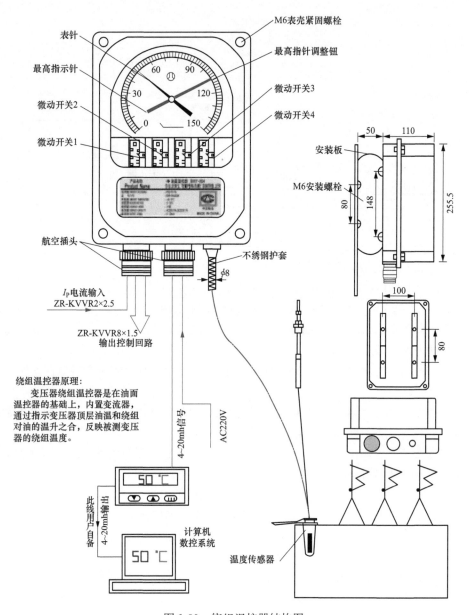

图 1-39　绕组温控器结构图

（2）油浸式风冷。在油浸式自冷的基础上，散热片上加装风扇，在变压器的油温达到规定值时，起动风扇，达到散热的目的，如图 1-41 所示。

（3）强迫油循环式。

1）强迫油循环风冷式。其冷却装置由冷却器本体、油泵、风扇、油流继电器、蝶阀、分控制箱组成，如图 1-42 所示。变压器油箱上部的热油进入冷却器，使之流过冷却管，由变压器油泵从变压器的下部送回油箱。当热油在冷却管内流动时，将热量传给冷却管，再由冷却管对空气放出热量；同时变压器风扇将空气吸入，使之流过管簇，吸收热量，然后从冷却器的前方吹出。

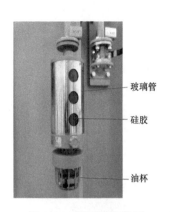

图 1-40　吸湿器实物图

玻璃管

硅胶

油杯

图 1-41　油浸式风冷实物图

图 1-42　强油循环冷却器示意图

强迫油循环风冷冷却装置主要部件介绍如下：

油流继电器：油流继电器是显示变压器强迫油循环冷却系统内油流量变化的装置，用来监视强油循环冷却系统的油泵运行情况，如图 1-43 所示，如油泵转向是否正确、阀门是否开启、管路是否堵塞等情况，当油量达不到动作油流量或减少到返回注油量时均能发出警报信号。

油流继电器主要由表盘和指针构成显示部分，凸轮和微动开关构成的信号开关部分，动板、传动轴、复位涡卷弹簧和调整盘，以及耦合磁钢构成传动部分，其结构如图 1-44 所示。

 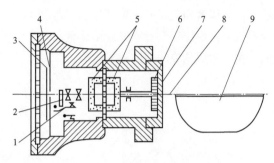

图 1-43　油流继电器
1—停止区；2—告警区；
3—正常运行区

图 1-44　油流继电器结构图
1—微动开关；2—凸轮；3—指针；4—表盘；5—耦合磁钢；
6—复位涡卷弹簧；7—调整盘；8—传动轴；9—动板

　　油流达到动作油流量以上时，冲动指示器的动板旋转到最终位置，通过磁钢的耦合作用带动指示部分同步转动，指针指到流动位置，微动开关动合接点闭合发出正常工作信号。当油流量减少到返回油流量（或达不到动作油流量）时，动板借助复位涡卷弹簧的作用动板返回，使微动开关的动合接点打开发出故障信号。

　　油泵：变压器油泵是一种全密封结构的、内置潜油运行直轴驱动离心式或轴流式叶片泵的三相异步电动机，专用于输送变压器绝缘油介质的流体机械。离心式变压器油泵适用于变压器强油风冷却器，轴流式变压器油泵（低扬程、大流量）适用于变压器片式散热器，如图 1-45 所示。

(a) 离心式油泵　　　　　　　　　　　(b) 轴流式油泵

图 1-45　油泵实物图

　　风扇：变压器风扇是用于排出热交换器中所发射出来的热空气。

　　2）强迫油循环水冷式。这种方式是用油泵强迫油加速循环，通过水冷却器散热，使变压器的油得到冷却。

　　3）强迫油循环导向冷却式。以强迫油循环的方式，使冷油沿着一定路径通过绕组和铁芯内部以提高散热效率的冷却方法。

10. 断流阀

断流阀是一种机械式流控型单向逆止阀，通常安装在变压器储油柜与气体继电器之间主油管中（断流阀安装的红色箭头要朝向变压器），一般与排油注氮灭火装置配合使用。当变压器由于内部故障或其他原因，引起油的大量外溢、泄漏时，断流阀具有"一排油即关闭"的功能，可立即切断储油柜与油箱间的油路，使储油柜不再给油箱补油，是油浸电力变压器辅助安全保护装置，如图 1-46 所示。

断流阀的结构主要包括弹簧式（含上部控制、下部控制两种）和配重式两种，主要区别是阀板的控制方式。

弹簧式断流阀当变压器正常运行时，断流阀阀板与密封面形成一个开放夹角，并保持稳定打开状态。当变压器出现故障，有油流外泄且流量达到最小关断流量时，

图 1-46　断流阀实物图

阀板自动关闭，储油柜不再给变压器油箱补油，此时，开关接点闭合通过接线盒接通报警信号回路。变压器的故障排除，变压器油停止外泄且阀板两侧的油压接近相等时，阀板能自动打开复位。弹簧式结构运行过程中需要弹簧和磁铁配合保证阀板在打开状态，一旦弹簧或磁铁出现问题，阀板可能在重力作用下发生流速定值变化、误关闭（上部控制型）等情况，具体结构如图 1-47 所示。

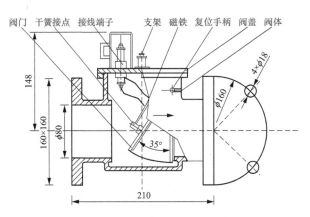

图 1-47　弹簧式断流阀上部控制型结构图

第三节　变压器巡视要点

1. 本体巡视要点

（1）各部位有无渗油漏油。渗漏油部位不同、渗漏油量不同，对变压器的影响也不同。

1）不仅严重影响外观，而且会因电力变压器需停运排除渗漏而造成经济损失。若电力变压器地面基础上油迹较多时，还可能成为引发火灾的隐患。

2）会严重干扰运维人员对电力变压器储油柜内的密封状况和油位计指示的正确性监视和判断。

3）可能使带电接头、开关等处在无油绝缘的状况下运行，从而可能导致击穿、短路、烧损，甚至引起设备爆炸。

4）会使全密封电力变压器丧失密封状态，易使油纸绝缘遭受外界空气、水分的入侵而使绝缘性能降低，加速绝缘老化，影响电力变压器的安全、可靠运行。

（2）各阀门位置正确。变压器各阀门位置正确是保障变压器各部件装置功能正常运行的条件之一。阀门开启位置错误将导致变压器事故，如呼吸器阀门开启不正确可能导致变压器非电量保护动作，散热器阀门运行时未开启，影响油循环，达不到散热效果，从而影响变压器的正常运行。

（3）变压器接地良好。外壳接地是防止变压器漏电使外部的金属带电而出现触电事故，属保护接地。中性点接地为保护接地和工作接地，主要为防止因中性线开路而造成的电压不平衡损坏电器设备及触电事故。变压器正常运行时铁芯及夹件必须有且仅有一点可靠接地，若没有接地，则铁芯及夹件对地的悬浮电压会造成铁芯及夹件对地断续性击穿放电，铁芯一点接地后消除了形成铁芯悬浮电位的可能。如多点接地，对变压器正常运行危害极大：①造成铁芯局部短路过热，严重时会造成铁芯局部烧损或损坏绕组，造成匝间或相间故障；②由于铁芯的接地线产生环流，引起变压器局部过热，产生放电性故障。

（4）正常运行时应为均匀的嗡嗡声，无其他异响。由于变压器铁芯是由一片片硅钢片叠成，所以片与片间存在间隙，当变压器通电后，有了励磁电流，铁芯中产生交变磁通，在侧推力和纵牵力作用下硅钢片产生倍频振动。这种振动使周围的空气或油发生振动，就发出"嗡嗡"的声音。正常运行时，变压器铁芯的声音应是均匀的。

1）过电压或过电流。变压器的响声增大，但仍是"嗡嗡"声，无杂音。随负荷的急剧变化，也可能呈现"割割割、割割割割"突击的间歇响声，和变压器指示仪表（电流表、电压表）的指针同时动作，易辨别。

2）夹紧铁芯的螺钉松动。呈现非常惊人的"锤击"和"刮大风"之声，如"叮叮当当"和"呼…呼…"之音。但指示仪表均正常，油色、油位、油温也正常。

3）外界气候影响造成的放电。如大雾天、雪天造成套管处电晕放电或辉光放电，呈现"嘶嘶""嗤嗤"之声，夜间可见蓝色小火花。

4）铁芯故障。如铁芯接地线断开会产生如放电的劈裂声，"铁芯着火"造成不正常鸣音。

5）匝间短路。因短路处局部严重发热，使油局部沸腾会发出"咕噜咕噜"像水沸腾的声音，这种声音特别要注意。

（5）引线接头、电缆应无发热迹象。变压器外部引线接头过热是常见的故障之一，一旦发生将损坏引线线夹、烧断接头等情况。若是套管导电杆与接线端发热会造成桩头密封圈老化渗油，油溢至套管，吸附上导电性的金属尘埃，遇上雨雪天气湿度增加时，再出现过电压，就可能发生套管闪络放电或爆炸。

（6）检查变压器温度是否正常，有无异常升高，与后台监控机数据是否一致，误差在合格范围之内（与后台监控机数据误差小于5°）。

变压器正常运行温度应在正常范围内。如变压器长时间在温度很高的情况下运行，会缩短内部绝缘纸板的寿命，使绝缘纸板变脆，容易发生破裂，失去应有的绝缘作用，造成击穿等事故；绕组绝缘严重老化，并加速绝缘油的劣化，影响使用寿命。后台监控机变压器温度数据需与就地保持一致，方便后台监控人员能准确地实时了解变压器温度情况，判断变压器温度是否过高。

（7）检查变压器油在线检测装置运行正常，在线检测数据在合格范围内。油中溶解气体分析是非停电状态下评估设备内部状态的关键手段。变压器（高抗）在异常运行状态下会产生特征气体，对油中溶解气体种类和含量进行分析，可感知变压器（高抗）当前实时运行状态，判断缺陷类型，预判潜伏性故障的发生。变压器测量对象主要有 H_2、CO、CO_2、CH_4、C_2H_4、C_2H_6、C_2H_2 等几种气体。油色谱在线检测各气体注意值：$H_2 \leq 150uL/L$，$CO \leq 1500uL/L$，$CO_2 \leq 2000uL/L$，$CH_4 \leq 150uL/L$，$C_2H_4 \leq 150uL/L$，$C_2H_6 \leq 150uL/L$，$C_2H_2 \leq 1uL/L$。

不同类型的故障，代表性气体不一样：

1）油和纸过热。主要特征气体为 CH_4、C_2H_4；次要特征气体为 H_2、C_2H_6、CO_2。

2）油纸绝缘中局部放电。主要特征气体为 H_2、CH_4、CO；次要特征气体为 C_2H_4、C_2H_6、C_2H_2。

3）油中火花放电。主要特征气体为 H_2。

4）油中电弧。主要特征气体为 H_2、C_2H_2、C_2H_4；次要特征气体为 CH_4、C_2H_6。

5）油和纸中电弧。主要特征气体为 H_2、C_2H_2、C_2H_4、CO；次要特征气体为 CH_4、C_2H_6、CO_2。

未及时发现变压器油中溶解性气体超标会造成变压器内部短路而跳闸或套管炸裂。

（8）各控制箱、端子箱和机构箱应密封良好，加热、驱潮、照明等装置运行正常；二次接线无松动发热现象，封堵完好。

1）端子箱密封不严。可能造成雨水、沙尘进入箱内，使箱内接线端子短路或接触不良，造成保护误动作。加热照明装置运行不正常或电源空气开关未正确投退，未按要求投入会造成冬季开关柜内温度过低，影响端子箱内各继电器正常；未按要求退出或夏季加热器还在运行，造成柜内温度过高，引起设备发热；照明装置故障会影响运维人员日常巡视，无法准确观察设备情况。

2）二次接线松动，端子接触不良。会使端子接触电阻过大而发热，长期运行会导致端子排烧毁，严重时会发生火灾事故。

（9）电缆穿管端部封堵严密。封堵不严的原因可能是电缆穿管端部未封堵，或封堵用的防火胶泥脱落或使用时间过长未及时发现补封。电缆穿管端部封堵不严密会造成雨水进入电缆穿管，导致电缆绝缘受潮，还可能造成冬季电缆穿管内水结冰后体积增加，破坏电缆绝缘护层。

（10）温度计毛细管保护套无破损且弯曲半径适中。毛细管内是空心的，内有填充液，如弯曲严重会导致毛细管损坏而漏液，此变送器就会无法测量，影响主变压器油温（绕组温度）上传，可能导致主变压器非电量保护中温度保护不能正确动作，影响值班人员对主变压器油温（绕组温度）的监视。

2. 套管巡视要点

（1）瓷套完好，无脏污、破损，无闪络、放电。防污闪涂料、复合绝缘套管伞裙、辅助伞裙无龟裂老化脱落。

变压器绕组的引出线必须穿过绝缘套管，使引出线之间及引出线与变压器外壳之间绝缘，同时起固定引出线的作用。如果套管出现脏污、破损等异常情况，严重时可能导致套管闪络，主变压器跳闸。

（2）套管油位应清晰可见，观察窗玻璃清晰，油位指示在合格范围内。如套管油位指示不在合格范围内，缺油可能导致套管内部击穿。

（3）电容型套管末屏应接地可靠，密封良好，无渗漏油。套管末屏正常运行中应可靠接地。如接地不良或不接地会使末屏与法兰之间的阻抗变得很大（主要由两者之间的电容和绝缘电阻决定），使得末屏对地电压升高，造成末屏或小套管对法兰放电，引起套管故障。

（4）套管红外测温结果正常。正常的巡视只能通过外观瓷套，套管油位检查判断套管运行情况，但是套管内部一些故障不能发现。而通过红外测温我们可判断套管是否发热。

3. 储油柜巡视要点

（1）油位计外观完整，密封良好，无进水、凝露，指示应符合油温、油位标准曲线的要求。主变压器随着温度的变化，油位会出现不同程度的上升或下降。当温度低于20℃时，油位会略低于出厂的标准油位；当温度高于20℃时，油位会略高于出厂的标准油位且温差越大，偏离越大。如果出现反常现象（如温度偏低但油位偏高或温度偏高但油位偏低），也可能出现假油位现象。出现假油位原因有：油标管堵塞、呼吸器堵塞、安全气道通气孔堵塞、波纹式或隔膜式油枕在加油时未将空气排尽、胶囊式储油柜胶囊中存在冷凝水或误灌入变压器油。出现油位异常现象，则应引起注意。

（2）储油柜有无渗漏。如油枕出现渗漏，情况严重将导致油枕油位下降，影响变压器的正常运行。出现渗漏时，应利用红外精确测温方式，判断是否存在假油位现象。

4. 分接开关巡视要点

（1）分接挡位指示与监控系统一致。三相分体式变压器分接挡位三相置于相同挡位且与监控系统一致。

当变压器分接开关实际位置与指示位置不一致时，会导致调压误判，从而达不到调压的目的。三相分体式变压器分接挡位不一致会导致三相绕组之间电压比的误差，引起三相线圈之间的电压不平衡。使得三相绕组之间会产生环流，产生额外的损耗和发热。

（2）分接开关的油位应正常。运行中应重点监视有载调压油箱的油位。因为有载调压油箱与主油箱不连通，油位受环境温度影响较大，而有载调压开关带有运行电压，操作时又要切断并联分支电流，故要求有载调压油箱的油位要达到标示的位置。

5．气体继电器巡视要点

（1）密封良好、无渗漏。气体继电器密封不良、有渗漏容易造成变压器进水、进气受潮和轻瓦斯保护发出动作信号。

（2）防雨罩完好（适用于户外变压器）。防雨罩用来防止雨水进入气体继电器，气体继电器进水受潮容易发瓦斯保护告警。

（3）集气盒无渗漏。集气盒有渗漏容易造成变压器进水、进气受潮和轻瓦斯保护发出动作信号。

（4）视窗内应无气体。有气体说明变压器内部有故障或变压器密封不良，存在进气情况。

6．吸湿器巡视要点

（1）外观无破损，吸湿器内硅胶变色部分不超过 2/3，不应自上而下变色。当硅胶变色时，表明硅胶已受潮，存在失效可能，对单一颜色硅胶，受潮变色硅胶不超过 2/3；对多种颜色硅胶，受潮变色硅胶不超过 3/4。

（2）油杯的油位在油位线范围内，油质透明无浑浊，呼吸正常。油杯油位过低，则无法起到隔离作用，油质浑浊可能造成呼吸器堵塞导致气室不能正常伸缩。

（3）免维护呼吸器。安装牢固，固定螺栓无松动、锈蚀；法兰接口固定紧固，密封圈无老化；控制盒密封良好，接地可靠无断线，控制盒内控制电路板无受潮锈蚀、发热老化，电路板上连接的电源、加热、信号接头插接紧固无松脱，控制盒底部无进水、积水痕迹，二次线管无破损、跌落，穿管接头处封堵完整，电源指示灯亮，处于运行状态，指示灯无告警信号。呼吸器检查外罩无破损，无局部发热变色痕迹；底部排水孔无堵塞；呼吸器上部压力表指针在绿色区域，未在红色区域，未出现压力异常情况。

7．压力释放装置巡视要点

（1）外观完好，无渗漏、无喷油现象。压力释放阀出现渗漏的原因是油箱压力长期处于阀的密封压力与阀的开启压力之间，造成渗漏或其他部件老化，出现渗漏现象需要检查变压器有何不良反应。

（2）导向装置固定良好，方向正确，导向喷口方向正确。压力释放阀是用来保护油箱的，在变压器油箱内部发生故障时，油箱内的油被分解、汽化，产生大量气体，油箱内压力急剧升高，压力释放阀动作。如压力释放装置存在异常情况，不能正常动作，变压器压力不及时释放，将造成变压器油箱变形甚至爆裂。

8. 冷却器巡视要点

(1) 外观完好、无锈蚀、无渗漏油。当变压器漏油后，油能出来，水分就能进去，会使变压器内油面降低，而当油面过低时，变压器的线圈会露出油面，最主要的问题是会出现绝缘油受潮，变压器线圈受潮，影响变压器整体绝缘。

(2) 阀门开启方向正确，油泵、油路等无渗漏。当变压器的上层油温与下层油温产生温差时，形成油温对流，并经冷却器冷却后流回油箱，起到降低变压器运行温度的作用。阀门开启方向不正确，变压器油不能通过冷却器散热，变压器长期处于高温状态，造成绝缘老化，影响设备的供电可靠性。

(3) 运行中的风扇和油泵运转平稳，转向正确，无异常声音和振动，油泵油流指示器密封良好，指示正确，无抖动现象。风扇是将空气吸入，使之流过管簇，吸收热量，然后从冷却器的前方吹出。运行中的风扇和油泵都是冷却器的一部分，如存在异常情况影响冷却器功能的实现。油泵油流指示器出现抖动的原因有油流继电器内动板损坏或潜油泵的额定流量和油流继电器的流量不匹配，同时油流继电器内部永磁铁磁性不够使油流指示器指示不到位。如出现油泵油流指示器指示不正确或存在抖动情况，可能导致备用冷却器频繁启动，造成备用冷却器油泵的损坏。

(4) 冷却器无堵塞及气流不畅等情况。冷却器堵塞及气流不畅，可能导致冷却系统的不能正常运行，影响设备的可靠运行。

(5) 冷却器外观完好，运行参数正常，各部件无锈蚀，管道无渗漏，阀门开启正确，电动机运转正常。

9. 断流阀巡视要点

(1) 密封良好、无渗漏。断流阀通常安装在变压器与储油柜的联管中，如密封不良、出现渗漏会导致储油柜油位下降。

(2) 断流阀箭头指向变压器本体，控制手柄在运行位置。断流阀是当变压器由于内部故障或其他原因，引起油的大量外溢、泄漏时，断流阀具有"一排油即关闭"的功能，可立即切断储油柜与油箱间的油路，使储油柜不再给油箱补油，是油浸电力变压器理想的辅助安全保护装置。如果断流阀位置不正确，就不能起到相应的保护作用。

第四节　典　型　案　例

案例一：主变压器 110kV A 相套管渗油事故

(1) 情况说明。2018 年 4 月 17 日，运行人员在对 220kV ×× 变电站开展设备巡视时，发现 1 号主变压器 110kV A 相套管底部渗油严重，油位已低于观察窗下限。

(2) 检查处理情况。经现场检查发现 A 相套管油位已低于油位观察窗下限（见图 1-48），套管末屏处有油滴且末屏处滴油速度为 5min 左右一滴，套管升高座下方已有大片油迹。通过现场情况分析，初步怀疑该主变压器 110kV A 相套管末屏处密封不严导致套管底部发生渗油现象。同时，检修人员检查了 1 号主变压器 110kV 侧 B、C 相套管油位，均指示正常（见图 1-49）。

图 1-48　主变压器 110kV A 相套管油位已低于观察窗下限

图 1-49　主变压器 110kV B、C 相套管油位正常

　　检修人员与套管厂家对渗油套管运行状态多次评估，为确保主变压器安全稳定运行，4 月 27 日 10 时 00 分，申请主变压器临时停电，处理主变压器套管渗油缺陷。1 号主变压器停电后，对套管末屏处油污进行擦拭，并观察渗油情况后，初步怀疑为末屏最外层压紧螺栓密封不严造成套管底部渗油，随后对套管末屏最外侧 O 形密封圈进行更换，并对压紧螺母进行紧固，发现末屏瓷套内仍有渗漏（见图 1-50）。

图 1-50　主变压器 110kV A 相套管末屏处有油滴

　　随后检修人员对套管末屏处瓷套及其配套全部密封垫进行了整体更换（见图 1-51、图 1-52），经现场观察 1h 后未发现 110kV A 相套管末屏处有渗油痕迹。

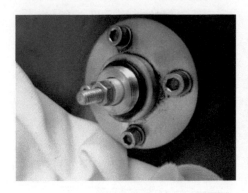

图 1-51　主变压器 110kV A 相套管末屏更换前

图 1-52　主变压器 110kV A 相套管末屏更换后

　　对 1 号主变压器高中压侧套管进行取油样分析，油色谱数据合格，同时对 1 号主变压器进行了套管介损、绝缘电阻及主变压器本体绕组变形试验，试验数据显示套管介损及绝缘电阻结果合格，绕组变形试验合格。随后将套管油位补充至合适位置，并再次取主变压器 110kV A 相套管油样进行油色谱试验，油色谱数据合格。

　　（3）原因分析对更换的套管末屏进行了解体检查，发现末屏瓷套与套管电容芯引出杆之间的内嵌密封圈（见图 1-53）表面坑洼不平，有多处凹点，特别是与瓷套接触的一面凹点较多。此密封圈作为套管电容芯引出杆与瓷套之间的主要密封部件，一旦密封不严，将导致套管内部绝缘油沿套管电容芯引出杆向外渗漏。

　　进一步检查瓷套内部，发现瓷套内壁与密封垫接触面有较多毛刺（见图 1-54）。

　　根据以上情况，判断发生渗油的主要原因是由于套管末屏生产厂家制造工艺水平不精，瓷套接触面不光滑，瓷套内壁的毛刺使密封圈表面产生较多凹点，降低了密封圈的密封效果，从而导致套管内部绝缘油沿套管电容芯引出杆向外渗漏。

　　（4）措施及建议。

图 1-53 主变压器 110kV A 相套
管末屏密封圈

瓷套内壁有
许多毛刺

图 1-54 主变压器 110kV A 相套
管末屏瓷套

1）严把设备入网关，在设备监造阶段对主变压器套管等重要设备的关键配套附件进行质量抽检，确保重要设备安全可靠运行。

2）加强备品备件的储备力度，及时梳理班组备品备件储备情况，将采用特殊设计的设备作为重点储备对象，及时储备备品备件。

3）加强主变压器带电检测力度，对主变压器套管、主变压器本体油位、温度进行着重检测，对出现异常状态的设备及时制订应急措施。

案例二：220kV ××变电站 1 号主变压器 110kV 侧高压套管发热

（1）情况说明。2018 年 6 月 17 日，运维人员带电测试巡检过程中发现 220kV ××变电站 1 号主变压器 110kV 侧 C 相高压套管发热 99.2℃，另外两个正常相的温度分别为 A 相 36℃、B 相 37℃，电流 220A，环境温度 30℃。考虑到 6 月 20 日 ××变电站 2 号主变压器停电期间，1 号主变压器根据方式安排预计带 70MVA 负荷，计算 110kV 侧电流约 340A，经研判于 2018 年 6 月 19 日 22 时临时停电对 1 号主变压器 110kV 侧 C 相高压套管发热处理，2018 年 6 月 20 日 3 时送电后测温正常。

（2）检查处理情况。申请转检修后，打开 1 号主变压器 110kV 侧 C 相套管"将军"帽检查，"将军"帽内丝及铜质导电杆外丝丝扣完好，无灼伤痕迹。旋转"将军"帽时发现在拧至最近状态时，固定螺钉错位，只能回退半丝，此时记忆会存在接触不好情况，随后对丝扣进行清理，在"将军"帽内加装弹片增大"将军"帽内丝及铜质导电杆外丝接触力，处理后接触良好。

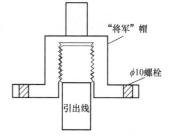

图 1-55 套管"将军"帽与
导电杆示意图

（3）原因分析。将套管"将军"帽与导电杆（见图 1-55）采用螺纹进行连接紧固且"将军"帽固定孔距为圆眼，内部与导电杆间未加装任何弹性元件，造成套管长期运行导电杆发生振动与"将军"帽接触发生松动,接触电阻增大,通过小电流时不会发热,当通过大电流时,就会导致发热。

(4)措施及建议。

1)严把设备入网关,在设计选型时要求厂家使用铜杆导电形式,"将军"帽连接方式改为梅花触指直接插拔式。

2)做好主变压器带电检测力度,特别对引线接头等部位进行精确红外检测,对出现异常状态的设备及时制订应急措施。

案例三：110kV××变电站 2 号主变压器高压侧 B 相套管末屏放电

(1)情况说明。2018 年 7 月 30 日 22 时,运维人员在对 110kV××变电站开展专

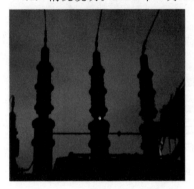

业化巡视时,发现 2 号主变压器高压侧 B 相套管末屏处有放电现象(见图 1-56),随后申请停运,对主变压器进行检查。套管末屏接地螺栓、垫片及接地扣帽进行打磨、喷涂抗氧化剂后恢复。

(2)检查处理情况。通过紫外检测图谱显示,2 号主变压器高压侧 B 相套管末屏接地螺栓处有明显局部放电(见图 1-57),随后通过红外检测发现 2 号主变压器高压侧 B 相套管末屏接地螺栓较正常相温差 19.8℃(见图 1-58)。通过肉眼对高压侧 B 相套管末屏进行外观检查,未发现 2 号主变压器高压侧 B 相套管末屏外观异常。

图 1-56　B 相套管末屏放电

图 1-57　B 相套管末屏放电紫外图谱

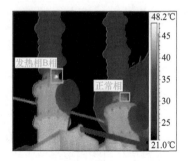

图 1-58　B 相套管末屏放电红外图谱

随后申请对 110kV 2 号主变压器停电,停电后检修人员对 2 号主变压器进行进一步检查,发现 2 号主变压器高压侧 A、B、C 三相套管末屏处接地扣帽与垫片紧固,但周围均存在部分白色氧化物质,其中 B 相套管末屏处白色物质较多。对高压侧三相套管进行绝缘电阻测试,A、B、C 三相套管接地螺栓与接地扣帽之间接触电阻分别为 3.75、3.3、4.25MΩ。拆除高压侧 B 相套管末屏处接地螺栓后,发现除与垫片接触面

存在少量氧化层外无其他杂质，将垫片拆除后发现垫片与接地扣帽之间存在大量白色物质（氧化铝），继续将末屏接地扣帽拆除，发现接地扣帽与内部紧固螺栓之间也存在大量白色物质（氧化铝）。拆除其余两相高压侧套管末屏，发现套管末屏处腐蚀情况与B相套管类似。随后检修人员将2号主变压器高压侧套管末屏螺杆、接地螺栓、垫片及接地扣帽进行打磨、喷涂抗氧化剂后恢复套管末屏。处理完成后，检修人员对高压侧三相套管再次进行接触电阻测试，A、B、C三相套管接地螺栓与接地扣帽之间接触电阻均为0Ω。2号主变压器送电后再次进行紫外、红外复测，检测结果全部正常，无放电、发热现象。

（3）原因分析。

1）该型套管末屏接地螺栓、垫片均为铜质材料，而末屏接地扣帽采用铝制材料，在外界脏污及潮湿环境下，接触面极易发生铜铝电化学反应，造成接触面锈蚀加速，并产生常温下高电阻的氧化铝颗粒，导致末屏接地电阻增大，产生悬浮电位对地放电。

2）例行主变压器定检时，试验后未检查套管末屏接地情况，未及时清除氧化物质，造成加速氧化。

3）该主变压器为户外布置，近年来环境污染加剧，主变压器套管末屏运行环境恶化严重，加速了套管末屏处铝制扣帽与铜制垫片之间的电化学反应。

4）该主变压器套管在设计时末屏处采用铜铝不同材质接触后接地方式，为后期套管末屏在运行过程中接触面发生电化学反应埋下隐患。

（4）措施及建议。

1）梳理同型号、同厂家、同类型接地形式（采用铜铝等不同材质接触后接地方式）的套管清单，利用红外测温、紫外检测等带电检测手段开展专项隐患排查，对带电检测发现异常情况的主变压器及时进行停电处理。

2）将末屏处不得采用铜铝等不同材质接触后接地方式的要求列入设备技术协议，严把设备入网关，将出现类似问题的隐患杜绝在设备选型阶段，并建议使用具有双末屏形式的套管，确保某一套管末屏接地不良时，仍有备用接地点。

3）对采用铜铝等不同材质接触后接地方式的套管，停电工作时须测量末屏接地螺栓接触电阻值，发现异常时应及时处理。

4）在可研阶段依据污秽分布图合理选择设备，建议优先选用受外界环境因素影响较小的旋帽式末屏接地套管，避免套管末屏外露，发生末屏接地处锈蚀现象。

案例四：110kV××变电站2号主变压器漏油非计划停运

（1）情况说明。2018年1月17日10时30分，天气晴，风力4～5级，现场温度−8℃。运维人员巡视110kV××变电站时发现2号主变压器35kV侧B、C两相套管自引出线铜杆上端瓷质压斗内绝缘胶垫（算盘珠）处每分钟油滴大于3滴，漏油严重，如图1-59所示。

（2）检查处理情况。2018年1月17日15时，检修人员到达现场后，申请对2号主变压器紧急停运处理，17 时处理完毕。18 时 20 分 2 号主变压器由检修转运行，送电正常，未损失负荷，如图 1-60 所示。

图 1-59　主变压器套管漏油情况　　　　图 1-60　处理前后对比照片

（3）原因分析。变电站所处区域持续低温，最低温度 -21℃，由于长期低温导致 110kV 2 号主变压器 35kV 侧套管密封胶垫弹性效应衰减，固定螺帽、绝缘压斗与密封胶垫之间出现缝隙，是导致 B、C 相套管漏油的直接原因。

2 号主变压器 2009 年投运，已运行近 10 年，套管绝缘胶垫存在老化皱裂现象，弹性能力下降，是导致 B、C 相套管漏油的主要原因。

（4）措施及建议。

1）严把设备入网关，在设备监造阶段对主变压器套管等重要设备的关键配套附件进行质量抽检，确保重要设备安全可靠运行。

2）严格按标准化验收规范对设备进行验收，特别是对重要设备应严格把关，严禁"带病"设备入网运行。

3）加强主变压器季节性巡视，特别是入冬、开春时间，注重充油设备的巡视，避免因气温变化造成设备缺陷演变为跳闸。

第五节　习　题　测　评

一、单选题

1. 变压器例行巡视中检查套管油位正常，套管外部无破损裂纹、无严重油污、无（　　）痕迹，防污闪涂料无起皮、脱落等异常现象。

　　A. 放电　　　　　B. 污染　　　　　C. 腐蚀　　　　　D. 老化

2. 根据温度表指示检查变压器油温，运行人员不能只以（　　）油温不超过规定为标准，而应根据当时的负荷情况、环境温度以及冷却装置投入的情况等，及历史数据进行综合判断。

A. 下层　　　　　B. 中层　　　　　C. 上层　　　　　D. 套管

3. 变压器是一种静态的电机，通过电磁感应关系，将一种电压等级的交流电转变成（　　）的另一种电压等级的交流电。

A. 同幅值　　　B. 同极性　　　C. 同周期　　　D. 同频率

4. 变压器的分接头位置由 X 挡调至 Y 挡称作（　　）。

A. 变压器调挡　　B. 解环　　　C. 旁路　　　D. 解列

5. 变压器本体故障跳闸后，应立即停（　　），以防止故障产生的污物浸透整个绕组和铁芯。

A. 油在线系统　　B. 油泵　　　C. 控制电源　　　D. 断路器

6. 正常情况下，站用变压器呼吸器内的受潮变色硅胶不超过（　　）。

A. 1/2　　　　　B. 2/3　　　　　C. 3/4　　　　　D. 4/5

7. （　　）的磁导体是变压器的磁路。它把一次电路的电能转为磁能，又有自己的磁能转变为二次电路的电能，是能量转换的媒介。

A. 铁芯　　　　B. 夹件　　　　C. 外壳　　　　D. 绕组

8. （　　）是变压器输入和输出电能的电气回路，通常是按原理或按规定的联结方法连接起来。

A. 铁芯　　　　B. 夹件　　　　C. 外壳　　　　D. 绕组

9. 分接开关是一种通过改变变压器（　　）绕组抽头来改变高低压绕组的匝数比，从而调节变压器输出电压的一种装置。

A. 高压　　　　B. 中压　　　　C. 低压　　　　D. 调压

10. 当变压器油热胀时，油由油箱流向储油柜；当变压器油冷缩时，油由储油柜流向油箱，起到变压器的（　　）的作用。

A. 注油阀　　　B. 呼吸器　　　C. 调节器　　　D. 伸缩节

11. （　　）储油柜是在传统储油柜内部装一个耐油的尼龙胶囊袋。

A. 胶囊式　　　B. 金属波纹式　　C. 隔膜式

12. 气体继电器是（　　）变压器、电抗器等采用的一种保护装置。

A. 干式　　　B. 110kV 及以上　　C. 油浸式　　　D. 35kV 及以上

13. 压力释放阀适用于油浸式电力变压器、电力电容器及有载分接开关等，用来保护（　　）。

A. 绕组　　　　B. 夹件　　　　C. 铁芯　　　　D. 油箱

14. （　　）是在油浸式自冷的基础上，散热片上加装风扇，在变压器的油温达到规定值时，起动风扇，达到散热的目的。

A. 油浸式风冷　　　　　　　B. 强迫油循环风冷式

C. 强迫油循环水冷式　　　　D. 强迫油循环导向冷却式

15. 油枕内的绝缘油通过吸湿器与大气连通，内部（　　）吸收空气中的水分和杂质，以保证绝缘油的良好性能。

A. 绝缘油　　　　　B. 油杯　　　　　　C. 吸附剂　　　　　D. 管道

16. 变色硅胶原理是利用二氯化钴（CoCL2）所含结晶水数量不同而由几种不同颜色做成，二氯化钴含六个分子结晶水时，呈粉红色；含有两个分子结晶水时，呈紫红色；不含结晶水时，呈（　　　）色。

A. 黄　　　　　　　B. 蓝　　　　　　　C. 白　　　　　　　D. 红

17. 当储油柜内（　　　）的变化，使得油位计连杆上的浮球上下摆动，带动油位计的转动机构转动。

A. 油位　　　　　　B. 温度　　　　　　C. 空气　　　　　　D. 绝缘油

18. 变压器气体继电器内应（　　　）气体。

A. 无　　　　　　　B. 有部分　　　　　C. 充满　　　　　　D. 有

19. 户外气体继电器、油流速动继电器、温度计（　　　）措施完好。

A. 防晒　　　　　　B. 防雨　　　　　　C. 防鸟　　　　　　D. 防潮

20. 有载分接开关的分接位置及电源指示应正常。操动机构中机械指示器与控制室内分接开关位置指示应（　　　）。

A. 一致　　　　　　B. 正常　　　　　　C. 清晰　　　　　　D. 准确

21. 气温较高时，应对主变压器等重载设备进行（　　　）；应增加红外测温频次，及时掌握设备发热情况。

A. 例巡　　　　　　B. 标巡　　　　　　C. 特巡　　　　　　D. 专业化巡视

22. 变压器不宜超过铭牌规定的（　　　）运行。

A. 额定电流　　　　B. 额定电压　　　　C. 额定容量　　　　D. 空载损耗

23. 变压器断流阀本体箭头指向（　　　）。

A. 油箱　　　　　　B. 油枕　　　　　　C. 向上　　　　　　D. 向下

24. 变压器（高压电抗器）现场温度计与监控系统中的温度显示一致，其温度误差一般不得超过（　　　）。

A. 3°　　　　　　　B. 5°　　　　　　　C. 10°　　　　　　 D. 15°

二、多选题

25. 变压器在电力系统中的主要作用是（　　　）。

A. 变换电压，以利于功率的传输　　　B. 变换电压，可减少线路损耗

C. 变换电压，可改善电能质量　　　　D. 变换电压，扩大送电距离

26. 变压器冷却方式可分为（　　　）。

A. 油浸自冷　　　　　　　　　　　　B. 油浸风冷

C. 强迫油循环风冷　　　　　　　　　D. 强迫油循环风冷

27. 变压器冷却装置检查，要求运行中（　　　）、（　　　）和（　　　）正常，无渗漏。

A. 流向　　　　　　B. 温升　　　　　　C. 声响　　　　　　D. 流速

28. 主变压器内部严重短路时，可能有（　　　），以及（　　　）现象的发生。

A. 压力释放阀动作　　　B. 喷油　　　C. 不影响正常运行　　　D. 冒烟

29. 变压器运行时，出现油面过高或有油从油枕中溢出时，应（　　）。

A. 检查变压器的负荷和温度是否正常

B. 如果负荷和温度均正常，则可判断是因呼吸器或油标管堵塞造成的假油面

C. 应经当值调度员同意后，将重瓦斯保护改接信号，然后疏通呼吸器或油标管

D. 如因环境温度过高引起油枕溢油时，应放油处理

三、判断题

30. 变压器内部接触不良或放电时，可能听到"吱吱"声或"噼啪"声。（　　）

31. 变压器的上层油温不得超过 85℃。（　　）

32. 变压器吸湿器硅胶潮解变色部分不应超过总量的 2/3。（　　）

33. 500kV 油浸式电力变压器油中溶解气体分析要求乙炔不大于 $200\mu L/L$。（　　）

34. 变压器中性点接地属于工作接地。（　　）

35. 电力变压器按冷却介质分为油浸式和干式变压器。（　　）

四、问答题

36. 变压器在电力系统中的主要作用是什么？其基本原理是什么？

37. 变压器冷却器的作用是什么？变压器的冷却方式有哪几种？

38. 什么叫分接头开关？什么叫无载调压？什么叫有载调压？

39. 气体继电器的作用是什么？如何根据气体的颜色来判断故障？

40. 变压器油枕的作用是什么？

41. 变压器套管末屏的作用是什么？

42. 变压器铁芯多点接地危害是什么？

43. 简述轻瓦斯、重瓦斯动作条件。

44. 简述变压器温度计测温工作原理。

45. 简述磁铁、磁针油位计工作原理。

46. 变压器油色谱中 H_2、CO_2、CO 超标表示什么意思？

第二章

断 路 器

第一节 断 路 器 概 述

一、断路器基本情况

断路器是指能开断、关合和承载运行线路的正常电流，并能在规定的时间内承载、关合和开断规定的异常电流（如短路电流）的电气设备。断路器在电网中的作用如下：

（1）控制作用。根据电网运行需要，用断路器把一部分电力设备或线路投入或退出运行。

（2）保护作用。断路器还可在电力线路或设备发生故障时，将故障部分从电网中快速切除，保证电网中的无故障部分正常运行。

二、断路器的分类

（1）按安装地点分类。可分为户内和户外两种。

（2）按灭弧介质的不同，主要分为以下三种：

1）SF_6 断路器。以 SF_6 气体作为灭弧介质或兼作绝缘介质的断路器。

2）真空断路器。指触头在真空中开断，利用真空作为绝缘介质和灭弧介质的断路器，真空断路器需求的真空度在 10Pa 以上。

3）油断路器。指触头在油中开断，利用油作为灭弧介质的断路器。

（3）按断路器总体结构和其对地绝缘方式不同。可分为接地金属箱型（又称落地罐式、罐式）和绝缘子支持型（又称绝缘子支柱式、支柱式）。

（4）按断路器所用操作机构能量形式的不同，可分为：

1）手动机构断路器。用人力合闸机构操动。

2）直流电磁机构断路器。靠直流螺线管电磁铁合闸机构操动。

3）弹簧机构断路器。用事先由人力或电动机储能弹簧合闸机构操动。

4）液压机构断路器。以高压油推动活塞实现合闸与分闸机构操动。

5）气动机构断路器。以压缩空气推动活塞实现分、合闸机构操动。

6）电动操作机构断路器。用电子器件控制的电动机去直接操作断路器操作杆。

（5）按照 SF_6 高压断路器的灭弧特点，可分为自能式、压气式和混合式三种。

第二节　断路器原理

一、断路器主要部件原理及结构

高压断路器一般由导电主回路、灭弧室、操动机构、绝缘支撑件几部分组成。

1. 导电主回路

导电主回路通过动触头、静触头的接触与分离实现电路的接通与隔离。两个导体由于操作时相对运动而能分、合或滑动的叫做触头。有时将触头称为可进行相对运动的电接触连接。从功能上可将触头分为下列几种：

（1）主触头。断路器主回路中的触头，在合闸位置承载主回路电流。

（2）弧触头。指在其上形成电弧并使之熄灭的触头（有些断路器中，主触头也兼作弧触头）。

从触头所处位置可将触头分为下列几种：

（1）静触头。在分合闸操作中固定不动的触头。

（2）动触头。在分合闸操作中运动的触头。

（3）中间触头。主要是指分合闸操作过程中与动触杆一直保持接触的滑动触头。

2. 灭弧室

灭弧室使电路分断过程中产生的电弧在密闭小室的高压力下，在数十毫秒内快速熄灭，切断电路。

（1）断路器的灭弧方式。

1）利用油熄灭电弧。断路器用油作为灭弧介质，电弧在油中燃烧时，油受电弧的高温作用而迅速分解、蒸发，并在电弧周围形成气泡，能有效地冷却电弧，降低弧隙电导率，促使电弧熄灭。在油断路器中设置了灭弧装置（室），使油和电弧的接触紧密，气泡压力得到提高。当灭弧室喷口打开后，气体、油和油蒸气本身形成一股气流和液流，按具体的灭弧装置结构，可垂直于电弧横向吹弧，平行于电弧纵向吹弧或纵横结合等方式吹向电弧，对电弧实行强力有效的吹弧，这样就加速去游离过程，缩短燃弧时间，从而提高了断路器的开断能力。

2）采用多断口灭弧。高压断路器常制成每相有两个或多个串联的断口，使加于每个断口的电压降低，电弧易于熄灭。

3）用 SF_6（六氟化硫）灭弧。由于 SF_6 气体有较高的导热率，电弧燃烧时，弧心表面具有很高的温度梯度，冷却效果显著，所以电弧直径比较小，有利于灭弧；同时 SF_6 在电弧中热游离作用强烈，热分解充分，弧心存在着大量单体的 S、F 及其离子等，电弧燃烧过程中，注入弧隙的能量比空气和油等作为灭弧介质的断路器低得多。因此，触头材料烧损较少，电弧也就比较容易熄灭。另外 SF_6 气体的强负电性就是这种气体分子或原子生成负离子的倾向性强。由电弧电离所产生的电子，被 SF_6 气体和由它分解产生的卤族分子和原子强烈吸附，因而带电粒子的移动性显著降低，并由于负离子与正离子极易复合还原为中性分子和原子。因此，弧隙空间导电性的消失过程非常迅速。弧隙电导率很快降低，从而促使电弧熄灭。

4）用真空灭弧。真空断路器应用真空作为绝缘和灭弧介质。断路器开断时，电弧在真空灭弧室触头材料所产生的金属蒸气中燃烧，简称为真空电弧。当开断真空电弧时，由于弧柱内外的压力与密度差别都很大，所以弧柱内的金属蒸气与带电质点会不断向外扩散。弧柱内部处在一面向外扩散，一面处于电极不断蒸发出新质点的动态平衡中。随着电流减小，金属蒸气密度与带电质点的密度都下降，最后在电流接近零点时消失，电弧随之熄灭。此时，弧柱残余的质点继续向外扩散，断口间的介质绝缘强度迅速恢复，介质绝缘强度的恢复速度大于恢复电压上升速度，电弧最终熄灭。

（2）真空断路器灭弧室和SF_6断路器灭弧室结构原理。

1）真空断路器灭弧室。真空断路器由真空灭弧室、传动机构及操动机构组成（见图 2-1）。外壳由玻璃、陶瓷或微晶玻璃等无机绝缘材料做成，呈圆筒形状，两端用金属盖板封接组成一个密封容器。外壳内部有对触头，其中静触头固定在静导电杆的端头，动触头固定在动导电杆的端头。动导电杆通过波纹管和金属板的中心孔，伸出灭弧室外。动导电杆在中部与波纹管的一个端口焊接在一起，波纹管的另一个端口与金属盖板焊接。波纹管是一种弹性元件，其侧壁呈波纹状，它可纹向伸缩。由于在动导电杆和金属盖板之间引入了一个波纹管，真空灭弧室的外壳就被完全密封，动导电杆可左右移动，但不会破坏外壳的密封性。真空灭弧室内部的气压低于 $1.33 \times 10^{-2} \mathrm{Pa}$，一般为 $1.33 \times 10^{-3} \mathrm{Pa}$ 左右，因而动触头和静触头始终处于高真空状态下。在触头和波纹管周围都设有屏蔽罩，触头周围的屏蔽罩称为全屏蔽罩，由瓷柱支撑，波纹管周围的屏蔽罩称为辅助屏蔽罩或波纹管屏蔽罩。

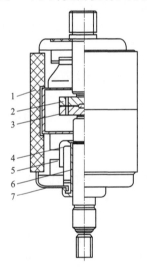

图 2-1　真空灭弧室剖视图

1—陶瓷外壳；2—静触头；

3—动触头；4—金属波

纹管；5—屏蔽罩；

6—导向圆柱套；7—筒盖

真空断路器灭弧室工作原理为：当操动机构使动导电杆向上运动时，动触头和静触头就会闭合，电源与负载接通，电流就流过负载。如果这时动导电杆向相反方向动作，即向下运动，动触头和静触头就会分离，在刚分离的瞬间，触头之间将会产生真空电弧。真空电弧是依靠触头上蒸发出的金属蒸气来维持的，直到工频电流接近零时，真空电弧的等离子体很快向四周扩散，电弧就被熄灭，触头间隙由导电体变为绝缘体，于是电流被分断。

2）SF_6断路器灭弧室。SF_6断路器灭弧室由动触头装配、静触头装配、鼓形瓷套装配三个部分组成，如图 2-2 所示。动触头装配由喷管、压环、动触头、动弧触头、护套、滑动触指、触指弹簧、缸体、触座、逆止阀、压气缸、接头和拉杆组成。静触头装配由静触头接线座、触头支座、弧触头座、静弧触头、触指、触指弹簧、触座、均匀罩组成。鼓形瓷套装配由鼓形瓷套及铝合金法兰组成。主要元件功能介绍如下：

分子筛：断路器灭弧室中分子筛作为高效干燥剂，对极性分子（如水）表现出强烈的吸附能力。

喷管：是指通过改变管段内壁的几何形状以加速气流的一种装置。

压气缸：压气缸用来压缩压气室内的气体。

逆止阀：逆止阀的作用是只允许介质向一个方向流动，而且阻止反方向流动。

触指：分合闸操作过程中与动触杆一直保持接触的触头。

SF_6断路器的灭弧原理如图2-3和图2-4所示。

合闸位置：合闸时，系统电流通过上接线端子、触头架、静触头、动触头、压气缸、中间触指，下法兰再经下接线端子与系统形成回路。

分闸操作：断路器分闸时，利用压气缸内的高压热膨胀气流熄灭电弧。在操动机构的作用下，操作杆绝缘拉杆、活塞杆、压气缸、动弧触头和喷口一起向下拉，从合闸位置运动一段距离后，当动触头分离时，电流沿着仍接触的弧触头流动，当动弧触头和静弧触头分离时，动静弧触头间产生电弧，动触头系统运动到一定位置时喷口打开，这时压气缸内被压缩的SF_6气体通过喷口吹向燃弧区域，从而将电弧熄灭。

合闸操作：由操作杆将绝缘拉杆向上推，所有的运动部件按分闸操作的反方向运动到合闸状态，同时SF_6气体进入压气缸中，为下一次分闸操作做好准备。

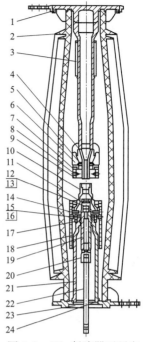

图2-2　SF_6断路器灭弧室
结构图

1—静触头接线座；2—触头支座；

3—分子筛；4—弧触头座；5—静

弧触头；6—触座；7—触指；

8—触指弹簧；9—均匀罩；

10—喷管；11—压环；

12—动弧触头；13—护套；

14—逆止阀；15—滑动触指；

16—触指弹簧；17—触座；

18—压气缸；19—动触头；

20—接头；21—缸体；

22—拉杆；23—导向板；

24—瓷套装配

3. 操动机构

通过若干机械环节使动触头按指定的方式和速度运动，实现电路的开断与关合。现使用的高压断路器一般使用液压操作机构（液压氮气、液压弹簧）和弹簧操作机构两种。

（1）液压氮气操作机构。高压断路器利用液体不可压缩原理，以液体为传递介质，将高压液体送入工作缸两侧来实现断路器分合闸。下面以LW10B型断路器为例介绍，液压操动机构采用集成块模式，由辅助开关、储压器、密度继电器、油泵电动机、压力表等组成，如图2-5所示。

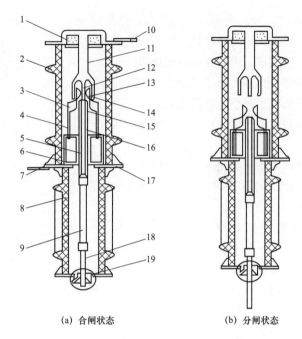

(a) 合闸状态   (b) 分闸状态

图 2-3   支柱式 SF$_6$ 断路器灭弧单元结构

1—吸附剂；2—灭弧室瓷套；3—动触头；4—压气缸；5—活塞；6—触指；7—下接线端子；
8—支柱瓷套；9—绝缘杆；10—上接线端子；11—触头架；12—静弧触头；13—静触头；
14—喷口；15—动弧触头；16—活塞杆；17—下法兰；18—操作杆；19—直动密封装置

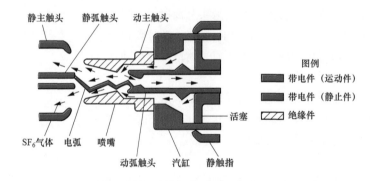

图 2-4   支柱式 SF$_6$ 断路器的灭弧原理图

各元件结构及功能如下：

1）油压开关。油压开关上边装有 5 对微动行程开关，其接点分别控制电动机的起动、停止，重合闸闭锁信号的发出及解除、合闸闭锁信号的发出及解除、分闸闭锁信号的发出及解除。

2）储压器。每相断路器均配两只相同的储压器。其下部预先充有高纯氮气，工作时油泵将油箱中的油压入储压器上部进一步压缩氮气，从而储存了能量供断路器分、合闸使用。

3）工作缸。工作缸是断路器的动力装置，它通过支柱里的绝缘拉杆和灭弧室里的动触头相连，带动断路器做分、合闸运动。

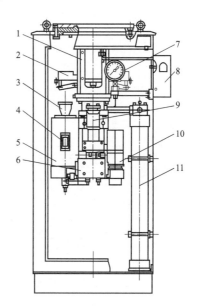

图 2-5　断路器机构箱示意图

1—连接座；2—辅助开关；3—油气分离器；4—油标；5—油箱；6—控制阀；7—压力表；
8—SF_6 密度继电器；9—油压开关；10—油泵电动机；11—储压器

4）控制阀。控制阀系统由一级阀、二级阀和分、合闸电磁阀构成，一级阀下部的调节螺钉用于调整电磁铁阀杆的动作行程，可通过调整"合闸速度调节螺杆"和"分闸速度调节螺杆"来调整断路器的分、合速度。

5）油泵。高压油泵为柱塞泵，柱塞在阀座中作往复运动，造成封闭容积的变化，不断地吸油和压油，将油注入储压器中直至工作压力，转轴转一周，两只柱塞各完成一个吸油—排油的工作循环，排量为 0.8mL/n。高压油泵在机构中的作用为：①从预充氮压力储能到工作压力；②断路器分、合闸操作或重合闸操作后，由油泵立即补充耗油量，储能至工作压力；③补充液压系统的微量渗漏，保持系统压力稳定。

6）电动机。机构所配电动机为交、直流通用型，额定电压为 DC/AC 220V。断路器在正常工作时，除分、合闸操作后油泵需起动补压外，因温差造成安全阀开启卸压和液压系统渗漏也需要油泵起动补压，每天的补压次数为 5~7 次。

7）辅助开关。辅助开关由多节组合而成的动、静触头全封闭在透明的塑料座内，每节含两对触头，同一节中对角形成一对动合（或动断）回路。辅助开关的静触头采用圆周滑动压接方式，触头间的压力由单独设置的压簧产生，每节动触头与聚碳酸酯压制成一个整体，辅助开关上的 10 对动合、10 对动断接点引到面板的接线端子上。

8）信号缸。采用信号缸是辅助开关的信号转换驱动元件，通过调节信号缸改变辅助开关转换的快慢。

9）控制面板。控制面板分为固定面板和活动面板两部分，面板上装有各种电气控制元件和接线端子，用以接受命令实现对断路器的控制和保护。

液压机构工作原理如下（见图 2-6）：

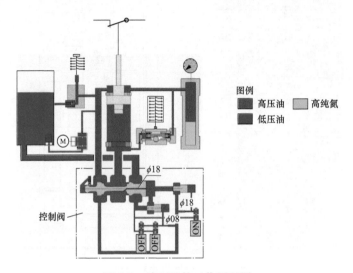

图 2-6　液压机构工作原理图

1）储能原理。接通储能电源，电动机（M）带动油泵转动，油箱中的低压油（蓝色）经油泵，进入储器上部，压缩下部的氮气，形成高压油（红色）。储器的上部与工作缸活塞上部及控制阀、信号缸、油压开关相连通，因此，高压油同时进入高压区域，当油压达到额定工作压力值时，油压开关的相应接点断开，切断电动机电源，完成储压过程。在储压过程中或储压完成后，如果由于温度变化或其他原因使得油压升高达到油压开关内安全阀的开启压力时，安全阀将自动泄压，把高压油放回到油箱中，当油压降到规定的压力值时，安全阀自动关闭，如图 2-7 所示。

2）合闸原理。断路器在分闸位置时，工作缸活塞上部处于高油压（红色）状态，活塞下部与油箱连通处于零压状态（蓝色）。合闸电磁铁接受命令后，打开合闸一级阀的阀口，高压油经一级阀进入二级阀阀杆左端空腔，使阀杆左端处于高油压状态，油压力推动阀杆向右运动，封住分闸阀口，打开合闸阀口。这样，工作缸活塞下部与

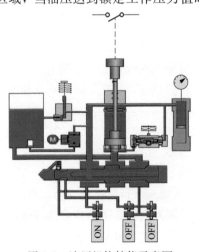

图 2-7　液压机构储能示意图

低压隔离,与高压连通。由于工作缸活塞下部的受力面积大于上部,因此对活塞杆产生一个向上的力,推动活塞向上运动实现合闸。工作缸活塞下部进入高压油的同时,信号缸左端也进入高压油,推动信号缸活塞向右运并带动辅助开关转换,切断合闸命令,分闸回路接通,同时合闸指示信号回路接通。合闸电磁铁断电后,合闸一级阀阀杆在复位弹簧的作用下复位,阀口关闭。此时二级阀阀杆左端通过节流孔与高压油连通自保持为高压状态,使阀芯仍紧密封住分闸阀口,实现了合闸保持。二级阀具有防慢分功能,钢球在弹簧力的作用下,顶在阀杆的锥面上,对阀杆产生一个附加力,当系统压力较低甚至为零,液压系统提供的合闸保持力较小时,钢球对阀杆仍然有一个较大的锁紧力,使阀杆在液压系统由零压开始打压时,二级阀仍然保持合闸位置,因此,具有可靠的防慢分功能,如图2-8所示。

3)分闸原理。断路器合闸位置时,工作缸活塞上下部均处于高油压状态。分闸电磁铁接受命令后,打开分闸一级阀的阀口,这样,二级阀阀杆左端的油腔经分闸一级阀与低压油油箱相通,油腔压力降为零。此时作用在阀杆上向右的推力仅为弹簧力,而液压系统对阀杆向左的推力要大得多,因此,阀杆便向左运动,关闭合闸阀口,开启分闸阀口,工作缸下部的液压油与低压油箱连通,压力降为零。这样,工作缸活塞在上部油压作用下向下运动,实现分闸。工作缸活塞下部压力降为零的同时,信号缸活塞左端压力也降为零,活塞在右端常高压推动下向左运动,带动辅助开关转换,切断分闸命令,合闸回路接通。分闸电磁铁断电后,分闸一级阀阀口关闭,二级阀的阀杆左端通过节流孔与油箱连通,处于低压状态,如图2-9所示。

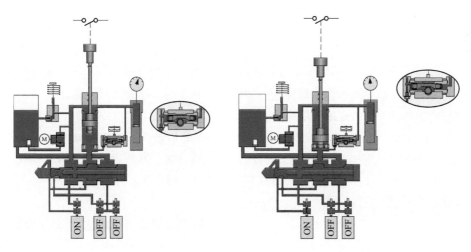

图 2-8 液压机构合闸示意图　　　　图 2-9 液压机构分闸示意图

(2)液压弹簧操作机构。利用已储能的碟形弹簧为动力源,利用液压传动来实现断路器的分合闸。结构如图2-10所示。

低压油箱、工作缸模块和碟簧组为上下串联并且与中心轴共轴排列,充压模块、储能缸模块、控制模块、监测模块均布在工作缸的六面。

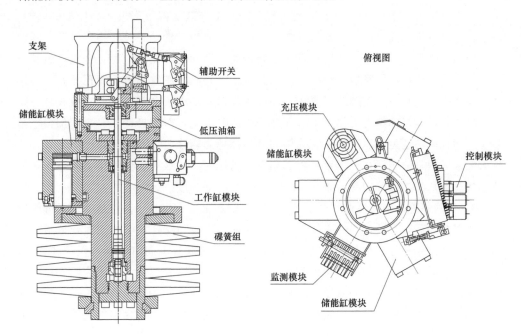

图 2-10　液压弹簧操动机构结构图

各模块结构及功能如下：

1）充压模块。由电动机、伞齿轮、偏心轴、柱塞泵以及泵座和密封件等组成。电动机起动后经齿轮传动带动偏心轴高速转动，偏心轴上的滚套推动高压柱塞泵的活塞杆往复运动，从而将高压油打入高压油腔。

2）储能缸模块。由经黑色硬质阳极氧化的储能缸、储能活塞、端盖及密封件等组成；三个储能缸模块均布在主缸体上。充压模块打压时，储能活塞在高压油腔中高压油的压力下伸出，同时压缩碟簧组储能。

3）工作缸模块。利用差动原理，当上油腔为高压油，下油腔为低压油时机构分闸；当上油腔为高压油，下油腔也为高压油时机构合闸。另外活塞杆上的逐级台阶与上、下缓冲环配合使用，组成合闸缓冲和分闸缓冲，可起到吸收分合闸终了时多余的操作功，从而保护机械构件。

4）控制模块。由一级阀和二级阀组成，一级阀为电磁式截止阀，二级阀由阀座、阀芯座、阀芯及流量阀芯等组成。二级阀也采用差动原理（阀芯处分为三个压力截面，图 2-11 所示由右向左分别为 A1 截面、A2 截面、A3 截面，三者关系为 A1＜A2＜A3，A1＋A2＞A3，其中 A1 截面油压可变，A2 截面和 A3 截面油压为长期高压），所以当合闸一级电磁阀动作时将高压油引入 A1 截面，这时 A1＋A2＞A3，主阀芯向左运动，从而将高压的主油路（P 口）与工作缸的下油腔油路（Z 口）接通，机构合闸。当分闸一级电磁阀动作时将低压油引入 A1 截面，这时 A2＜A3，主阀芯向右运动，从而将工作缸的下油腔油路（Z 口）与低压油箱的（T 口）接通，机构分闸。控制阀上相互独立的两个流量调节阀芯可较方便地通过调整油路的流量来达到调整分、合闸速度的目的。

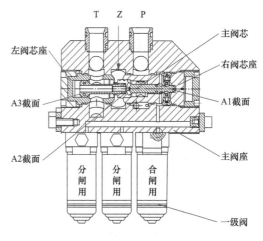

图 2-11　控制模块结构图

5）监测模块。由行程开关装配体和泄压阀及连接件等组成。行程开关用来控制充压模块，并且监测碟簧的充压状态。泄压阀通过连接件与碟簧组相连，起过位保护的作用。监测模块实时检测碟簧的充压状态，当出现内泄或分合闸后，电动机可自动起动冲压；当碟簧能量到达相应位置（报警或闭锁点）时，监测模块发出相应信号。

6）碟簧组。是机构的能量储存元件。碟簧片间采用钢丝圈来支撑、约束，与常规的小支撑面结构比，碟簧出力更均匀，自定位和自导向能力好，这样对导向柱的要求可大大降低。

7）低压油箱。装于工作缸上面，存储低压油。

8）支撑架和辅助开关等附件。附件包括支撑架、辅助开关、位置指示器等。其中辅助开关装在支撑架上，并通过连杆和拐臂与活塞杆相连，显示机构的分、合闸状态信号。

液压弹簧机构工作原理如下：

1）合闸原理。当机构充压模块打压经储能模块给碟簧组储能后，高压油腔具有了高压油，如图 2-12 所示，此时主活塞杆的活塞上面为高压油下面为低压油，机构处于分闸状态；当合闸一级阀动作后，二级阀（主换向阀）换向，使 P 口和 Z 口导通，这样主活塞杆的活塞上面和下面都为高压油，因下面的油压面积较上面大，所以下面的压力大，故而主活塞杆向上运动，实现合闸。合闸后，辅助开关转换切断合闸一级阀的二次回路；同时监测模块起动电动机充压，能量储满后自动停止。机构保持在合闸状态。

2）分闸原理。液压弹簧机构在合闸状态时（见图 2-13），当分闸一级阀动作，二级阀（主换向阀）换向，使 Z 口和 T 口导通，这样主活塞杆的活塞上面为高压油，下面变为低压油，故而主活塞杆向下运动，实现分闸。分闸后，辅助开关转换切断分闸一级阀的二次回路；同时监测模块起动电动机充压，能量储满后自动停止。机构保持在分闸状态。

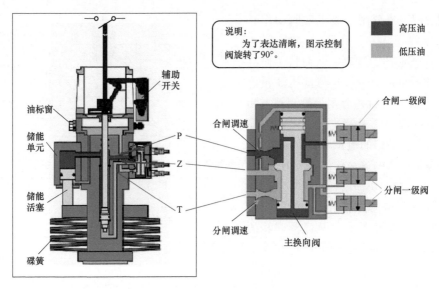

图 2-12　分闸状态图

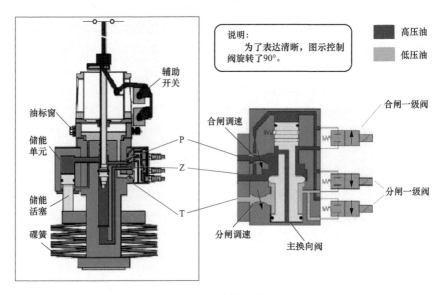

图 2-13　合闸状态图

　　（3）弹簧操作机构。弹簧操作机构电动机通过减速装置和储能机构的动作，使合闸弹簧储存机械能，储存完毕后，通过闭锁装置使弹簧保持在储能状态，然后切断电动机电源。当接收到合闸信号时，将解脱合闸闭锁装置以释放合闸弹簧的储能。这部分能量中一部分通过传动机构使断路器的动触头动作，进行合闸操作；另一部分则通过传动机构使分闸弹簧储能，为分闸做准备。当合闸动作完成后，电动机立即接通电源动作，通过储能机构使合闸弹簧重新储能，以便为下一次合闸动作做准备。当接收到分闸信号时，将解脱自由脱扣装置以释放分闸弹簧储存的能量，并使触头进行分闸动作。

弹簧操动机构按各结构的功能不同可分为如下几部分：储能单元、合闸控制单元、分闸控制单元、能量转换及传动输出单元、辅助及连锁单元。

下面以 CT26 弹簧机构为例介绍弹簧机构：

CT26 型弹簧操动机构的机构架为整体铸铝支架式结构，机构的各零部件都组装在铸铝支架上，储能单元和合闸控制单元分布在铝支架右侧，其下面对应合闸弹簧；机构传动单元和分闸控制单元分布在铝支架中间；分闸弹簧和油缓冲以及行程开关、辅助开关等分布在铝支架左侧。机构固定有上装和后装两种安装方式，机构输出既可从中间大拐臂输出，也可从侧面拐臂输出，如图 2-14 所示。

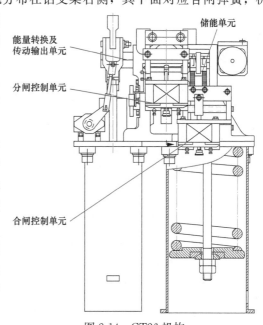

图 2-14 CT26 机构

1）储能单元。弹簧机构的储能单元结构有棘轮棘爪式、蜗轮蜗杆式、齿轮传动式等多种形式。该机构的储能单元为棘轮棘爪式，并且是双列棘轮、双棘爪结构。

2）分、合闸控制单元。分闸控制单元和合闸控制单元在结构及原理上都类似，都由能量保持掣子、脱扣掣子等构件组成。

3）能量转换及传动输出单元。目前几乎所有弹簧操动机构的合闸能量转换都采用凸轮推动滚轮的结构。

4）辅助及连锁单元。辅助及连锁单元主要包括合闸连锁（即合闸状态不能再次合闸）、机械防跳跃装置、分合闸缓冲装置等。

弹簧机构工作原理如下：

1）储能原理。如图 2-15 所示，合闸弹簧 1 处于释放状态，棘爪轴 6 通过齿轮与电动机相连［见图 2-15(a)］。储能时，电动机带动棘爪轴 6 顺时针旋转，偏心的棘爪轴上的两个棘爪 5 交替推动棘轮 3 逆时针旋转，通过棘轮上的销和拉杆拉动合闸弹簧压缩储能，当销到达左侧顶点位置，即合闸弹簧压缩最大时，合闸弹簧主动带动棘轮逆时针转过约 2°，棘轮上的储能保持销 4 被储能保持掣子 15 扣住，完成储能动作，此时电动机被接触器切断，棘爪与棘轮相脱离。

2）合闸原理。断路器处于分闸位置，合闸弹簧储能［见图 2-15(b)］。机构接到合闸信号，合闸线圈受电，合闸电磁铁的动铁心吸合带动合闸导杆撞击合闸掣子 13 逆时针旋转，释放储能保持掣子 15，合闸弹簧带动棘轮 3 顺时针快速旋转，与棘轮同轴运动的凸轮 18 撞击大拐臂 8 上的滚子，使输出拐臂 7 向上运动，通过与断路器相连的连杆带动断路器本体快速合闸；同时分闸弹簧 16 被压缩储能，以备分闸操作。

3）分闸原理。断路器处于合闸位置，合闸弹簧 1 与分闸弹簧 16 均储能 [见图 2-15(c)]。机构接到分闸信号，分闸线圈受电，分闸电磁铁的动铁芯吸合带动分闸导杆撞击分闸保持掣子 10 逆时针旋转，释放合闸保持掣子 9，分闸弹簧 16 拉动拐臂顺时针旋转带动断路器本体完成快速分闸操作，同时带动大拐臂 8 向下运动，将合闸保持掣子 9 压下，使机构处于分闸位置。

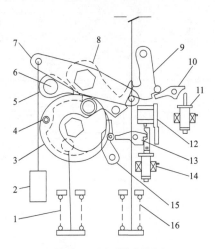

(a) 分闸位置（合闸弹簧释放状态）

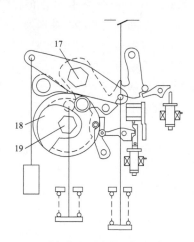

(b) 分闸位置（合闸弹簧储能状态）

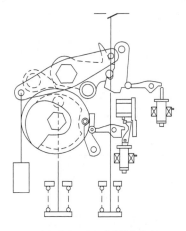

(c) 合闸位置（合闸弹簧储能状态）

图 2-15 CT26 型弹簧机构原理结构图

1—合闸弹簧；2—油缓冲；3—棘轮；4—储能保持销；5—棘爪；6—棘爪轴；7—输出拐臂；8—大拐臂；
9—合闸保持掣子；10—分闸保持掣子；11—分闸电磁铁；12—机械防跳装置；13—合闸掣子；
14—合闸电磁铁；15—储能保持掣子；16—分闸弹簧；17—输出轴；18—凸轮；19—储能轴

4. 支柱瓷套

支柱瓷套起支撑灭弧室和对地绝缘的作用，瓷套内装有绝缘拉杆，起对地绝缘和机械传动作用。支柱瓷套由优质高强度瓷或复合材料制成，具有很高的强度和很好的气密性，如图 2-16 所示。

5. 并联电容器

断路器在采用多断口结构时，每个断口在开断位置的电压分配和开断过程中的电压分配是不均匀的，决定于断路器断口电容和断路器对地电容的大小，由于每个断口的工作条件不同，加在每个断口上的电压相差很大，甚至相差近一倍。为了充分发挥每个灭弧室的作用，降低灭弧室的成本，应尽量使每个断口上的电压分配基本相等，通常在每个断口上并联上一个适当容量的电容器，用以改善在不同工作条件下每个断口的电压分配。同时为了降低断路器在开断近区故障时灭弧断口的恢复电压上升速度，提高断路器开断近区故障的能力，如图 2-17 所示并联电容器作用如下：

图 2-16　支柱瓷套

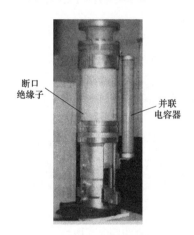

断口绝缘子

并联电容器

图 2-17　断口间并联电容器

1）在多断口断路器中，改善断路器在开断位置时各个断口的电压分配，使之尽量均匀，并且使开断过程中每个断口的恢复电压尽量均匀分配，以使每个断口的工作条件接近相等。

2）在断路器的分闸过程时电弧过零后降低断路器触头间隙恢复电压的上升速度，提高断路器开断近区故障的能力。

6. 合闸电阻

在超高压电网合空载长线时，由于系统参数突变，电网电感及电容电磁能量振荡而引起较大的过电压。为了限制这种合闸过电压，利用合闸电阻将电网的部分能量吸收和转化成热能，以达到削弱电磁振荡、限制过电压的目的。

断路器的操作是大部分操作过电压的起因。提高断路器的灭弧能力和动作的同期性、加装合闸电阻是限制操作过电压的有效措施。降低工频稳态电压，加强电网建设，合理装设高抗，合理操作，消除和削弱线路残余电压，采用同步合闸装置，使用性能良好的避雷器等也是限制操作过电压的有效办法。断路器装设合闸电阻是限制断路器操作过电压最可靠、最有效的方法。

合闸电阻的取值与线路的长度、电场的分布、电源的阻抗和系统的阻抗有关。在超高压电网一般取 $400\sim600\Omega$，而在直流换流站的超高压线路取 1500Ω。

(1) 合闸电阻的结构。合闸电阻一般由碳化硅电阻片叠加而成，有的是金属无感电阻，阻值在 $380\sim630\Omega$ 之间，属中值电阻，合闸电阻的提前接入时间为 $7\sim12\text{ms}$，合闸电阻的热容量要求在 1.3 倍额定相电压下合闸 $3\sim4$ 次。合闸电阻为瞬时工作，不能长期通过大电流。合闸电阻结构如图 2-18 所示，实物图如图 2-19 所示。

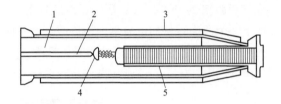

图 2-18　合闸电阻结构图

1—触指；2—电阻触头；3—合闸电阻瓷套；4—电阻静触头；5—合闸电阻

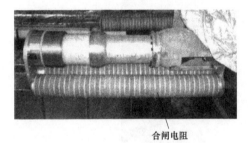

图 2-19　合闸电阻实物图

(2) 合闸电阻的装配主要由电阻片，绝缘杆，传动连杆，动、静主触头，动、静弧触头及弹簧等组成。电阻与辅助断口并联，与两个主断口串联。

(3) 断路器合闸电阻动作原理如图 2-20 所示。合闸电阻与合闸电阻断口并联后，与两个主断口串联。合闸时，合闸电阻断口与主断口同时受到操动机构的驱动进行合闸，但合闸电阻断口滞后于主断口约半个周期（$7\sim12\text{ms}$）关合，合闸电阻断口关合后将合闸电阻短接。

7. SF_6 密度继电器

为了能达到实时监视 SF_6 断路器 SF_6 气体密度的目的，国家标准规定，SF_6 断路器应装设压力表或 SF_6 密度继电器（见图 2-21）。SF_6 断路器中的 SF_6 气体密封在一个固定不变的容器内，在 $20℃$ 时的额定压力下，它具有一定的密度值，在断路器运行的各种允许条件范围内，尽管 SF_6 气体的压力随着温度的变化而变化，但是 SF_6 气体的密度值不会随环境的变化而变动较大。因为 SF_6 断路器的绝缘和灭弧性能在很大程度上取决于 SF_6 气体的纯度和密度，所以，对 SF_6 气体纯度的检测和密度的监视显得特别重要。如果采用普通压力表来监视 SF_6 气体的泄漏，那就会无法区分是由于真正存在泄漏，还是由于环境温度变化而造成 SF_6 气体的压力变化，因此现使用的 SF_6 气体密度表具有反补偿作用，不会随环境的变化导致监视 SF_6 气体的压力变动较大。

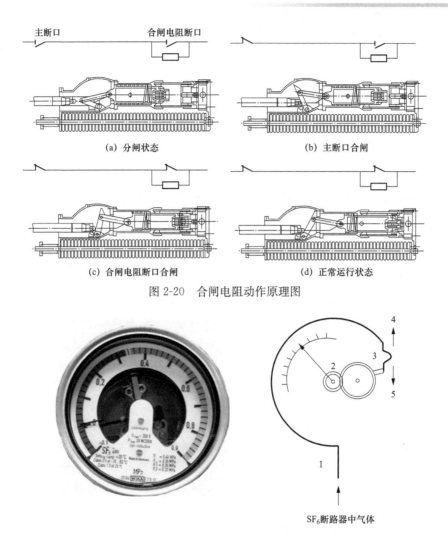

图 2-20 合闸电阻动作原理图

SF₆断路器中气体

图 2-21 SF₆ 气体密度器实物图

金属波纹标准气囊气体参比式 SF_6 密度继电器：该继电器使用了一个与被测气室充入相同绝缘气体的小气室作为参比基准。参比气室与被测气室之间采用一个密闭的金属波纹管隔开，当两者处于相同的温度环境时，被测气室中的气体密度一旦发生改变将导致气压的差异。压差会导致波纹管伸缩变形，继而通过连杆和压板等机构驱动微动开关，发出气体密度的报警信号。

第三节 断路器巡视要点

1. 本体巡视要点

（1）断路器无异常声响、外壳无变形、密封条无脱落。断路器发出异常声响原因有：

1）内部紧固件松动，运行过程中发生震动。

2）触头接触不良。对于大电流断路器而言，发生触头接触不良的情况很低，这种接触不良而导致的异响是很严重的，一是输出电压不稳，二是开关发热，甚至烧毁。当我们日常巡检时，发现断路器异常声响，应提高警惕进行故障排除。如果巡视未发现断路器异常声响，导致故障没有及时排除，会产生严重后果，影响断路器的正常运行，甚至导致断路器烧毁。

（2）分、合闸指示正确，与实际位置相符；SF_6 密度继电器（压力表）指示正常，外观无破损或渗漏，防雨罩完好。

1）断路器分合闸信号指示灯指示断路器的分合闸状态及监视断路器分合闸回路的完整性。信号指示灯不亮的原因主要有：①电源故障，如熔丝熔断；②控制回路断线或接触不良；③信号指示灯灯丝断或接触不良；④指示灯串联的电阻断线；⑤合闸线圈或分闸线圈断线。断路器分合闸指示针松动，指示针指示位置与断路器分合闸位置不一致。如果在日常巡检过程中未发现分、合闸指示与实际位置不相符，影响人员对断路器位置的监视，在保护动作时出现断路器拒动情况，扩大事故范围。

2）SF_6 断路器压力，是日常巡视的重点检查项。SF_6 断路器压力异常，可能是因为断路器存在漏气的地方，也可能是受环境温度的影响造成压力降低。压力过低至闭锁值，会造成断路器分合闸闭锁，出现故障时，断路器无法分闸切断故障，从而扩大事故范围。

3）在日常巡视过程中检查 SF_6 密度继电器（压力表）外观无破损或渗漏，防雨罩完好，铁瓷结合处防水胶（高度不小于 50mm）完好，无开裂。如果出现外观破损情况或防雨罩破损，有可能是 SF_6 气体进入水分，影响 SF_6 气体灭弧能力。

（3）外绝缘无裂纹、破损及放电现象，增爬伞裙粘接牢固，无变形，防污涂料完好，无脱落、起皮现象。外绝缘表面脏污、破损或受潮，均会使绝缘能力降低，严重时会发生放电闪络事故，造成设备跳闸或损坏。

（4）均压环安装牢固，无锈蚀、变形、破损。如果均压环变形、破损，将导致电压分布不均，环形各部位之间存在电位差，出现放电、电晕情况。

（5）传动部分无明显变形、锈蚀，轴销齐全。如传动部分出现明显变形等异常情况而没有及时发现和处理，可能导致断路器拒动，扩大停电范围。

（6）检查引线有无异常。引线是日常巡视中容易疏忽的地方，引线接头有断股、散股情况，则能承受的引线拉力降低，同时断股、散股部位可能存在放电现象。如日常巡视中没有发现及时进行处理，则可能引线断股、散股情况进一步恶化，最后导致断线设备跳闸。

（7）检查控制箱、端子箱和机构箱密封良好；空气开关投退正确，各类表计指示正常，端子排无锈蚀、裂纹、放电痕迹；二次接线无松动、脱落，绝缘无破损、老化现象；备用芯绝缘护套完备；电缆孔洞封堵完好。

1）端子箱密封不严，可能造成雨水、沙尘进入箱内，使箱内接线端子短路或接触不良，造成保护误动作。

2）端子箱内的空气开关主要有控制电源空气开关、储能电源空气开关等，如未正确投退，会造成断路器无法正常分合闸。

3）二次接线松动，端子接触不良，会使端子接触电阻过大，引起端子发热现象，长期运行会导致端子排烧毁，严重时会发生火灾事故。

（8）检查断路器加热装置运行正常，按要求投退。断路器在北方严寒地区户外运行时，为防止气温低于零下 25℃（0.6MPa 下 SF_6 气体液化温度），在断路器机构或罐体内加装了加热装置（或伴热带）。如果加热照明装置运行不正常或电源空气开关未正确投退，会造成冬季断路器内温度过低，影响 SF_6 断路器压力；夏季加热器还在运行，造成断路器温度过高，引起设备发热。

（9）断路器动作计数器指示正常。现场运行中的断路器有明确的允许切断故障次数和累计动作次数，达到允许切断故障次数和累计动作次数后断路器需全面检修维护后才能继续运行，因此我们巡视时需要检查断路器动作次数，判断是否达到累计动作次数。如断路器动作计数器指示不正常，断路器累计动作次数统计不能正常指示，将影响对断路器的运行状况判断。

2. 操动机构巡视要点

（1）液压、气动操动机构压力表指示正常。当压力值降至闭锁值以下，断路器遇故障时不能正确动作，造成故障范围扩大。

（2）液压操动机构油位、油色正常，无渗漏，油泵及各储压元件无锈蚀。如油位异常减低，导致断路器操动机构压力值降至闭锁值以下，断路器遇故障时不能正确动作，造成故障范围扩大。油色不正常，可能是油老化，存在杂质，使断路器压力无法保持。

（3）液压操动机构电动机外观正常，无锈蚀、裂纹。如果液压操动机构电动机出现问题，断路器需要补压时不能及时储能补压，影响断路器的分合闸。

（4）液压操动机构油泵外观正常，无渗漏油。如油泵出现渗漏油，则可能存在液压操动机构油压不能正常储能，影响断路器的分合闸。

（5）液压操动机构油压开关外观正常，接点无松动、灼烧痕迹。如油压开关接点出现损坏，可能出现打压超时或出现闭锁信号，影响断路器的正常运行。

（6）弹簧储能机构储能正常，弹簧无锈蚀、裂纹或断裂。如断路器弹簧储能机构储能不正常，将造成断路器出现慢合闸、无法合闸情况。弹簧完好情况同样会影响断路器分合闸。

（7）弹簧操作机构棘轮、棘爪、储能轴等部件无锈蚀、裂纹或断裂。如操作机构各部件出现锈蚀、裂纹或断裂情况，将影响断路器储能或分合闸，严重影响电网的安全运行。

（8）操作机构内分合闸线圈外观正常，接线无松动、灼烧痕迹。如分合闸线圈接线松动或出现烧伤，不能正常带电，导致断路器不能进行分合闸，影响电网的安全运行。

第四节 典 型 案 例

案例一：220kV××变电站 220kV××线送电后弹簧未储能事故

（1）情况说明。2021 年 4 月 20 日，220kV××变电站 220kV××线间隔停电检修，当天工作结束后，在送电后 220kV××线 C 相断路器发弹簧未储能。

（2）检查处理情况。总分工作票于 12 时 31 分左右完成了许可手续。现场电气试验一班和检修二班工作于 16 时 00 分左右结束，电气试验一班断路器试验项目为：机械特性，回路电阻；检修二班断路器检修项目为：动作电压、本体机构检查；16 时 00 分～19 时 00 分保护班组进行保护调试、带断路器整组传动（传动有十几次），传动均正常。全部工作于 19 时 25 分终结。期间断路器储能均正常，未发生"未储能"告警。

××线间隔于 23 时 00 分左右合上断路器后，后台及监控发"C 相断路器弹簧未储能"，经检查机械指示也在未储能状态。保护人员和检修人员开完票后进行了检查，最终发现串接在储能控制回路中的储能电源空气开关辅助触点接触不良，导致储能继电器不动作，造成断路器不储能。后将空气开关通断多次，辅助开关均能正确切换，C 相机构储能恢复正常。

（3）原因分析。经调查，电气试验一班、检修二班、变电二次运检二班定检过程中均未断过此储能空气开关且保护专业最后带断路器进行了多次整组传动，断路器均储能正常，说明储能空气开关接点是在传动完断路器后出现的接触不良，造成储能继电器无法带电，无法进行储能。

（4）措施及建议。

1）各专业专责重新梳理标准化作业流程以及标准化作业卡（书）的执行情况。依据最新标准重新修订符合现场实际工作情况的标准化作业卡，变电一次检修专责负责检修专业标准化作业卡修订，变电二次检修专责负责保护专业标准化作业卡修订，继电保护技术专责负责直流、自动化专业标准化作业卡修订，技术监督专责负责试验、油务专业标准化作业卡修订。要求针对性强，具有可操作性，完成修订、审核、下发。

2）各专业班组确保班组成员熟知标准化作业卡的执行要求。后期各专业专责以及现场到岗到位人员不定期进行检查各班组的执行情况，并落实到设备主人制考核中。

3）优化职责分工。110kV 及以上断路器变电检修班组在断路器定检过程中依据标准化作业卡需对机构箱内的空气开关以及辅助接点质量进行把关，变电二次运检班需对断路器储能的二次回路是否良好进行把关，各班组再次完成宣贯学习，确保每位人员学习到位。

4）针对此次发生的检修质量不良引发的职责不清问题，变电检修中心机具组牵头、各专责及班组配合重新修订完善各班组职责分工，各专责及班组梳理讨论目前工作中存在的盲点、疑点并完善到新的职责分工中，避免造成同类事件再次发生。

案例二：220kV××变电站 220kV××线 B 相断路器压力低闭锁告警

（1）情况说明。2020 年 2 月 16 日 17 时 23 分，220kV××变电站 220kV××线保护装置告警为：2219 断路器第一组/第二组控制回路断线动作、SF_6 低气压闭锁动作、稳控 A、B 屏装置异常（HWJ 位置异常）。

（2）检查处理情况。2020 年 2 月 16 日 17 时 25 分，220kV××变电站运维人员现场检查 220kV××线断路器三相 SF_6 低气压压力值均处于正常运行值，A 相 0.41MPa、B 相 0.42MPa、C 相 0.46MPa，并汇报调度（××变电站为维操一队驻地）。

2020 年 2 月 16 日 20 时 59 分，检修人员到达 220kV××变电站（因疫情交通管制，到站时间较长），申请变电站第二种工作票。经现场检查，断路器机构箱内 ZJ1 闭锁继电器在动作状态，在拆除 B 相断路器 SF_6 密度继电器闭锁回路时，ZJ1 继电器返回，锁定异常原因为 B 相密度继电器闭锁回路（见图 2-22），确认告警原因为 B 相断路器 SF_6 密度继电器内部故障，现场更换备件，告警复归，设备运行正常。

图 2-22　断路器 SF_6 密度继电器闭锁回路

（3）原因分析。对表计试验、表计航空插头至端子排二次线绝缘试验均正常。拆除 B 相断路器 SF_6 密度继电器航空插头时，发现存在明显白色丝状物。经分析后确定原因为表计航空插头底部虽有盖板，盖板与二次线之间仍存在微小缝隙，入冬后小昆虫通过孔洞（见图 2-23 下部圆圈）爬进密度继电器航空插头二次接线盒内（见图 2-23 上部圆圈），结下丝状物虫卵。加之近两日雨夹雪天气，空气湿度加大，丝状物吸潮后，将近处的两个闭锁端子短路，造成 SF_6 闭锁。通过更换新备品备件后气压低闭锁复归，第一组、第二组控制回路断线复归，设备运行正常。

（4）措施及建议。

1）结合停电检修，加强二次回路绝缘测试，排查是否存在异物造成的二次回路相间绝缘降低。

2）改进封堵工艺。对胶泥不易封堵的细小孔洞、航空插头、电子元件等设备存在裸露二次线的部位，采用防火、防水且固化后呈柔性状态的绝缘胶进行封堵，防止因与外界或异物接触造成短路，结合停电完成停电设备封堵。

3）完善验收、检修细则，在工程验收阶段严把验收关。做成典型案例，将改进工艺建议发至相关设备厂家，提升设备出厂健康水平。

案例三：220kV××变电站 220kV××线 B 相断路器液压机构渗漏油

（1）情况说明。2019 年 8 月 5 日，运行人员在巡视过程中发现 220kV××变电站 220kV××线 2271 B 相断路器液压机构渗漏油严重，机构箱内液压油已降到最低位置，现场断路器不具备安全运行条件。运行人员立即向上级领导汇报，随后向省调申请将 220kV××线 2271 断路器转检修，检修人员进行消缺处理。

（2）检查处理情况。2019 年 8 月 5 日 15 时 20 分，检修人员到达现场后对××线 2271 B 相断路器机构进行检查，并根据现场实际情况准备相关零部件及工器具。18 时 50 分，运行人员向省调汇报，申请对 220kV××线 2271 断路器进行消缺。20 时 10 分，220kV××线 2271 断路器转检修，随后检修人员办理相关手续后对 2271 断路器 B 相进行消缺处理。22 时 00 分，检修工作结束，运行人员向省调申请 2271 断路器恢复原运行方式。

现场处理：检修人员现场对 220kV××线 2271 断路器 B 相液压机构转换接头及密封铜垫进行更换，对液压油进行更换，在分合位置进行泄压、打压试验，经观察，转换接头处及各管路无渗油现象。现场对其他两相断路器也进行检查，无异常。

（3）原因分析。220kV××线 2271 断路器上次检修时间为 2016 年 5 月。因断路器在多次打压后，导致工作缸管接头松动，密封铜垫接触不良，造成工作缸管接头处渗漏油，如图 2-23 所示。

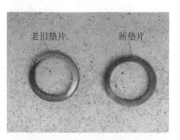

漏油点处理前　　　　　　　　　　漏油点处理后

图 2-23　断路器机构处理情况

（4）措施及建议。

1）后期加强对液压机构型断路器巡视工作，结合停电检修对断路器液压机构内部元器件进行全面检查，确保设备安全稳定运行。

2）重点监测 3 年内未检修的液压机构型断路器，必要时列入停电检修计划，对液压机构进行检修，防止此类隐患再次发生。

案例四：220kV××变电站 110kV××线 1408 断路器合闸不成功

（1）情况说明。2018 年 11 月 18 日 23 时 35 分，220kV××变电站 110kV××线 1408 断路器合闸不成功，故障未造成负荷损失。

（2）检查处理情况。检修人员将保护退出，就地进行分合闸试验，合闸四次，一次合闸不成功。2018 年 11 月 19 日 1 时 10 分，一次检修人员赶至现场，1 时 15 分许可站内 110kV××线 1408 断路器检修工作，检修人员对断路器机构进行检查。

检修人员对 110kV××线 1408 断路器机构检查发现，机构箱内部整洁无凝露，二次线连接良好，断路器储能回路正常，如图 2-24 所示。

图 2-24   ××线 1408 断路器机构箱内部实况

关闭操作电源，现场手动分合 5 次，出现 1 次空合现象，随后对断路器合闸状态、分闸状态进行检查。检查发现断路器合闸后，分闸掣子未能锁住内拐臂，导致断路器合闸后立即分闸，如图 2-25、图 2-26 所示。

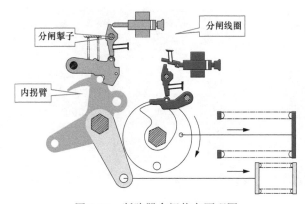

图 2-25   断路器合闸状态原理图

图 2-26　断路器合闸状态机构图

　　合闸状态下，分闸掣子与合闸保持掣子扣接良好，分闸掣子将合闸保持掣子顶住，保持机构出于合闸状态，如图 2-27、图 2-28 所示。

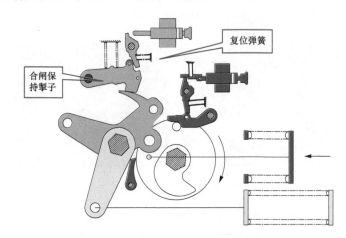

图 2-27　断路器分闸闸状态原理图

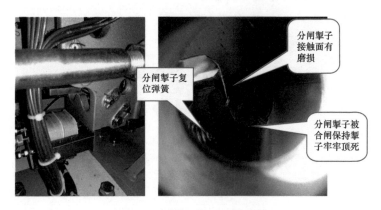

图 2-28　断路器分闸状态机构图

分闸时，分闸线圈顶针撞击分闸掣子，合闸保持掣子脱扣，分闸弹簧能量释放，机构分闸，如图 2-27 所示。

现场检查，分闸掣子与合闸保持掣子扣接点偏下，不在中间位置，分闸掣子未能正确复位且分闸掣子接触面有明显磨损（见图 2-28）。

（3）原因分析。

1）直接原因。分闸掣子材质不佳，耐磨性能差且扣接位置偏移。110kV××线 1408 断路器机构分闸掣子与合闸保持掣子扣接面偏移，接触面磨损明显，导致合闸保持掣子偶有脱扣，合闸不成功。

2）主要原因。分闸掣子复位弹簧疲劳，分闸掣子未能及时复位。分闸掣子复位弹簧在合闸状态下伸开，分闸状态下压缩。弹簧制作工艺有缺陷，多次受力后弹簧疲劳，合闸瞬间，分闸掣子未能及时、准确复位，造成扣接点偏移。

（4）措施及建议。

1）及时联系设备厂家，加强与厂家技术人员的沟通，后期上报停电计划，对断路器机构进行全面检查，及时更换易损件。

2）对公司 CB 型 GIS 设备进行断路器机构隐患排查，发现问题及时上报。

3）加强新技术、新工艺的学习，请厂家人员开展培训，提高自身的技术实力。后期验收严把质量关，必要时联系电科院等有关部门进行技术支持。

案例五：××变电站××线跳闸断路器未储能

（1）情况说明。2020 年 4 月 13 日 15 时 45 分，××变电站侧 A 套光纤差动保护装置纵联差动保护动作、分相差动保护动作、接地距离保护Ⅰ段动作；B 套光纤差动保护装置工频变化量距离保护动作、纵联差动保护动作、接地距离Ⅰ段动作跳开××线 7551、7550 断路器 C 相；重合闸动作，重合于永久性故障；××变电站 A 套光纤差动保护装置，纵联差动保护、分相差动动作、距离相近加速动作、距离加速动作，B 套光纤差动保护装置，纵联差动保护动作、距离加速动作、距离保护Ⅰ段动作跳开××线 7551、7550 断路器 ABC 相。行波测距双端测距，距××变电站 64.8km。保护动作正确。

2020 年 4 月 13 日 17 时 05 分，7551 断路器试送过程中，AB 相正常合闸后 2.5s 非全相保护动作跳开 A、B 相。

（2）检查处理情况。××变电站值班负责人安排人员进行一、二次设备检查。检查后台报文和光字信息，进行现场一、二次设备检查。人员在设备检查时均未发现 7551 断路器 C 相打压超时、油压低闭锁分合闸告警信息，以及 7551 断路器 C 相未储能情况。16 时 08 分，值班负责人向调度汇报一、二次设备检查情况：××线路保护 A、B 套动作，故障相别 C 相，故障测距 69.248km，线路总长 159.37km，站内天气阴，设备检查正常，站内具备试送电条件。

16 时 58 分，调度下令将 750kV××线 7551 断路器由热备用转为运行。17 时 05

分，站内操作 7551 断路器 C 相合闸不成功，三相不一致保护动作跳开 A、B 相断路器。17 时 32 分，值班负责人再次对后台信息进行检查时，发现在 15 时 45 分 27 秒××线跳闸后，后台已报送油压低闭锁分合闸告警，15 时 47 分 55 秒发 7551 断路器 C 相打压超时告警信息。17 时 38 分，××变电站根据调度调令，合上 7550 断路器，恢复××线送电。18 时 06 分，××变电站向调度申请将 7551 断路器转为检修状态。21 时 58 分，调度下令将 7551 断路器热备用转为检修。4 月 14 日 9 时 25 分，检修人员完成油泵储能伞齿轮消缺工作，站内恢复原运行方式。

（3）原因分析。本次××线 7551 断路器 C 相机构无法储能的直接原因为断路器的聚酰氨（尼龙）材料齿轮质量不达标，储能伞齿轮出现两个连续的齿牙断裂，导致储能电动机伞齿轮无法与油泵伞齿轮啮合，电动机空转运行至储能超时，储能回路被切断。7551 断路器的液压机构储能齿轮设计为合金钢与尼龙材质配合，油泵储能伞齿轮为聚酰胺（尼龙）材料，电动机伞齿轮为钢制材料。由于伞齿之间存在间隙，在电动机起动瞬间，尼龙齿轮受到一个较大的冲击力，损伤逐步积累最终导致伞齿完全断裂，反映出设备制造厂家在零部件选择上考虑不充分，导致设备投运后出现质量问题。

（4）措施及建议。

1）根据储能伞齿排查结果，按照轻重缓急原则制订整改方案。对于已发现存在裂纹的，尽快安排处理；无裂纹的设备加强跟踪、监视。

2）科学制订停电计划，在一个停电周期内完成全部尼龙齿轮更换工作。

3）加强设备验收管理，在设备验收阶段，重点把控设备薄弱环节；在基建阶段予以治理，防止设备带病入网。

案例六：220kV××变电站 220kV 断路器油压表漏油

（1）情况说明。2021 年 2 月 18 日 14 时 30 分，运维人员发现 220kV××变电站 220kV 母联 2250 断路器频发"断路器机构打压电机运转"信号，信号间隔约 40min，怀疑机构频繁打压。

（2）检查处理情况。

1）2021 年 2 月 18 日 14 时 50 分，运维人员到达现场检查发现 220kV 母联 2250 C 相断路器液压机构压力表处漏油（快于 5s 每滴），检查液压机构油位在最低位置，现场压力表膨胀变形，指针在 27.5MPa 位置，C 相断路器地面有大片液压油油污，油箱油位低于最低刻度线，如图 2-29、图 2-30 所示。

2）检查 220kV 母联 2250 C 相断路器机构液压表发现内部明显渗漏，压力表鼓肚开裂，液压

图 2-29　220kV 母联 2250
C 相断路器机构

油顺表盘滴漏。

3）对故障压力表解体检查，发现该表计为表壳内灌充液并带有阻尼器的机械指针式压力表，液压机构高压油通过进入表计铜管，产生压强使其形变拉动弹簧阻尼器从而带动指针旋转。检查发现压力表内部 C 形储压管底部焊接头处焊接工艺不良，密封部位存在沙眼渗漏点，如图 2-31 所示。

图 2-30　220kV 母联 2250 C 相断路器机构液压表

图 2-31　220kV 母联 2250 断路器 C 相压力表解体检查

4）220kV母联2250断路器停电后对C相断路器液压机构进行泄压，随即更换校验合格的压力表，如图2-32、图2-33所示。

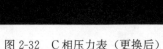

图2-32　C相压力表（更换后）　　　　　图2-33　B相压力表

5）补充C相液压机构液压油后经保压3h判断压力保持良好，无泄压情况，断路器机械特性试验合格后申请投运。

（3）原因分析。

1）220kV母联2250断路器C相压力表制造工艺不良，内部储压波纹管焊接头处焊接工艺不良，长期运行出现漏点，导致高压油进入压力表防震液中，防震液日常运行处于常压状态，进入高压油后压力过大导致压力表外壳变形漏油，造成液压机构加速泄压导致机构频繁打压。

2）断路器后台报频繁打压现象。根据规定液压机构每天出现5次打压属于危急缺陷，核实该信号未接入调度监控端，监控未及时发现打压启动信号且运维人员未发现后台打压信号。

（4）措施及建议。

1）排查同厂家、同型号液压机构，判断是否有漏油现象，结合停电对该批次压力表进行更换。

2）将液压机构打压启动信息接入调度监控端，以便监控能及时发现液压机构频繁打压现象，同时要求每个间隔24h内超过3次时告动作越限，及时通知运维人员现场检查核实。

3）对液压机构液压压力、打压次数、液压油位情况作为一项日常工作进行巡视记录，并录入标准化作业管理系统相关模块内，现场运行日志也记录存档备查。

第五节 习 题 测 评

一、单选题

1. 对户内设备，应先开启强排通风装置 15min 后，监测工作区域空气中 SF₆ 气体含量不得超过（ ）μL/L，含氧量大于 18%，方可进入，工作过程中应当保持通风装置运转。

A. 800　　　　B. 1000　　　　C. 1100　　　　D. 1500

2. SF₆ 断路器本体巡视时，覆冰厚度不超过设计值（一般为 10mm），冰凌桥接长度不宜超过干弧距离的（ ）。

A. 二分之一　　B. 三分之一　　C. 四分之一　　D. 五分之一

3. 断路器合闸弹簧储能完毕后，行程开关应能立即将电动机电源（ ），合闸完毕，行程开关应将电动机电源（ ），机构储能超时应上传报警信号。

A. 切除，接通　　B. 接通，切除　　C. 接通，接通　　D. 切除，切除

4. 抽真空时要有专人负责，应采用出口带有（ ）的真空处理设备，并且在使用前应检查阀口动作可靠，防止抽真空设备意外断电造成真空泵油倒灌进入设备中。被抽真空气室附近有高压带电体时，主回路应可靠接地。

A. 减压阀　　　B. 逆止阀　　　C. 加压阀　　　D. 电磁阀

5. 储能电动机应能在（ ）的额定电压下可靠动作。

A.85%~115%　B.80%~120%　C.85%~110%　D.90%~110%

6. 缸体内表面、活塞外表面无划痕，缓冲弹簧进行（ ）处理，装配后，连接紧固。

A. 打磨　　　　B. 固定　　　　C. 润滑　　　　D. 防腐

7. SF₆ 密度继电器及管路密封良好，年漏气率小于（ ）或符合产品技术规定。

A. 0.1%　　　B. 0.5%　　　C. 0.7%　　　D. 1.0%

8. 检测并记录分闸线圈电阻，检测结果应符合设备技术文件要求，无明确要求时，以线圈电阻初值差不超过（ ）作为判据，绝缘值符合相关技术标准要求。

A. 0.5%　　　B. 1%　　　C. 2%　　　D. 5%

9. 取出的吸附剂及 SF₆ 生成物粉末应倒入 20% 浓度 NaOH 溶液内浸泡（ ）h（小时）后，装于密封容器内深埋。

A. 8　　　　　B. 10　　　　　C. 12　　　　　D. 15

10. 充气套管的各部件清洁后应用烘箱进行干燥。无特殊要求时，烘干温度 60℃，保持（ ）h。

A. 12　　　　B. 24　　　　C. 36　　　　D. 48

11. 断路器采用手车式，断路器在（ ）位置时，手车才能从试验位置移向工作位置。

A. 合闸　　　　　　B. 分闸　　　　　　C. 储能　　　　　　D. 任意

12. 检查分、合闸指示正确，与（　　）、后台监控位置相符。

A. 机械位置　　　　B. 实际位置　　　　C. 指示位置　　　　D. 后台位置

13. 外绝缘无裂纹、破损及（　　）现象，增爬伞裙粘接牢固、无变形，防污涂料完好，无脱落、起皮现象。

A. 击穿　　　　　　B. 局放　　　　　　C. 放电　　　　　　D. 闪络

14. 端子排无锈蚀、裂纹、放电痕迹；二次接线无松动、脱落、绝缘无破损、老化现象；备用芯绝缘护套完备；电缆孔洞（　　）完好。

A. 密封　　　　　　B. 填补　　　　　　C. 封堵　　　　　　D. 焊接

15. 照明、加热（　　）装置工作正常，加热驱潮装置按要求投退正确。

A. 驱潮　　　　　　B. 杀虫　　　　　　C. 除湿　　　　　　D. 防鸟

16. （　　）无破损、开裂、下沉，支架无锈蚀、松动或变形，无鸟巢、蜂窝。

A. 端子箱　　　　　B. 基础构架　　　　C. 钢构架　　　　　D. 绝缘子

17. 均压环（　　）牢固，无锈蚀、变形、破损。

A. 焊点　　　　　　B. 金具　　　　　　C. 安装　　　　　　D. 底座

18. SF$_6$断路器（　　）阀门开闭状态正确。

A. 注气口　　　　　B. 管道　　　　　　C. 三通　　　　　　D. 底座

19. 抄录油位表指示数值，（　　）机构油压正常，无渗漏油；气动机构气压正常（压力应处于允许范围内）

A. 操动　　　　　　B. 传动　　　　　　C. 液压　　　　　　D. 弹簧

20. 油位、油色无（　　），无渗漏油现象，油泵及各储压元件无锈蚀。

A. 异常　　　　　　B. 浑浊　　　　　　C. 黏稠　　　　　　D. 杂质

21. 压气缸、汽缸座表面完好，逆止阀片与挡板间密封良好，（　　）应活动自如。

A. 阀片　　　　　　B. 挡板　　　　　　C. 压板　　　　　　D. 逆止阀

22. 断路器的跳闸辅助触点应在（　　）接通。

A. 合闸过程中，合闸辅助触点断开后　　B. 合闸过程中，动静触头接触前

C. 合闸过程中　　　　　　　　　　　　D. 合闸终结后

二、多选题

23. SF$_6$气体在SF$_6$断路器中的主要作用为（　　）。

A. 灭弧　　　　　　B. 绝缘　　　　　　C. 散热　　　　　　D. 驱湿

24. 并联合闸脱扣器在合闸装置额定电源电压的85%～110%范围内，应可靠动作；并联分闸脱扣器在分闸装置额定电源电压的（　　）（直流）或（　　）（交流）范围内，应可靠动作；当电源电压低于额定电压的30%时，脱扣器不应脱扣，并做记录。

A. 30%～85%　　B. 65%～110%　　C. 85%～100%　　D. 85%～110%

25. 断路器中的油起（　　）作用。

A. 冷却   B. 绝缘   C. 灭弧   D. 保护

26. 断路器拒绝分闸的原因有（　　　）。

A. 断路器操作控制箱内"远方—就地"选择开关在就地位置

B. 弹簧机构的断路器弹簧未储能

C. 断路器控制回路断线

D. 分闸线圈故障

27. 断路器在运行中发生（　　　）情况之一，应将其停用。

A. 瓷套有严重的破损和放电现象

B. SF$_6$断路器中气体严重泄漏，已低于闭锁压力

C. 操作机构的压力降低，闭锁分合闸

D. 断路器内部有爆裂声或喷油冒烟

三、判断题

28. 检查端子箱的端子排无锈蚀、裂纹、放电痕迹；二次接线无松动、脱落，绝缘无破损、老化现象；备用芯绝缘护套完备；电缆孔洞封堵完好。（　　　）

29. 断路器外绝缘巡视，应检查外绝缘有无裂纹、破损及放电现象；有无增爬伞裙，防污涂料是否完好；有无脱落、起皮现象。（　　　）

30. 当连杆损坏或折断可能接触带电部分而引起事故时，应立即停用设备。（　　　）

31. 安装牢固，同一轴线上的操动机构位置应一致，机构输出轴与本体主拐臂在同一中心线上。（　　　）

32. 抄录油位表指示数值，液压机构油压正常，无渗漏油；气动机构气压正常（压力应处于允许范围内）（　　　）

33. 接地引下线标志无脱落，接地引下线可见部分连接完整可靠，接地螺栓紧固，无放电痕迹，无锈蚀、变形现象。（　　　）

34. 高压断路器的液压操动机构是用液压航空油介质为能量源。（　　　）

35. 巡视 SF$_6$断路器应观察断路器管道阀门开闭状态是否正确。（　　　）

四、简答题

36. 断路器在电网中起什么作用？

37. 断路器一般采用哪几种灭弧方式？

38. 断路器有哪几种异常声响的危害？

第三章

隔 离 开 关

第一节 隔 离 开 关 概 述

一、隔离开关基本情况

隔离开关是一种没有专门灭弧装置的开关设备,在分闸状态有明显可见的断口,在合闸状态能可靠地承载正常工作电流和短路故障电流,但不能用其开断正常的工作电流和短路故障电流。隔离开关有以下几个作用:

(1) 在设备检修时,用隔离开关来隔离有电和无电部分,形成明显的断开点,使检修的设备与电力系统隔离,以保证工作人员和设备的安全。

(2) 隔离开关和断路器相配合,进行倒闸操作,以改变运行方式。

(3) 特定情况下用来开断小电流电路和旁(环)路电流。

1) 拉、合系统无接地故障的消弧线圈。

2) 拉、合系统无故障的电压互感器、避雷器或 220kV 及以下电压等级空载母线。

3) 拉、合系统无接地故障的变压器中性点的接地开关。

4) 拉、合与运行断路器并联的旁路电流。

5) 拉、合 110kV 及以下且电流不超过 2A 的空载变压器和充电电流不超过 5A 的空载线路。

6) 拉开 330kV 及以上电压等级 3/2 接线方式中的转移电流(需经试验允许)。

7) 拉、合电压在 10kV 及以下时,电流小于 70A 的环路均衡电流。

(4) 自动快速隔离。这类隔离开关具有自动快速分开断口的功能,在一定条件下与具有关合一定短路电流的接地开关、上一级断路器配合使用,能迅速隔离已发生故障的设备和线路。在 GIS 变电站设计中,快速隔离开关通常配置在进出线间隔的母线侧,具有开合母线转换电流的能力。

二、隔离开关的分类

(1) 按装设地点分。有户内式和户外式。

(2) 按支持绝缘子的数目分。单柱式、双柱式和三柱式。

(3) 按运动方式分。有水平旋转式、垂直伸缩式和水平伸缩式。

(4) 按有无接地装置及附装接地开关的数量分。有不接地、单接地和双接地。

（5）按操动机构分。有手动式和电动式。

第二节 隔离开关原理

一、隔离开关主要部件原理及结构

隔离开关由基座、支撑绝缘件、导电部分、操作机构等组成（图 3-1～图 3-4）。

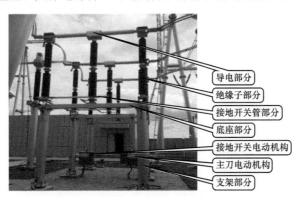

图 3-1 三柱水平旋转式隔离开关

图 3-2 双柱水平旋转隔离开关

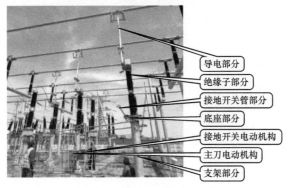

图 3-3 垂直伸缩式隔离开关

图 3-4　750kV 三柱水平旋转式隔离开关

1. 基座

基座的作用是起支持和固定作用，其将导电部分、绝缘子、传动机构、操动机构等固定为一体，并使其固定在基础上。其上附装有由轴承座、法兰轴、传动轴、拐臂及连杆等组成的传动部分和主接地开关刀机械连锁装置。

2. 支撑绝缘件

支撑绝缘件的作用是保证导电元件有可靠的对地绝缘、承受导电元件的操作力及各种外力，主要为瓷绝缘子及硅橡胶绝缘子。

3. 导电部分

导电部分包括触头、闸刀、接线座，作用是在电路中传导电流。

(1) 三柱式导电部分。导电部分由导电闸刀和两个静触头组成（见图 3-5）。静触头通过调节螺柱固定在两端支柱绝缘子顶上。静触头的触指成对装配，触指一端与触头座固定连接，另一端靠不锈钢弹簧及触指自身弹力，以及借助电动力达到可靠接触。静触头上设有钩板，合闸后锁住动触头，即使在强风、振动、电动力的作用下，触头也不会脱开。导电闸刀由铝合金管、触刀及翻转机构所组成，安装在操作绝缘子柱顶上。导电闸刀具有两步动作，合闸时随着操作绝缘子先做约 80°转动，当两端触刀进入静触座被定位件挡住后，翻转机构带动导电管绕自身的轴线作 45°翻转，触刀与触指可靠接触。翻转合闸使得触头具有自清扫能力，并且合闸时操作力小，对固定支柱绝缘子没有冲击力。分闸时动作与之相反。翻转机构由铝盖封闭，防雨、防沙尘、防腐蚀。为达到电磁环境的控制要求，在导电部分装设有相应的均压环。

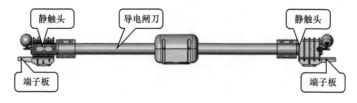

图 3-5　三柱式隔离开关主导电部分结构

导电闸刀由引弧杆、动触头、导电杆、翻转箱组成，主要是与两端静触头连接传导电流，如图 3-6 所示。

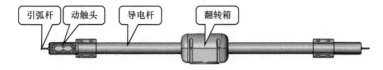

图 3-6　三柱式隔离开关导电闸刀结构

引弧杆使动静主触头在分合闸过程中不产生燃弧烧损，起到保护动静主触头的作用。

（2）双柱式导电部分。导电部分分为触头侧及触指侧，分别固定在两侧绝缘子上，合闸接触部位在两个支座的中间。主刀机构通过垂直连杆、传动拐臂带动触指侧轴承座转动，同时带动绝缘子转动 90°，另一侧即触头侧绝缘子由于连杆传动也同时反向转动 90°，于是隔离开关便向同一侧分合，如图 3-7 所示。

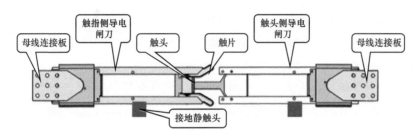

图 3-7　双柱式隔离开关主导电部分示意图

（3）单柱式导电部分。导电部分分为静触头部分及传动箱导电管部分。静触头部分安装在母线上，传动箱导电管部分安装在两个绝缘子上，合闸接触部位在母线静触杆部位。主刀机构通过传动接头、垂直连杆，再通过拐臂及连杆组成的四连杆驱动旋转绝缘子转动约 135°，旋转绝缘子带动上端箱体内拐臂转动，并由空间四连杆传动至一侧导电管连接的转轴中，并由交叉连杆传递至另一侧转轴，使两导电杆异向转动，左右下导电管转动约 85°，同时带动上导电管，使触指向上端伸长并合闸。触指接触静触头管后，箱体内拐臂继续运动，使导电管形成一定的变形，从而产生一个稳定可靠的夹紧力。分闸过程与之相反，如图 3-8 所示。

4. 引弧装置

750kV 线路较长，产生电容电流，隔离开关分合操作产生过电压，在隔离开关触头部位加装引弧装置。引弧装置在隔离开关三相动、静触头上分别加装一个弧触头，在隔离开关合闸时，弧触头先于动静触头到达电弧产生的距离，电弧在弧触头上产生并引

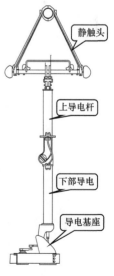

图 3-8　单柱式隔离开关主导电部分

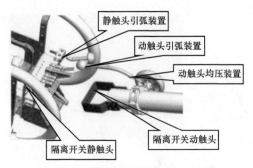

图 3-9　隔离开关引弧装置示意图

走，在分闸过程中弧触头晚于动静触头分开，电弧在弧触头上产生并引走，从而阻止隔离开关动静触头的烧蚀和损坏。图 3-9 为隔离开关引弧装置示意图。

5. 接地开关

接地开关安装在底座上，主要由接地静触头、接地开关杆及接地开关连杆传动系统组成，如图 3-10 所示。

合闸时，操动机构带动连杆传动系统，使接地开关连杆垂直向上旋转，在接地开关连杆转动约 80°时，接地动触头碰到限位板停止旋转，此时机构继续动作，推动接地开关连杆直线向上运动，直到动触头插入到静触头内部，合闸过程结束。分闸过程与合闸过程正好相反。

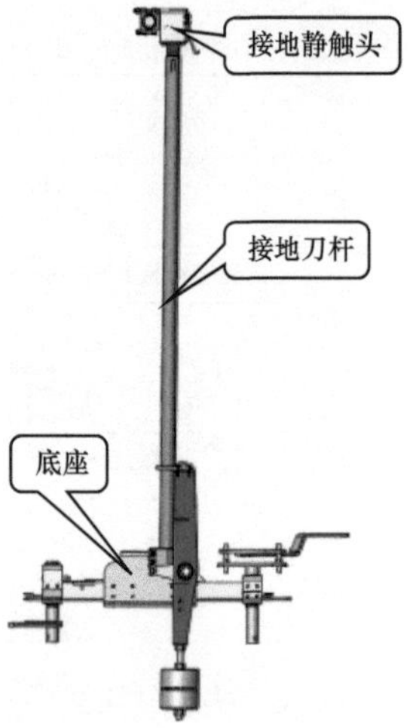

接地开关和隔离开关装有机械连锁装置，不能同时合闸。在图 3-11(b) 闭锁状态，由于推杆的限制，接地开关无法合闸。在隔离开关分闸后，锁板 4 转动到图 3-11(c) 所示位置后，操作接地开关合闸，锁板 1 推动推杆进入到转轴 5 的豁口内，接地开关成功合闸，此时推杆将隔离开关锁死，隔离开关无法操作。

如图 3-12 所示，隔离开关及接地开关转轴与闭锁板相互垂直布置。图 3-12(a) 是隔离开关合闸，接地开关分闸，通过隔离开关闭锁板限制了接地开关转轴的转动，接地开关不能合闸。隔离开关转轴按图纸方向转动分闸后，其闭锁板 3 转动到图 3-12(b) 所示位置，接地开关可合闸，在接地开关合闸后，其闭锁板 2 限制了隔离开关的转轴 4 转动，隔离开关不能合闸。

图 3-10　接地开关结构图

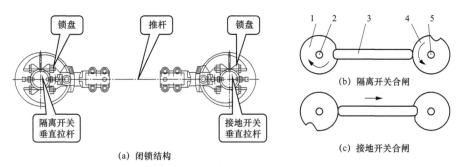

图 3-11　锁盘式机械连锁图

1—接地开关锁板；2—接开关转轴；3—推杆；4—隔离开关锁板；5—隔离开关转轴

6. 操动机构

电动机操动机构由电动机、全密封双蜗轮蜗杆减速箱、转轴、辅助开关及电动机的控制、保护元件所组成，如图 3-13 所示。机构配有防误操作装置，以实现手动操作与电动操作之间的连锁，机构箱门设有挂锁装置。

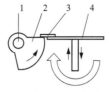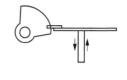

(a) 隔离开关合闸　　　(b) 接地开关分闸

图 3-12　连杆式机械连锁图

1—接地开关转轴；2—接地开关闭锁板；

3—隔离开关闭锁板；4—隔离开关转轴

（1）断路器。加热电源空气开关。

（2）交流接触器。隔离开关分合闸时导通，同时给电动机分合闸控制回路提供动合接点，在分合闸时使控制回路自保持。

（3）转换开关。转换开关的触点主要用于隔离开关分合闸状态指示及与其他设备的电气闭锁。

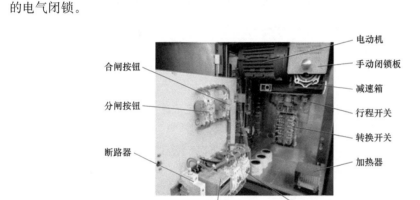

图 3-13　电动机操动机构结构图

（4）行程开关。用于给电动机分合闸控制回路提供隔离开关位置接点，切断控制回路电源。

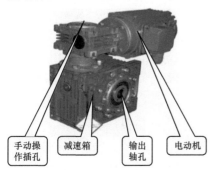

图 3-14　电动机结构示意图

（5）电动机。电动控制时，电动机转动通过机械减速装置带动隔离开关分合闸。电动机结构示意图如图 3-14 所示。

（6）手动闭锁板。机构的防误操作装置，手动闭锁板打开时，隔离开关不能电动操作。

隔离开关机构可进行远方控制，也可就地电动控制或利用手柄进行人力操作。当使用电动控制时，电动机转动通过机械减速装置将力矩传递给机构主轴，借助于垂直连杆使隔离开关或接地开关分合闸。

第三节　隔离开关巡视要点

1. 基座、机械闭锁及限位部分巡视要点

（1）机械闭锁位置正确，机械闭锁盘、闭锁板、闭锁销无锈蚀、变形、开裂现象，闭锁间隙符合要求。

（2）限位装置完好可靠。如果限位装置存在缺陷，在进行隔离开关操作时可能存在分合闸不到位情况。

（3）传动连杆、拐臂、万向节无锈蚀、松动、变形现象。传动部件固定点紧固螺栓无锈蚀、无松动且对紧固部位拍照进行横向、纵向比对应无差异。轴销无锈蚀、脱落现象，开口销齐全，螺栓无松动、移位现象。

如果出现隔离开关传动部分轴销和螺栓脱落、传动连杆变形等异常情况，则会导致远方或就地操作隔离开关时，隔离开关不动作。

2. 绝缘子巡视要点

（1）绝缘子外观清洁，无倾斜、破损、裂纹、放电痕迹或放电异响，复合绝缘套管伞裙、辅助伞裙无龟裂老化脱落。

该巡视要点不满足，将影响导电元件对地绝缘，造成绝缘子闪络，保护动作跳闸。

（2）金属法兰与瓷件的胶装部位完好，防水胶无开裂、起皮、脱落现象。金属法兰无裂痕，连接螺栓无锈蚀、松动、脱落现象。如果金属法兰连接螺栓出现问题，则证明绝缘件出现问题，隔离开关不能正常运行。

3. 导电部分巡视要点

（1）合闸状态的隔离开关触头接触良好，合闸角度符合要求；分闸状态的隔离开关触头间的距离或打开角度符合要求，操动机构的分、合闸指示与本体实际分、合闸位置相符。

变电站内隔离开关因现场环境问题，如风力过大使隔离开关触头位置偏移；基础塌陷，构支架倾斜带动隔离开关触头位置偏移，使隔离开关位置发生变化。如果隔离开关合闸不到位、触头接触不良，引起发热；隔离开关分闸不到位、触头间的距离不满足要求，可能导致带负荷合隔离开关。

（2）触头、触指（包括滑动触指）、压紧弹簧无损伤、变色、锈蚀、变形，导电臂（管）无损伤、变形现象。该巡视要点不满足会导致隔离开关合闸不到位，隔离开关触头等部位发热，影响设备的正常运行。

（3）引线弧垂满足要求，无散股、断股，两端线夹无松动、裂纹、变色等现象，两端连接金具伸缩调节滑动范围合适。隔离开关引线过紧、受力过大会导致引线散股，进而引起散股接头发热，严重时会造成引线断股，设备缺相运行。

（4）均压环安装牢固，表面光滑，无锈蚀、损伤、变形现象。均压环主要作用是均压，主要目的是改善绝缘子串中绝缘子的电压分布，可将高压均匀分布在物体周围，保证在环形各部位之间没有电位差，从而达到均压的效果。如果均压环变形、破损，将导致电压分布不均，环形各部位之间存在电位差，出现放电、电晕情况。

4. 操动机构巡视要点

（1）隔离开关操动机构机械指示与隔离开关实际位置一致。变电站内隔离开关由于辅助接点切换不到位或接触不良、二次接线盒松动、位置未采集等异常情况导致监控系统、保护装置显示的隔离开关位置和隔离开关实际位置不一致，保护装置检测到隔离开关位置不对应，相应保护动作，设备跳闸，损失负荷。因此在日常巡视中必须检查隔离开关操动机构机械指示与隔离开关实际位置一致。

（2）各部件无锈蚀、松动、脱落现象，连接轴销齐全。由于设备老化、环境污染等情况，会出现隔离开关操动机构锈蚀、松动、脱落等异常情况。如果操动机构锈蚀，则会导致操作阻力增大，影响正常拉合隔离开关。隔离开关操动机构松动、脱落，则会导致远方或就地拉开隔离开关时，隔离开关不动作。

（3）检查隔离开关机构箱内行程开关、转换开关等部件无锈蚀、脱落现象，二次接线无松动。隔离开关机构箱内行程开关是给电动机控制回路提供隔离开关位置接点，正常操作时切断电动机控制回路电源，如行程开关存在锈蚀、脱落现象没有及时巡视发现，在操作隔离开关时不能有效切断电动机控制回路，使电动机一直运转，容易烧坏电动机，更严重时损坏隔离开关本体。隔离开关机构箱内转换开关是用来体现隔离开关分合闸状态指示及与其他设备的电气闭锁，如出现脱落或二次接线松动，不能正确反映隔离开关分合闸指示状态，影响人员对隔离开关的监视，以及保护装置对隔离开关位置的采集。

（4）检查隔离开关机构箱内手动闭锁板位置正确。隔离开关正常情况下进行电动操作，如手动闭锁板位置不正确，将闭锁电动操作，影响隔离开关的正常分合闸。

（5）检查机构箱密封良好；空气开关投退正确，各类表计指示正常，端子排无锈蚀、裂纹、放电痕迹；二次接线无松动、脱落，绝缘无破损、老化现象；备用芯绝缘护套完备；电缆孔洞封堵完好。

密封与空气开关的要求以及不满该巡视要点的后果与第二章断路器一致。

（6）照明、驱潮加热装置工作正常，加热器线缆的隔热护套完好，附近线缆无烧损现象。如该条巡视要点不满足会造成冬季端子箱内温度过低，影响机构箱内各继电器正常；未按要求退出或夏季加热器还在运行，造成箱内温度过高，引起设备发热；照明装置故障会影响运维人员日常巡视，无法准确观察设备情况。

（7）"五防"锁具无锈蚀、变形现象，锁具芯片无脱落损坏现象，状态检测器位置正确。"五防"锁具作为防误操作的一个重要装置，能可靠防止误操作。如果"五防"锁具存在问题，在需要进行验电或必须打开柜门时不能正常工作，影响隔离开关的正常操作。

第四节　典　型　案　例

案例一：巡视发现 750kV 隔离开关连接管母金具断裂处理

（1）情况说明。2016 年 9 月 19 日 20 时 30 分，750kV 变电站运维人员巡视发现 750kV 75202 隔离开关 A 相与 75221 隔离开关 A 相连接管母靠 75221 隔离开关侧金具断裂（见图 3-15）。此次事件未造成设备跳闸事故。

（2）检查处理情况。9 月 19 日 20 时 30 分，运维人员进行设备巡视时发现，75202 隔离开关 A 相与 75221 隔离开关 A 相连接管母，靠 75221 隔离开关 A 相侧连接金具断裂，导致 75202 隔离开关 A 相与 75221 隔离开关 A 相连接管母搭至 75221 隔离开关 A 相均压环上，致使 75202 隔离开关 A 相与 75221 隔离开关 A 相仅靠软连接引线连接。

（3）原因分析。

1）该站于 2015 年 10 月 24 日投入运行，投运不到一年，说明产品质量管控不严格，投运前验收不仔细，未能及时发现。

图 3-15　金具断裂图

2）班组对每季度高空巡视未能制订详细的巡视计划，未将高空巡视合理安排到每一天。

3）在高空巡视中，巡视人员对设备隐蔽部位缺陷查找辨识能力欠缺，未能及时发现金具裂纹，造成连接金具完全断裂，导致未能及时发现潜在缺陷。

（4）措施及建议。

1）当发现金具断裂，巡视人员不要站到断裂金具下方，做好人身伤害防范。

2）高空巡视按照"五通"要求应是每季度开展一次，班组应制订详细的巡视计划，合理安排人员每日进行高空巡视，将每个点位巡视到位。

3）认真学习《高空设备缺陷典型案例》，寻找巡视中的盲点，结合站内设备，开展专项巡视和定期巡视。

案例二：110kV××变电站 2 号主变压器 11023 隔离开关合闸不成功

（1）情况说明。2019 年 3 月 27 日，按停电检修计划安排，变电检修室对 110kV××变电站 2 号主变压器本体及三侧间隔进行停电检修，送电过程中 2 号主变压器高压侧 11023 隔离开关 A 相出现旁击。

（2）检查处理情况。28 日 00 时 05 分，送电工作在进行到 11023 隔离开关合闸操作完成，确认是否合闸到位时，发现 A 相触头插入深度不足，同时存在轻微旁击现象。现场办理工作票对 11023 隔离开关进行加检查，试合隔离开关至半分半合状态，观察 A 相触头触指存在旁击情况，现场通过调整 A 相同相水平连杆的方式，旁击问题消除，但两侧触指对触头的夹紧力不平衡；最后采用在支柱绝缘子下部外侧垫入垫片微调的方式，增加触头插入深度，旁击问题也得到解决，送电操作正常，如图 3-16 所示。

图 3-16 11023 隔离开关 A 相（拍摄于 3 月 28 日白天）

（3）原因分析。

1）11023 隔离开关运行年限较长，操作稳定性变差，在检修过程中未发生插入深度不足和旁击的问题，但是在送电合闸过程中因操作力较大，导电臂存在旋转惯性，触头与触指轻微旁击后，导致了插入深度不足，触头与触指接触不可靠。

2）隔离开关的检修工艺较差，检修过程中未多次分合检查，导致送电过程不顺利，重新转检修停电。

（4）措施及建议。

1）储备技改项目，对网内运行超过 15 年的隔离开关根据运行状况逐步完成换型改造。

2）规范检修工艺，组织检修人员再次学习变电"五通"检修标准，严格按检修流程标准化检修。

案例三：220kV××变电站 220kV××线 23407 隔离开关未分闸

（1）情况说明。2012 年 10 月 11 日，220kV××变电站 220kV××线 23407 隔离开关在停电操作过程中隔离开关机构转动正常，但隔离开关并未分闸。

（2）检查处理情况。检修人员迅速准备好抢修工器具前往现场处理，于 12 时 30 分进入现场对 220kV××线 23407 隔离开关进行检查。检修人员手动操作 23407 隔离开关进行检查，发现刚开始操作隔离开关时，垂直连杆能跟随机构正常转动，当机构继续转动时，垂直连杆与机构箱垂直连杆卡具之间出现打滑现象，机构继续转动而垂直连杆与整个隔离开关动触头均不动，最终当机构转动到分位时，隔离开关并未分开。检修人员对打滑部位进行检查发现，当隔离开关分合闸过程中阻力过大时，垂直连杆并不能与机构箱电动机转动相配合，致使隔离开关机构已分（合）闸到位，而隔离开关动触头却未完全旋转到位。进一步检查发现主要原因为隔离开关垂直连杆卡具顶丝并不能将垂直连杆进行完全固定，隔离开关在操作过程中由于较大的阻力，致使垂直连杆与机构箱垂直连杆卡具之间出现打滑现象。检修人员现场将垂直连杆卡具所有螺栓进行紧固，并对卡具的顶丝进行充分紧固，在所有螺栓紧固后，隔离开关分合闸操作正常。

（3）原因分析。

1）检修人员到现场查看 220kV××线 23407 隔离开关机构已操作到位，但隔离开关分闸不到位。检修人员检查垂直连杆与机构箱卡具有打滑痕迹，并检查卡具固定螺栓，所有螺栓均紧固。隔离开关在验收时操作均正常，在投运一段时间后，由于温度、环境的变化，机构所有传动件润滑部位润滑脂发生变化，致使隔离开关操作本身阻力增大，加之 220kV 隔离开关由于本身操作阻力较大，在操作过程中由于隔离开关垂直连杆与机构箱垂直连杆卡具并不能完全固定，出现垂直连杆与机构转动不同步现象，最终导致隔离开关机构操作到位，而隔离开关动触头并未分闸到位。

2）隔离开关垂直连杆固定卡具表面为齿状，但是卡具仅有 10cm 长度，固定垂直连杆的螺栓只有四个，而垂直连杆表面为光面，造成了垂直连杆与卡具之间的夹紧力小于隔离开关分闸阻力（分闸阻力包括隔离开关静触头对动触头的夹紧力造成的分闸阻力与隔离开关本身操作时各转动件的阻力），最终导致隔离开关机构转动与垂直连杆转动不一致，隔离开关未分闸到位。

3）在已安装运行的 220kV 隔离开关中，西电高压开关厂生产的垂直连杆卡具均为 8 套螺栓且卡具长度为 20cm，保证了机构箱卡具与垂直连杆之间的夹紧力，而××变电站 220kV 隔离开关机构箱卡具与垂直连杆之间夹紧力不足，是造成隔离开关机构箱转动与垂直连杆转动不同步的主要原因。

（4）措施及建议。

1）对 GW7F-252DD（W）/3150 型号隔离开关进行统计，上报不停电计划对上述隔离开关机构垂直连杆卡具进行重点检查，并对所有的垂直连杆卡具螺栓及顶丝进行紧固。

2）进一步联系厂家，对 220kV××变电站隔离开关垂直连杆卡具进行改进、更换，确保隔离开关的可靠操作，并上报后期分析报告及整改计划。

案例四：××变电站××线由220kVⅠ母倒至Ⅱ母操作过程中Ⅱ母隔离开关触头接触不良

（1）情况说明。11 月 27 日 20 时 26 分，××变电站 220kV××线间隔由 220kVⅠ母倒至Ⅱ母操作过程中，由于Ⅱ母隔离开关触头接触不良，在拉开Ⅰ母隔离开关时拉弧引起 B、C 相间短路，220kV 母差保护动作跳开 220kVⅠ、Ⅱ段母线，××变电站失压。本次事件前，××市及周边负荷为 394MW，接带用户 21 万户。事件造成负荷损失 80MW，影响 4.32 万户，涉及高危及重要用户 21 户，其中影响航班 2 架、电铁 12 辆（客运 3 辆、货运 9 辆）。截至 27 日 21 时 42 分，损失负荷全部恢复。

（2）检查处理情况。20 时 26 分 30 秒 844 毫秒，220kV A、B 套母差保护动作出口跳闸，同时调取故障录波发现在故障切除后 220kV A 相电压未完全消失，现场查阅后台报文信息发现 2 号主变压器 2202 断路器 A 相在母线保护动作时未跳开，断路器本体三相不一致保护动作跳开 A 相断路器。随后对二次回路及 2202 断路器 A 相操作机构进行检查，发现操作机构存在卡涩现象，现场进行处理后断路器跳合闸正常。11 月 27 日故障隔离后，现场检查发现 220kV 皇连塔线 22431、22432 隔离开关 B、C 相动静触头均有轻微放电灼伤痕迹，未造成人身伤害，如图 3-17 所示。

图 3-17 隔离开关放电部位

（3）原因分析。

1）隔离开关动静触头受结冰、污染氧化原因接触电阻增大。隔离开关钳夹式触头易受污秽和结冰等影响，破冰能力不足，导致触头动作卡滞、导电接触面接触不良等故障。

2）上导电臂中动触头传动部位卡涩导致夹紧力不足。配钳夹式触头的单臂伸缩式隔离开关采用非全密封、硅橡胶异形密封等结构，长期运行后容易出现防水性能不良、导电臂进水、积污、结冰等问题。22432隔离开关常年处于分闸状态（220kV皇连塔线一直在Ⅰ母运行），雨雪、风沙侵入上导电臂内，在低温环境下造成润滑脂凝固板结，内部传动操作杆（铝制）卡涩，导致动触片夹紧力不满足厂家设计要求。

3）现场倒闸操作人员在220kV××线Ⅱ母隔离开关合闸后，因隔离开关动触头夹紧装置联板遮挡视线，现场辅助检查技术手段不足，加之天色昏暗，仅通过肉眼不易观察隔离开关动静触头接触情况，未能准确判断隔离开关是否合闸到位。现场监护人员及到岗到位管理人员，不熟悉隔离开关内部结构及动作原理，未能针对该型号隔离开关提出有效验证触头接触情况的措施和建议，是造成事故的间接原因。

（4）措施及建议。

1）加快单臂垂直伸缩式隔离开关改造进度。制订差异化改造方案，运行10年内的采用大修方式，仅更换支柱绝缘子以上的导电部分，保留绝缘子和电动操作机构；运行超过10年的采取技改方式整体更换。

2）加强同结构隔离开关特巡特护。在隔离开关改造前，加强单臂垂直伸缩式隔离开关的巡视、测温等检测工作，冬季减少单臂垂直伸缩隔离开关倒闸操作。对于固定运行方式下长期处于分闸状态的隔离开关，在合闸操作使用前，应进行多次分合操作，将动静触头表面受污染的氧化层经多次分合摩擦去除掉，同时消除传动部位卡涩问题，防止隔离开关接触不良。

3）完善隔离开关合闸位置检查确认措施。通过探索安装压力传感器、高清摄像头等方式辅助判断隔离开关动静触头夹紧程度和接触情况，研究采取便携式高压钳形电流表等方式辅助判断负荷电流分流情况，进一步完善隔离开关合闸位置检查确认措施。制订完善同类型隔离开关倒闸操作的技术措施和组织措施，明确合闸位置检查确认标准和方法，开展全省运维人员专项培训，在倒闸操作过程中严格落实执行。

第五节 习 题 测 评

一、选择题

1. 隔离开关因没有专门的（   ）装置，故不能用来接通负荷电流和切断短路电流。

A. 快速机构　　　　B. 灭弧　　　　C. 封闭　　　　D. 绝缘

2. 采用翻转式结构的动触头保证触头能正确翻转（   ）度且位置符合厂家技术要求。

A. 30　　　　　　B. 45　　　　　　C. 60　　　　　　D. 90

3. 合闸状态的隔离开关触头接触良好，合闸角度符合要求，应检查三相触头是否合闸到位，接触应良好；抱拳式隔离开关检查两侧三相（　　）是否在同一轴线上。

A. 传动杆　　　　　B. 水平连杆　　　　C. 相间连杆　　　　D. 拐臂

4. 触头、触指（包括滑动触指）、压紧（　　）无损伤、变色、锈蚀、变形，导电臂（管）无损伤、变形现象。

A. 弹簧　　　　　　B. 导电臂　　　　　C. 软连接　　　　　D. 接线板

5. 金属法兰与瓷件的（　　）部位完好，防水胶无开裂、起皮、脱落现象。

A. 卡扣　　　　　　B. 胶装　　　　　　C. 浇筑　　　　　　D. 焊接

6. 分闸状态的隔离开关触头间的距离或打开角度符合要求，三相传动杆平行；（　　）机构的分、合闸指示与本体实际分、合闸位置相符。

A. 弹簧　　　　　　B. 液压　　　　　　C. 传动　　　　　　D. 操动

7. （　　）外观清洁，无倾斜、破损、裂纹、放电痕迹或放电异声。增爬裙无脱落，无龟裂现象。防污闪涂料无褶皱、起皮、脱落现象。

A. 触头触指　　　　B. 导电臂　　　　　C. 绝缘子　　　　　D. 槽钢

8. （　　）无锈蚀、脱落现象，开口销齐全，螺栓无松动、移位现象。

A. 导电臂　　　　　B. 轴销　　　　　　C. 螺栓　　　　　　D. 焊点

9. 隔离开关和接地开关应能互相闭锁，其关系是（　　）。

A. 当接地开关合上时，主隔离开关才能合闸

B. 当接地开关断开时，主隔离开关才能合闸

C. 当接地开关合上时，主隔离开关才能断开

D. 当主隔离开关合上时，接地开关才能合上

10. 隔离开关可拉开（　　）的变压器。

A. 负荷电流　　　　　　　　　　　B. 空载电流不超过 2A

C. 空载电流不超过 5.5A　　　　　　D. 短路电流

11. 手动拉开隔离开关开始时应（　　），当触头刚刚分开的时刻应迅速拉开，然后检查动静触头断开是否到位。

A. 迅速果断　　　　B. 慢而谨慎　　　　C. 果断　　　　　　D. 谨慎

12. 机构箱（　　）滤网无破损，箱内清洁无异物，无凝露、积水现象。

A. 侧板　　　　　　B. 装置　　　　　　C. 透气口　　　　　D. 箱门

13. （　　）开启灵活，关闭严密，密封条无脱落、老化现象，接地连接线完好。

A. 侧板　　　　　　B. 装置　　　　　　C. 透气口　　　　　D. 箱门

14. 接地（　　）标志无脱落，接地引下线可见部分连接完整可靠，接地螺栓紧固，无放电痕迹，无锈蚀、变形现象。

A. 引下线　　　　　B. 金具　　　　　　C. 铝排　　　　　　D. 螺栓

15. 接地开关和隔离开关装有（　　）装置。隔离开关处于合闸位置时，接地开关

不能合闸；而当接地开关处于合闸位置时，隔离开关不能合闸。

A. 机械连锁　　　　B. 防误闭锁　　　　C. 电气闭锁　　　　D. 传动

16. 为达到电磁环境的控制要求，在 750kV 隔离开关导电部分装设有相应的（　　）。

A. 触指　　　　　　B. 主闸刀　　　　　C. 静触头　　　　　D. 均压环

二、多选题

17. 隔离开关应具备下列（　　）基本要求。

A. 隔离电源　　　　　　　　　　　B. 切换电路

C. 分合无故障电压互感器　　　　　D. 分合小容量电容电流

18. 750kV 隔离开关每极主闸刀或接地开关均配一个（　　），三极间通过（　　）进行操作或采用（　　）操作。

A. 手动　　　　　　B. 电动操动机构　　C. 电气联动　　　D. 分相

19. 隔离开关导电部分由（　　）和（　　）组成，其中主闸刀通过传动箱固定于中间支柱绝缘子上并随其旋转，静触头固定于两侧支柱绝缘子上。

A. 连杆　　　　　　B. 主闸刀　　　　　C. 动触头　　　　　D. 基座

20. 隔离开关允许的操作有（　　）。

A. 拉、合系统无接地故障时的变压器中性点

B. 无雷雨时拉合避雷器

C. 拉合空母线，但不能对母线试充电

D. 拉合做过环流试验的 3/2 接线的环路

三、判断题

21. 巡视隔离开关，需要检查设备现场实际位置是否与操动机构指示、监控机显示隔离开关位置一致。（　　）

22. 隔离开关检查触头表面平整接触良好，镀层完好，合、分闸位置正确，合闸后过死点位置正确符合相关技术规范要求。（　　）

23. 隔离开关底座连接螺栓紧固、无锈蚀，锈蚀严重应更换，力矩值符合产品技术要求，并做紧固标记。（　　）

24. 用隔离开关可拉合无故障的电压互感器或避雷器。（　　）

25. 隔离开关可拉合负荷电流和接地故障电流。（　　）

26. 导电臂拆解应查看接线座软连接无断股、焊接处无开裂、接触面无氧化、镀层无脱落，连接紧固。（　　）

27. 接线端子应涂薄层电力复合脂，触头表面涂层应根据本地环境条件确定。（　　）

28. 导电接触检查可用 0.05mm×10mm 的塞尺进行检查。对于线接触应塞不进去，对于面接触其塞入深度为：在接触表面宽度为 50mm 及以下时不应超过 5mm，在接触表面宽度为 50mm 及以上时不应超过 6mm。（　　）

29. 隔离开关间机械闭锁装置安装位置正确，动作准确可靠并具有足够的机械强度，接地开关动作准确可靠，但机械强度可略微降低要求。（　　）

30. 触头、触指（包括滑动触指）、压紧弹簧无损伤、变色、锈蚀、变形，导电臂（管）无损伤、变形现象。（　　）

31. 照明、驱潮加热装置工作正常，加热器线缆的隔热护套完好，附近线缆无需巡视。（　　）

32. 均压环安装牢固，表面光滑，无锈蚀、损伤、变形现象。（　　）

33. 巡视检查其他部位空气开关、电动机、接触器、继电器、限位开关等元件外观完好。二次元件标识、电缆标牌齐全清晰。（　　）

34. 采用翻转式结构的动触头保证触头能正确翻转 60°且位置符合厂家技术要求。（　　）

35. "五防"锁具必须无锈蚀、变形，但锁具芯片及防尘盖可以没有。（　　）

三、简答题

36. 隔离开关的作用是什么？

37. 隔离开关是如何分类的？

38. 隔离开关为什么不能用来接通或切断负荷电流或短路电流？

第四章

电 压 互 感 器

第一节 电压互感器概述

一、电压互感器基本情况

电压互感器是将电力系统一次侧交流高电压按额定电压比转换成可供仪表、继电保护装置或控制装置使用的二次侧低电压的设备，电压互感器有以下几个特点：

（1）工作时，一次绕组并联在高压线路（母线）上，二次绕组接有测量仪表和继电保护装置的电压线圈，其二次绕组阻抗高、电流小，相当于空载变压器运行。

（2）电压互感器的一、二次绕组之间有足够的绝缘，并且通过匝数的匹配，可将不同的一次电压变换成较低的标准电压，一般情况是 100V 或 $100/\sqrt{3}$V，这样有利于其二次仪器、仪表的小型化和标准化。

（3）二次绕组不允许在运行中短路。

二、电压互感器的分类

电压互感器以安装地点、相数、绕组数目、绝缘方式、工作原理等进行分类，具体如下：

（1）按安装地点分为户外式和户内式两种。

（2）按相数分为有单相电压互感器和三相电压互感器两类。

（3）按绕组数目分为单绕组电压互感器和多绕组电压互感器（适用于不同的测量、控制和保护需要）。

（4）按绝缘方式分为固体绝缘电压互感器、油纸绝缘电压互感器和 SF_6 气体绝缘电压互感器三类。

（5）按工作原理分为有电磁式电压互感器（单级式和串级式）、电容式电压互感器（CVT）和数字式光电电压互感器（电子式电压互感器）三类。

第二节 电压互感器原理

一、电压互感器主要部件原理及结构

电压互感器的基本结构和变压器很相似，它也有两个绕组——一次绕组和二次绕组。两个绕组都装在或绕在铁心上。两个绕组之间以及绕组与铁芯之间都有绝缘，使

两个绕组之间以及绕组与铁芯之间都有电气隔离。电压互感器在运行时，一次绕组并联在线路（母线）上，二次绕组并联仪表或继电器。

下面以三种电压互感器为例进行介绍：

1. 电容式电压互感器

电容式电压互感器是先利用电容分压器分压，再经中间电磁式电压互感器降压实现电压的变换，如图 4-1 所示。

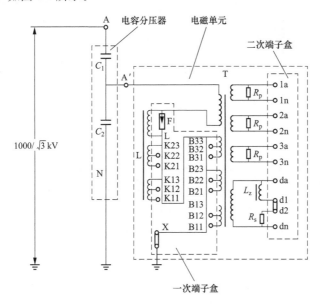

图 4-1　电容式电压互感器原理图

C_1—高压电容；C_2—中压电容；T—中间变压器；L—补偿电抗器；L_z—速饱和电抗器；

F—保护用避雷器；R_s、R_p—阻尼电阻；1a、1n—主二次 1 号绕组；

2a、2n—主二次 2 号绕组；3a、3n—主二次 3 号绕组；da、dn—剩余电压绕组

电容式电压互感器总体上可分为电容分压器和电磁单元两大部分。电容分压器由高压电容器 C_1 及中压电容器 C_2 组成，电磁单元则由中间变压器、补偿电抗器及限压装置、阻尼器等组成。电容分压器 C_1 和 C_2 都装在瓷套内，从外形上看是一个单节或多节带瓷套的耦合电容器。电磁单元目前将中间变压器、补偿电抗及所有附件都装在一个铁壳箱体内，外形有圆形的也有方形的。早期产品常将电阻型阻尼器放在电磁单元油箱之外成为一个单独附件。电压互感器图如图 4-2、图 4-3 所示。

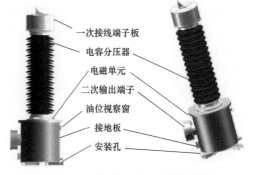

一次接线端子板
电容分压器
电磁单元
二次输出端子
油位视察窗
接地板
安装孔

图 4-2　电容式电压互感器结构图

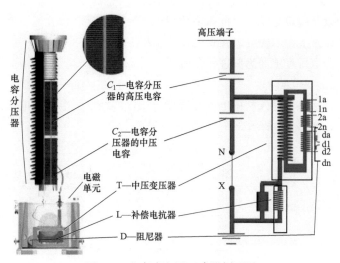

图 4-3　电容式电压互感器剖面图

　　目前国内常见的电容式电压互感器大都采用叠装式（一体式）结构。叠装式是电容分压器叠装在电磁单元油箱之上，电容分压器的下节底盖上有一个中压出线套管和一个低压端子出线套管，伸入电磁单元内部将电容分压器中压端与电磁单元相连。有的产品还在下节电容器瓷套上开一个小孔，将中压端引出，以供测试电容和介损之用，其结构原理如图 4-4 所示。

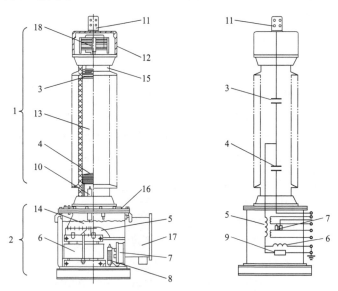

图 4-4　电容式电压互感器结构原理图

1—电容分压器 CC；2—电磁单元；3—高压电容 C_1；4—中压电容 C_2；5—中间变压器 Tr；
6—补偿电抗器 L；7—阻尼器线圈；8—阻尼电阻；9—氧化锌避雷器；10—CC 中低压引出套管；
11—CC 高压端金具；12—铝合金膨胀器罩；13—CC 绝缘油（烷基苯）；14—电磁单元绝缘油（变压器油）；
15—CC 瓷套管；16—电磁单元箱体；17—二次端子箱；18—外置式金属膨胀器

（1）电容分压器。电容分压器是将线路高压分压到 20kV 以下的电压，承受线路上的高压。电容分压器由单节或多节耦合电容器（因下节需从中压电容处引出抽头形成中压端子，也称分压电容器）构成，耦合电容器则主要由电容芯体和金属膨胀器构成。

1）电容芯体。电容芯体由多个相串联的电容元件组成。每个电容元件是由铝箔电极和放在其间的数层电容介质卷绕后压扁并经高真空浸渍处理而成。芯体通常是通过 4 根电工绝缘纸板拉杆压紧或直接由瓷套两端法兰压紧。

2）膨胀器。电容器内部充以绝缘浸渍剂，随着温度的变化，浸渍剂体积会发生变化，因此在每节电容器单元的瓷套顶部有一个可调节油量的外置式金属膨胀器，可根据温度的变化调整瓷套内的油压，确保在运行温度范围内使油压保持微正压。

（2）电磁单元。电磁单元由中间变压器、补偿电抗器、阻尼器等组成。中间变压器，补偿电抗器和阻尼器被密封于铝合金浇铸的箱体内，电容器组置于箱体顶部，箱内充以变压器油并被密封起来，油的容积及内部压力由油箱顶层的空气来调节。

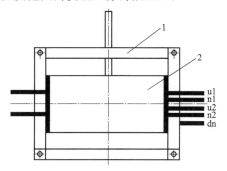

图 4-5　中间变压器结构图
1—铁芯；2—绕组

1）中间变压器。电容式电压互感器的中间变压器相当于一台 20～35kV 的电磁式电压互感器，将分压器的中压变换为二次设备适用的低压 100V 或 $100/\sqrt{3}$V。中间变压器结构图如图 4-5 所示。

2）补偿电抗器。补偿电抗器的作用是补偿容抗压降随二次负荷变化对电压互感器准确级的影响，其结构如图 4-6 所示。

3）阻尼器。由于电容式电压互感器是由非线性电感和电容组成的，在某些条件下，它自身可能产生铁磁谐振。为了抑制铁磁谐振在 CVT 的二次侧接有阻尼器。

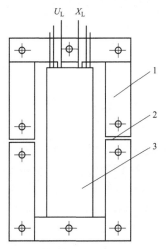

图 4-6　补偿电抗器结构图
1—铁芯；2—气隙；3—绕组

2. 电磁式电压互感器

电磁式电压互感器一次绕组直接并联于一次回路中，一次绕组上的电压取决于一次回路上的电压；二次绕组与一次绕组无电的耦合，是通过磁耦合；二次绕组通常接的是一些仪表、仪器及保护装置，容量一般均在几十至几百伏安，所以负载很小，而且是恒定的，所以电磁式电压互感器一次侧可视为一个电压源，基本不受二次负载的影响；正常运行时，电压互感器二次侧由于负载较小，基本处于开路状态，电压互感器二次电压基本等于二次侧感应电动势，取决于一次系统电压。电磁式电压互感器按其结构形式大致可分为普通式和串级式，其结构特点如下：

（1）3～35kV电磁式电压互感器是普通式结构，它与普通小型变压器相似。

（2）110kV及以上电磁式电压互感器普遍制成串级式结构，它的一次绕组分成匝数相等的几个（一般110kV两个、220kV及以上四个）部分，分别套在铁芯（一般110kV 1个、220kV及以上两个）的上、下柱上，按磁通相加方向顺序连接，接在相线与地之间。绕组中点与铁芯相连接。当二次绕组开路时，绕组电位可均匀分布。此结构的主要特点是：绕组和铁芯采用分级绝缘，简化绝缘结构；绕组和铁芯装在瓷箱中，瓷箱兼作高压出线套管和油箱，如图4-7所示。

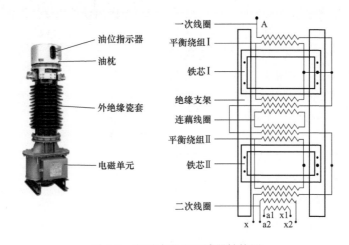

图4-7　电磁式电压互感器结构图

油位指示器：用来观察电压互感器油枕油面位置。

油枕：避免电压互感器内部绝缘油与外部空气接触，保持绝缘油不致受潮和氧化，起到一个密封的作用，同时还有一个很重要的作用是补偿互感器内部绝缘油因电压互感器工作或因外部环境温度的改变而引起的体积变化。

外绝缘瓷套：用作电压互感器内绝缘的容器，并使内绝缘免遭周围环境因素的影响，同时起到对地绝缘和支撑作用。

电磁式电压互感器的励磁特性为非线性特性，与电网的断路器断口电容、分布电容或杂散电容，在一定的条件下可能形成铁磁谐振。通常情况下系统运行时，电压互感器的感性电抗大于容性电抗，但在系统操作或其他暂态过程中，可能引起互感器暂态饱和而感抗降低，出现铁磁谐振。随着电容值的不同，谐振频率可能是工频和较高或较低频率的谐波。铁磁谐振产生的过电流和过电压可能造成互感器损坏，特别是低频谐振时，互感器相应的励磁阻抗大幅降低而导致铁芯深度饱和，励磁电流急剧增大，高达额定值数十倍甚至数百倍以上，从而严重损坏互感器。

不直接接地系统中，当单相接地时允许继续运行2h以查找故障。在带故障点继续运行2h内，非故障相的电压上升到线电压，是正常运行时的$\sqrt{3}$倍，特别是发生间隙性接地时，还产生暂态过电压，这时可能使铁芯饱和，引起铁磁谐振，使系统产生谐振电压。在电压互感器一次中性点接一电压互感器，当发生接地故障时，各相电压互感器上承受的电压不超过其正常值，同时起到消谐的作用。这种在电压互感器中性点装设的电压互感器也称为消谐电压互感器，接线如图 4-8 所示。

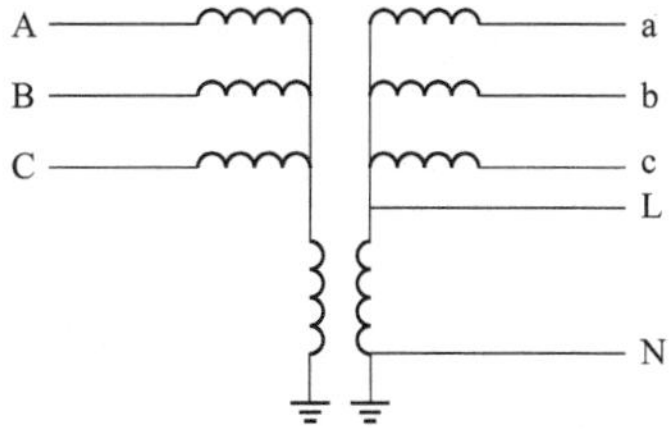

图 4-8 消谐电压互感器接线图

3. SF$_6$气体绝缘电压互感器

SF$_6$气体绝缘电压互感器在 GIS 中较多采用单相双柱式铁芯，器身结构与油浸单级式电压互感器相似，层间绝缘采用有纬聚酯粘带和聚酯薄膜，一次绕组截面采用矩形或分级宝塔形，引线绝缘根据互感器是配套式（应用于 GIS 中），还是独立式而不同，配套式互感器的引线绝缘设置静电均压环，以均匀电场分布从而减小互感器高度，独立式互感器过去有的采用电容型绝缘（与油浸单级式电压互感器相似），SF$_6$电压互感器如图 4-9 所示。

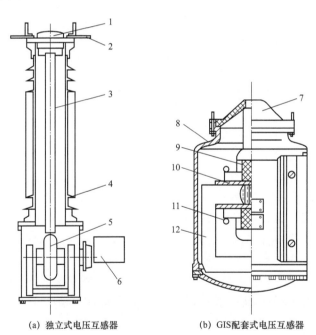

(a) 独立式电压互感器　　　(b) GIS配套式电压互感器

图 4-9　SF$_6$气体绝缘电压互感器结构图

1—防爆片；2—一次出线端子；3—高压引线；4—瓷套；5—器身；6—二次出线；
7—盆式绝缘子；8—外壳；9—一次绕组；10—二次绕组；11—电屏；12—铁芯

（1）防爆片。一种防止容器爆炸的安全装置，为一金属薄片，当容器内压力超过一定限度时，膜片先被冲破，因而压力降低，避免容器爆炸。

（2）电屏。均匀器身内金属尖端处电场。

第三节　电压互感器巡视要点

（1）外绝缘表面完整、无裂纹，伞裙无破损、放电痕迹以及老化迹象；防污闪涂料完整无脱落；电压互感器本体无发热现象；有无搭挂异物。如果外绝缘表面脏污，在阴雨天吸取污水后，导电性能增大，使泄漏电流增加，引起套管发热，则可能使套管内部产生裂缝而导致击穿。绝缘老化受损会引起套管闪络放电，造成电压互感器爆炸。

（2）各连接引线、接头、一次设备线夹、一次绕组抽头连接螺栓无松动、发热、变色迹象，引线无断股、散股。引线端紧固部分松动或引线接头线夹紧固件滑牙等，接触面氧化严重，使接触部分过热，颜色变暗失去光泽，表面镀层也会遭到破坏。温度很高时，会产生焦臭味。一旦发生将造成引线及接头间打火，甚至损坏引线线夹螺纹，烧断接头，导致电压互感器故障停运。

（3）无异常振动、异常音响及异味。运行中的电压互感器二次电压异常时，内部伴有"嗡嗡"的较大噪声；运行中的电压互感器过电压、铁磁谐振、谐波作用时声响比平常增大而均匀；运行中的电压互感器本体内部故障时伴有"噼啪"放电声响；运行中的电压互感器外绝缘表面有局部放电或电晕，外绝缘损坏伴有"噼啪"放电声响。在电压互感器日常巡视中如果未及时发现异常声响情况，没有采取相应的措施消除故障，电压互感器带缺陷继续运行，有可能发展成更危险的事故，如电压互感器爆炸等。

（4）接地引下线无锈蚀、松动情况。电压互感器运行中一、二次绕组都需要有一个接地，电容式电压互感器一次绕组末屏，铁芯引出接地端子都必须可靠接地。如接地引下线锈蚀、松动则影响电压互感器内部的接地。

（5）均压环完整、牢固，无异常可见电晕。如果均压环变形、破损，将导致电压分布不均，环形各部位之间存在电位差，出现放电、电晕情况。

（6）电压互感器油位指示正常，各部位无渗漏油现象；金属膨胀器膨胀位置指示正常。如电压互感器本体油位过低或严重漏油或长期渗漏油，会造成电压互感器绝缘强度不够，发生放电，造成绝缘击穿，烧毁电压互感器。

（7）SF_6 电压互感器压力表指示在规定范围内，无漏气现象，密度继电器正常，防爆膜无破裂。电压互感器 SF_6 气体压力降低如没有及时发现，密封部件有明显漏气现象未及时处理，一定时间后因漏气较严重一时无法进行补气或 SF_6 气体压力为零，则需停运处理。

（8）330kV 及以上电容式电压互感器电容分压器各节之间防晕罩连接可靠。电容分压器各节之间防晕罩连接不可靠，会导致电压互感器二次输出电压不准确，影响对应保护装置的正常运行。

（9）电容式电压互感器的电容分压器及电磁单元无渗漏油。

1）渗漏油现象不仅严重影响外观，而且会因电压互感器需停运排除渗漏而造成经济损失。

2) 若电压互感器地面基础上油迹较多时，还可能成为引发火灾的隐患。

3) 渗漏油会严重干扰运行维护人员对电压互感器油位计指示的正确性监视和判断。

4) 因渗漏而使油位降低后，可能使电容芯子裸露，绝缘强度下降，导致击穿、短路、烧损，甚至引起设备爆炸。电压互感器渗漏油后，会使全密封电力变压器丧失密封状态，易使油纸绝缘遭受外界的空气、水分的入侵而使绝缘性能降低，加速绝缘的老化。

(10) 二次接线盒关闭紧密，电缆进出口密封良好。二次接线盒内放置电压互感器二次输出端子，如二次接线盒关闭不严，进水受潮，容易造成二次端子短路烧损。

(11) 电压互感器二次电压输出正常。检查电压互感器二次输出电压正常，如二次输出电压错误影响保护的作用运行，可能造成保护误动，而且二次电压不平衡，可判断电压互感器本体出现故障。

(12) 端子箱内各二次空气开关、隔离开关、切换把手、熔断器投退正确，二次接线名称齐全，引接线端子无松动、过热、打火现象，接地牢固可靠。端子箱内部清洁，无异常气味、无受潮凝露现象；驱潮加热装置运行正常，加热器按要求正确投退。

1) 端子箱密封不严与空气开关的要求以及不满足该巡视要点的后果与第二章断路器一致。会造成冬季开关柜内温度过低，影响端子箱内各继电器正常；未按要求退出或夏季加热器还在运行，造成柜内温度过高，引起设备发热；照明装置故障会影响运维人员日常巡视，无法准确观察设备情况。

2) 二次接线松动，端子接触不良，会使端子接触电阻过大，引起端子发热现象，长期运行会导致端子排烧毁，严重时会发生火灾事故。

(13) 电压互感器红外测温结果正常。电压互感器内部是不可见的，正常的巡视只能通过外观，本体油位检查能判断电压互感器运行情况，但是电压互感器内部一些故障不能发现。而通过红外测温可判断电压互感器是否发热。电压互感器发热是电压型制热，如各部位之间对比温差超过 2K，则为严重发热。

第四节 典 型 案 例

案例一：××变电站 220kV××线 C 相线路电压互感器电压显示异常

(1) 情况说明。220kV××变电站 220kV××线路电压正常值为 130kV 左右，2017 年 10 月 1 日，监控电压曲线显示 220kV××线路电压由 125.77kV 降至 116.75kV。2017 年 10 月 5 日对线路电压互感器更换，线路电压恢复正常。

(2) 检查处理情况。2017 年 5 月 27 日，对 220kV××线 C 线路电压互感器例行试验，电容量与出厂初始值相比较发现，电压互感器介损试验数据超出了 Q/GDW 168—2014《输变电设备状态检修试验规程》表 17 电容式电压互感器分压电容试验——电容量初值差≤±2%（警示值），介质损耗因数≤0.25%（膜纸复合）（注意值）的标准（试验报告见图 4-10）。

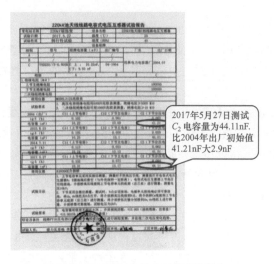

2017年5月27日测试 C_2 电容量为44.11nF. 比2004年出厂初始值 41.21nF大2.9nF

图 4-10　2017 年 5 月 27 日试验报告

电气试验人员采取相关措施排除现场干扰后，测试数据依然不合格，将数据发送至电科院和厂家技术人员进行进一步的论证。电科院专家答复：电压互感器内部可能电容单元击穿，建议加强电压监测，对电压互感器进行高电压复测，同时应加强对该电压互感器进行红外测温。厂家技术工程师答复该电压互感器内部电容单元可能存在击穿，应在一定时间内退出运行，在未退出运行的时间内，应加强电压监测，特别是发生电压单方向变动时更需要注意（厂家说明见图 4-11）。

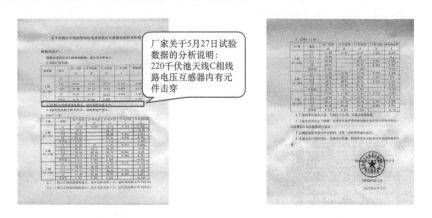

厂家关于5月27日试验 数据的分析说明： 220千伏池天线C相线 路电压互感器内有元 件击穿

图 4-11　厂家关于 5 月 27 日××线线路 TV 试验数据分析说明

2017 年 10 月 17 日下午，在变电检修室检修大厅，××公司运维检修部、变电检修室试验人员、电科院专家共同对 220kV××线电压互感器进行了解体，在对电容单元进行逐个测量过程中发现分压电容 C_2 共 28 个电容单元，自上而下第 13 包电容量测试过程中出现异常（见图 4-12）。

序号	电容量（μF）	序号	电容量（μF）	序号	电容量（μF）	序号	电容量（μF）
1	1.16	8	1.17	15	1.16	22	1.17
2	1.17	9	1.17	16	1.17	23	1.17
3	1.16	10	1.17	17	1.16	24	1.16
4	1.17	11	1.17	18	1.17	25	1.17
5	1.17	12	1.16	19	1.17	26	1.17
6	1.16	13	45-60	20	1.16	27	1.01
7	1.17	14	1.17	21	1.17	28	1.16

分压电容 C_2 第 13 包电容单元数值与其他单元数值相比，明显偏大

图 4-12　分压电容 C_2 电容单元解体实测电容量报告

同时在对存在异常的第 13 包电容单元解体中发现内部有明显击穿碳化，周边有发热而引起的蜡状沉积物（见图 4-13）。

其中黑色部分说明电容单元内部出现碳化

其中黄色部分为电容单元发热引起的蜡状沉积物

图 4-13　分压电容 C_2 第 13 包电容单元故障图

试验人员对分压电容 C_2 其余 27 个单元也逐个解体，发现第 27 个电容单元内部虽然没有完全击穿，但存在明显的发热和灼伤，中间膜纸已经发黑并发生凹陷，有明显碳化击穿的趋势，所以也是故障单元（见图 4-14）。

（3）原因分析。220kV××线 C 相线路电压互感器内部 C_2 电容单元元件存在击穿，线路电压下降，是造成 220kV××线非计划停运的直接原因。

分压电容 C_2 第 27 包单元中间膜纸已经发黑且发生凹陷、有明细的碳化趋势、说明第 27 单元也是故障点

故障点

图 4-14　分压电容 C_2 第 27 包电容单元故障图

厂家通过解体现象及试验数据，分析认为造成分压电容 C_2 内第 13 包、第 27 包存在击穿的原因是元件生产时绝缘材料中混入电弱点杂质，在运行过程中产生低能放电，最终导致故障发生。

（4）措施及建议。

1）加强变电站电压的监视，发现二次电压持续发生单向的变化趋势，应尽快安排停电进行诊断试验。

2）加强红外测温，通过红外测温测试判断电压互感器内部是否存在发热变化。

3）由于此类内部缺陷通过出厂试验或投运前的交接试验很难发现，只能通过长时间的带电运行中才会慢慢反映出来并发展到故障，所以为避免此类问题，要开展设备的全过程技术监督工作，通过驻厂监造保证设备质量，从源头上杜绝带病设备投入电网运行。

案例二：××变电站 35kVⅡ母电压互感器变形

（1）情况说明。2015 年 6 月 11 日××变电站 35kVⅡ母电压互感器 B 相喷油，膨胀器冲开。根据现场检查发现，电压互感器一次尾端接地脱落，当日启元药业Ⅱ回线 322 线路 B 相发生接地故障，此时 B 相电压互感器尾端已无接地，导致互感器尾端电压升高，造成电压互感器内部放电直至压力过大喷油，现场情况如图 4-15 所示。

图 4-15　现场情况

（2）检查处理情况。经判断需对 35kV 电压互感器进行试验，考察设备的绝缘性能是否良好，试验人员现场进行绝缘电阻、介损电容量试验，发现电压互感器 B 相绝缘电阻为 0，A、C 相绝缘电阻、介损电容量试验均合格。

（3）原因分析。根据上述情况综合判断故障原因为：35kV 电压互感器 B 相尾端接地与系统脱开，同时 35kV 系统发生单相接地故障，导致 35kV 系统发生铁磁谐振，35kV 系统电压互感器为充油型半绝缘电压互感器，无法配置一次消谐器，铁磁谐振无法消除，电压互感器失去工作接地，尾端电位悬浮，内部压力升高导致膨胀器损坏。

（4）措施及建议。

1）加大老旧设备反措落实，加快已储备项目的实施，及时消除设备隐患。

2）强化设备运维管理，扎实开展隐患排查治理工作，加强设备带电检测，准确掌握设备健康状况，提升设备精益化管理水平。

3）加强红外测温、带电测试工作，同时缩短巡视周期，并加强相关设备巡视。

案例三：35kV××变电站 35kV 母线 TV 熔断器频繁熔断

（1）情况说明。35kV××变电站 35kVⅡ母 TV 熔断器频繁熔断，造成财力和人力的巨大浪费，而且对设备及电网系统的安全稳定运行造成了严重的影响。

（2）检查处理情况。现场检查电压为 0，通过更换熔断器后，均恢复正常。

（3）原因分析。

1）内部过电压（铁磁谐振）影响。熔断器熔断问题主要发生在中性点不接地系统中，而在电阻接地系统中却鲜有发生。在中性点不接地的电网中，造成 TV 熔断器频繁熔断的过电压为谐振过电压。当线路发生不牢靠接地故障时，造成线路的接地电容发生变化，当对地电容值与电网等值电感值相匹配时，可产生不同频率的铁磁谐振现象，激发产生持续的、较高幅值的铁磁谐振过电压。在铁磁谐振的作用下，铁芯处于高度饱和状态，其表现形式可能是相对地电压升高，励磁电流过大，或以低频摆动，引起绝缘闪络、避雷器炸裂等，严重时还可能诱发保护误动作或在 TV 中出现过电流引起一次熔断器熔断甚至 TV 烧坏等事故。据统计，6 次熔断器熔断中，因线路有接地故障造成熔丝熔断的有 3 次。

2）外部（雷击、操作）过电压影响。电压互感器的突然投入、电网方式的改变、合闸、雷击等因素的影响都会引发电网发生波动，诱发电磁振荡，导致 TV、变压器铁芯磁滞饱和，使互感器、变压器的感抗明显下降，励磁电流明显增加，造成 TV 熔断器熔断。6 次熔断器熔断中，有两次线路存在操作。

3）工艺及设备质量影响。工艺及设备质量原因造成熔丝熔断一般很难定性。熔丝为热熔保护装置，当熔丝通过较大电流时，熔丝发生熔断，达到保护设备的作用。一般低热很难造成熔丝熔断，但会造成熔丝发生特性变化，熔丝表面淬火腐蚀和电阻增大等特性。如果工艺不良、导电部分氧化层未打磨、弹簧压力减弱、接触电阻增大等，保险管内部会出现局部温度偏大，熔丝发生断裂；产品质量不良会造成熔丝加速腐蚀，随时间效应影响，会造成熔丝熔断。通过对 RN1-35 型故障熔丝的解体分析，我们发现，内部熔丝烧伤较大的只有 1 只，其余 5 只为时间累积型熔断，熔丝表面有腐蚀性白色粉末。设备投运初期，除偶尔几次线路故障出现熔断外，TV 熔丝运行稳定，更换次数少。设备运行 3 年以上，导电部分出现氧化，熔丝熔断频繁。

（4）措施及建议。

1）利用多种手段对谐振进行治理，采取加装消谐装置或更换电容式电压互感器等手段对电网运行环境改善。

2）制订 TV 熔丝更换工艺管控流程卡，严把质量关，更换前检查熔丝容量、长度等，避免未达到动作值动作。

第五节　习　题　测　评

一、选择题

1. 电压互感器的各个二次绕组（包括备用）均必须有可靠的保护接地且只允许有（　　）接地点。

A. 一个　　　　　　　B. 二个　　　　　　　C. 三个　　　　　　　D. 四个

2. 电压互感器的下端子应可靠接地（　　）。

A. 电磁式电压互感器高压侧绕组接地端

B. 电容式电压互感器末屏

C. 互感器底座的接地端

D. 电容式电压互感器电磁单元一次绕组首端

3. 电压互感器二次侧严禁（　　）。

A. 断开　　　　　　　B. 接地　　　　　　　C. 短路　　　　　　　D. 检修

4. 电磁式电压互感器本体温升相间温差大于（　　），跟踪监测，必要时安排停电检查，根据检查结果进行相应处理。

A. 1K　　　　　　　　B. 2K　　　　　　　　C. 3K　　　　　　　　D. 4K

5. 电压互感器的金属膨胀器视窗位置指示清晰，无渗漏，油位在规定的范围内；不宜（　　）或过低，绝缘油无变色。

A. 过高　　　　　　　B. 过低　　　　　　　C. 过大　　　　　　　D. 过小

6. 如电压互感器高压侧和低压侧额定电压分别是 60000V 和 100V，则该互感器的变比为（　　）。

A. 600/1　　　　　　B. 1/600　　　　　　C. 600/3　　　　　　D. 3/600

7. 三相五柱式电压互感器的二次侧辅助绕组接成开口三角形，其作用是监测系统的（　　）。

A. 相电压　　　　　　B. 线电压　　　　　　C. 零序电压　　　　　D. 相电压和线电压

8. 电压互感器一次绕组的匝数（　　）二次绕组的匝数。

A. 远大于　　　　　　B. 略大于　　　　　　C. 小于　　　　　　　D. 等于

9. 当 35kV 系统发生单相接地或遇到雷雨时，因（　　）引起过电压，往往使电压互感器的三相高压熔丝熔断，甚至将电压互感器烧损。

A. 电压谐振　　　　　B. 铁磁谐振　　　　　C. 电流谐振　　　　　D. 系统谐振

10. 金属膨胀器膨胀完好，密封可靠，无渗漏，无（　　）变形

A. 塑性　　　　　　B. 弹性　　　　　　C. 永久性　　　　　　D. 破坏性

二、多选题

11. 电压互感器发生事故，应巡视（　　）。

A. 重点检查信号、继电保护、录波及自动装置动作情况

B. 检查事故范围内的设备情况

C. 无异常振动、异常声音及异味

D. 绝缘子有无污闪、破损情况

12. 关于电压互感器操作注意事项，下列说法正确的是（　　）。

A. 电压互感器退出时，应先拉开高压侧隔离开关，后断开二次空气开关（或取下二次熔丝），投入时顺序相反。

B. 电压互感器停用前，应将二次回路主熔断器或自动开关合上，防止电压反送

C. 严禁用隔离开关或高压熔断器拉开有故障（油位异常升高、喷油、冒烟、内部放电等）的电压互感器。

D. 66kV 及以下中性点非有效接地系统发生单相接地或产生谐振时，严禁用隔离开关或高压熔断器拉、合电压互感器。

13. 油浸式电压互感器巡视时应检查有无（　　）、（　　）和（　　）。接地点连接可靠。

A. 异常声响　　　B. 振动　　　　C. 气味　　　　D. 破裂

14. 运行中的电压互感器出现（　　）故障时，应立即退出运行。

A. 瓷套管破裂、严重放电。

B. 高压线圈的绝缘击穿、冒烟、发出焦臭味。

C. 电压互感器内部有放电声及其他噪声。

D. 漏油严重，油标管中看不见油面。

15. 系统发生铁磁谐振，电压互感器上将产生（　　）。电流的激增，除了造成一次侧熔断器熔断外，还常导致电压互感器的烧毁事故。

A. 过电压　　　　B. 过电流　　　　C. 低电压　　　　D. 低电流

三、判断题

16. 两组母线的电压互感器，高压未并列前（母联断路器在断开位置），严禁二次并列；两组母线的电压互感器，二次不应长期并列运行。（　　）

17. 电压互感器和电流互感器的二次侧接地因为一、二次侧绝缘如果损坏，一次侧高压串到二次侧，就会威胁人身和设备的安全，所以二次侧必须接地。（　　）

18. 在非直接接地系统正常运行时，电压互感器二次侧辅助绕组的开口三角处有100V 电压。（　　）

19. 电压互感器一次侧中性点接地为工作接地。（　　）

20. 电压互感器构架应有两处与接地网可靠连接。（　　）

四、简答题

21. 电压互感器有哪几个原理特点？

22. 电容式电压互感器电容分压器作用是什么？

23. 运行中电压互感器产生异常声响的原因是什么？

第五章

电 流 互 感 器

第一节　电流互感器概述

一、电流互感器基本情况

　　电流互感器是一种在正常使用条件下，其二次电流与一次电流实际成正比且在连接方法正确时其相位差接近于零的互感器，为测量仪表和继电保护装置提供电流参数。电流互感器有以下几个特点：

　　（1）将大电流按一定比例变换为普通仪表可测量的小电流。

　　（2）使测量仪表、继电保护装置与线路高电压隔离，以保证运行人员和二次电气设备的安全。

　　（3）将线路电流变换成统一的标准值，以利于仪表和继电保护装置的标准化、小型化，通常电流互感器二次侧绕组的额定电流为 1A 或 5A。

二、电流互感器的分类

　　（1）按照用途不同，电流互感器大致可分为两类：①测量用电流互感器（或电流互感器的测量绕组）：是在正常工作电流范围内，向测量、计量等装置提供电网的电流信息；②保护用电流互感器（或电流互感器的保护绕组）：是在电网故障状态下，向继电保护等装置提供电网故障电流信息。

　　（2）按绝缘介质可分为干式电流互感器、浇注式电流互感器、油浸式电流互感器和 SF_6 气体绝缘电流互感器。

　　（3）按安装方式可分为贯穿式电流互感器、支柱式电流互感器和套管式电流互感器。

　　（4）按结构形式可分为正立和倒立式，正立式抗地震性能较好，倒立式抗短时电流冲击的性能较好。

　　（5）按原理可分为电磁式电流互感器和电子式电流互感器。

第二节　电流互感器原理

一、电流互感器主要部件原理及结构

　　电流互感器工作原理如图 5-1 所示。它由铁芯、一次绕组、二次绕组、接线端子及

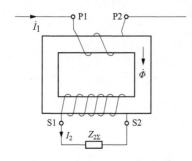

图 5-1 电流互感器工作原理图

绝缘支持物组成。它的铁芯是由硅钢片叠压而成的。电流互感器的一次绕组串联在电力系统的回路中，能流过较大的被测量电流 I_1，它在铁芯内产生交变磁通，使二次绕组感应出相应的二次电流 I_2。电流互感器的一次绕组直接与电力系统的高压线路相连接，因此电流互感器的一次绕组对地必须采用与线路高压相应的绝缘支持物，以保证二次回路的设备和人身安全。二次绕组与仪表、接地保护装置的电流绕组串接成二次回路。

（1）SF_6 电流互感器。SF_6 电流互感器常采用倒立式结构，由头部（金属外壳）、高压绝缘套管和底座组成，如图 5-2 所示。

1）外壳常由铝铸件或锅炉钢板做成，内装有由一、二次绕组及铁芯构成的器身，一次绕组可为 1～2 匝，当采用两匝时，一般采用内铜（或铝）杆外铜（或铝）管或双铜（或铝）杆并行的形式，一次导杆为直线型，从二次绕组几何中心穿过，处于高电位的头部外壳置于高压绝缘套管的上部。二次绕组绕在环形铁芯上装入接地的屏蔽外壳中，二次屏蔽外壳由环氧树脂浇注的绝缘柱或盆式绝缘子支撑，二次绕组引出线通过屏蔽金属套管引至互感器底座接线盒的二次端子，二次引线屏蔽管装在高压绝缘套管内。

2）一次绕组与二次绕组之间，二次绕组与高电位头部外壳之间采用了同轴圆柱形结构，其间充满了 SF_6 气体，电场分布均匀。外壳下法兰及高压套管上法兰连接处与二次绕组出线屏蔽管间电场分布不均匀，为板—棒电极，故在设计时有的厂家采用电容锥结构，有的厂家采用了过渡内屏蔽，使此处电场得以改善，成为较均匀的同轴圆柱形电场。

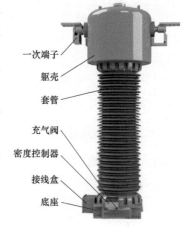

一次端子
躯壳
套管

充气阀
密度控制器
接线盒
底座

图 5-2　倒立式 SF_6 电流
互感器结构图

一次绕组当采用两匝时，可接成串联或并联，得到两个电流比。

二次绕组铁芯可自由组合，常见为 5～6 个铁芯。

3）高压绝缘套管有的用硅橡胶复合绝缘套管，也有的用高强度电瓷套管。套管爬电距离根据环境污秽条件而定。

4）为了防爆，在 SF_6 电流互感器头部外壳的顶部装有爆破片，爆破压力一般取 0.7～0.8MPa。为了监视 SF_6 气体压力是否符合技术要求，在底座设有阀门和自动温度补偿的（温度变化、压力指示不变）SF_6 气体压力表，内部压力达到报警压力时，发出告警信号。

（2）油浸电流互感器。油浸电流互感器常采用倒立式结构，主要由膨胀器、储油柜、一次绕组、器身、瓷套、底座和接线盒等组成，二次绕组置于产品头部的铁芯罩壳内，主绝缘采用油纸电容型绝缘结构，如图 5-3 所示。

1）膨胀器。膨胀器是一种弹性组件，对各种油浸式互感器起到保护作用，能使产品内部的变压器油与外部空气隔离，防止变压器油受潮、老化、变质，长期保持产品的绝缘性能且能补偿产品内油体积随温度的变化。膨胀器主体是由多个波纹片（波纹管）组成。当产品内部油的体积变化时，膨胀器的容积相应随之变化。通过视察窗可观察到油位指示位置是否正常。视察窗旁标有油温标线。

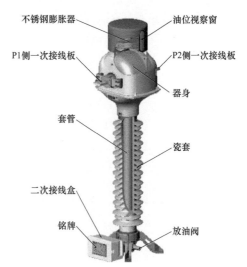

图 5-3　油浸电流互感器结构图

2）一次端子。一次端子根据一次电流大小为铝合金或经镀锡的电解铜制成。

3）瓷套。瓷套分瓷套管和硅橡胶套管两种。瓷套能承受足够大的压力而不致损坏，提高电流互感器整体的绝缘水平。

4）器身。互感器器身由铝合金或复合材料铸造而成。其内部放置一次绕组和二次绕组。在器身上安装金属膨胀器，用于补偿油体积的热膨胀。

5）接线盒。接线盒内的接线端子用于二次接线和末屏接地。

6）放油阀。放油阀用于电流互感器取油和补油。

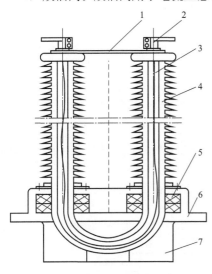

图 5-4　干式电流互感器结构图

1—连接器；2—接线端子；3——次绕组；
4—瓷套；5—二次绕组；6—外壳；7—底座

（3）干式电流互感器。干式电流互感器常采用倒立式结构，二次绕组置于产品头部的铁芯罩壳内，如图 5-4 所示。

1）连接器。是连接电压引线的两个端子之间的构件，用于增强电流互感器的机械强度，它还具有一定的绝缘强度，以阻止电流分流。对于多匝的电流互感器，在连接器的空心内装设接线板，通过改变线圈的串并联关系，改变互感器的变比。

2）接线端子。接线端子与载流体连接，并用来连接外导线。

3）一次绕组。一次绕组由载流体、接线端子、骨架、绝缘层、电容屏、伞裙及地屏引出线构成。载流体是用铜线或钢棒制成，可以是单匝或多匝结构，其导电截面应满足额定电流和短路电流的要求。

4）二次绕组。二次绕组绕在环形铁芯上，套装在一次绕组的屏范围内，处于地电位。二次绕组的个数由用户提出，每个线圈都做了防潮处理。

第三节　电流互感器巡视要点

（1）外绝缘表面完整，无裂纹、放电痕迹、老化迹象，防污闪涂料完整无脱落，复合绝缘套管伞裙、辅助伞裙无龟裂老化脱落。

（2）各连接引线及接头无松动、发热、变色迹象，引线无断股、散股。

（3）无异常振动、异常音响及异味。

（4）接地引下线无锈蚀、松动情况。

（5）油浸电流互感器油位指示正常，各部位无渗漏油现象；金属膨胀器无变形，膨胀位置指示正常。

（6）SF_6 电流互感器压力表指示在规定范围内，无漏气现象，密度继电器正常，防爆膜无破裂。SF_6 气体压力过低的后果与第四章电压互感器一致。

（7）二次接线盒关闭紧密，电缆进出口密封良好。

以上巡视要点，若巡视不到位，造成的后果与第四章电压互感器类似。

第四节　典　型　案　例

案例一：35kV××变电站 35kV 电流互感器击穿

（1）情况说明。2016 年 11 月 29 日～2017 年 2 月 2 日期间，××35kV 变电站连续发生了 3 起 LZZBJ-35W 型电流互感器击穿导致的故障跳闸。为彻底分析电流互感器故障原因，将故障间隔的 5 支电流互感器送往电科院进行检测分析。2017 年 2 月 18、19 日，电科院、××供电公司、安徽互感器厂相关人员在电科院高压试验大厅共同对这 5 支电流互感器进行了检测及解体分析工作。

（2）检查处理情况。对这 5 支电流互感器分别开展绝缘电阻测试、二次绕组直流电阻测试、介损测试、高频局放测试以及交流耐压试验。各项试验情况如下：

1）绝缘电阻测试情况。对这 5 支电流互感器分别进行了一次对二次、一次对地以及二次绕组间绝缘电阻测试。试验数据见表 5-1。

表 5-1　　　　　　　　　　绝 缘 电 阻 数 据　　　　　　　　　　（GΩ）

编号	一次对二次				一次对地	二次绕组间					
	1S	2S	3S	4S		1S-2S	1S-3S	1S-4S	2S-4S	2S-3S	3S-4S
1	1000	1000	1000	1000	1000	1000	1000	1000	1000	1000	589
2	0	0	0	0	1000	0	0	0	0	0	0

续表

编号	一次对二次				一次对地	二次绕组间					
	1S	2S	3S	4S		1S-2S	1S-3S	1S-4S	2S-4S	2S-3S	3S-4S
3	1000	1000	1000	1000	1000	1000	1000	1000	1000	1000	1000
4	0	0	1000	1000	1000	0	1000	1000	1000	1000	1000
5	25.5	53.7	0	0	2.2	1000	23.3	34.4	49.2	68.3	0

通过绝缘电阻可以看出，①1、3 号互感器绝缘正常，1 号互感器二次 3S-4S 绕组间绝缘电阻相对其他绕组间绝缘略低；②2 号互感器仅对地绝缘正常，其余绝缘均为0，说明一次对二次以及二次绕组之间绝缘均已击穿；③5 号互感器一次对二次 3S、4S 之间绝缘击穿，一次对 1S、2S 之间以及对地绝缘大幅降低，二次 3S-4S 绕组间绝缘击穿，1S-3S、4S，2S-3S、4S 绝缘大幅降低，1S-2S 之间绝缘正常。

2）二次绕组直流电阻测试情况。利用直阻测试仪分别对 5 支电流互感器二次绕组直流电阻进行了测量，试验电流 5A。试验数据见表 5-2。

表 5-2　　　　　　　　直流电阻测试数据　　　　　　　　（mΩ）

编号	1S1-1S2	1S1-1S3	2S1-2S2	2S1-2S3	3S1-3S2	3S1-1S3	4S1-4S2	4S1-4S3
1	265.2	553.2	284.8	589.6	451.4	924.5	452.2	925.8
2	100.8	195.6	101.5	235.6	76.5	143.5	70.65	135.8
3	260.4	548.2	277.5	582.2	448.8	914.5	449.3	917.0
4	101.1	203.3	103.2	254.5	80.28	162.8	79.79	161.51
5	261.0	549.2	298.1	586.5	446.3	909.5	449.4	917.8

因无出厂数据，通过 5 支电流互感器测试数据横向对比可看出，绝缘正常的 1、3 号电流互感器二次绕组直流电阻数据基本一致，5 号电流互感器数据也与绝缘正常的电流互感器数据基本一致，2、4 号电流互感器二次绕组直流电阻数据与绝缘正常的电流互感器数值相比降低较大，从而可判断 2、4 号电流互感器二次绕组已经存在严重的匝间短路，烧损严重，5 号电流互感器二次绕组匝间基本无短路，烧损不严重。

3）介损测试情况。因 2、4、5 号电流互感器均存在一次对二次绕组击穿现象，无法测试整体介损情况，仅对绝缘正常的 1、3 号电流互感器进行了整体介损测试。试验数据见表 5-3。

表 5-3　　　　　　　　介损及电容量数据

编号	介损（%）	电容量（pF）
1	1.689	145.1
3	1.574	141.3

规程中对 35kV 干式电流互感器介损及电容量未给出明确的标准且厂家在出厂时也未进行该项目。交接规程中对 35kV 干式电流互感器介损要求存在异议，不便于执行，分析认为这两支互感器介损合格。

4）高频电流局部放电测试情况。因 2、4、5 号电流互感器主绝缘已击穿，无法施加电压开展局部放电测试，仅对绝缘正常的 1、3 号电流互感器进行了高频电流局部放电测试。测试时，将电流互感器放置于绝缘垫块上，将二次绕组短路与底座铁板连接后接地，将高频电流传感器钳在接地回路上以监测高频局放信号。

首先对 3 号电流互感器一次绕组逐步升高电压，同时监测局部放电信号，一直将电压加之 1.2 倍额定电压（24kV），均未发现异常局部放电信号。

其次对 1 号电流互感器一次绕组逐步升高电压，同时监测局部放电信号，电压加至 0.8 倍额定电压（16kV）时，局部放电信号突增，超出测量量程范围，电源瞬间跳闸，未能及时将局放信号图谱保存。判断该电流互感器绝缘击穿，遂对该互感器进行绝缘电阻测量，发现一次绕组对二次绕组 3S、4S 绝缘分别为 0MΩ 和 600MΩ，对其余二次绕组及地绝缘正常。检查发现，该电流互感器一次接线排 P2 侧铜牌与环氧树脂浇筑缝隙处持续不断向外冒水，在绝缘子上都形成了水滴，擦干后继续向外溢水，判断该互感器通过铜牌与环氧树脂间缝隙进水受潮，在电压施加过程中一次绕组对二次 3S、4S 绕组之间击穿，P2 侧正下方正好是 3S、4S 绕组。

5）交流耐压试验及检查情况。因 1 号电流互感器在高频局放试验过程中击穿，仅剩 3 号电流互感绝缘正常，对 3 号电流互感器进行了 76kV（交接标准）1min 耐压及 95kV（出厂标准）1min 耐压试验，均无闪络击穿现象，耐压通过。

对该支电流互感器铜牌与环氧树脂之间缝隙进行检查，未发现异常现象，缝隙非常小，基本看不出，再对其他击穿互感器进行检查发现，均存在不同程度缝隙。

6）2 号电流互感器解体检查情况。在开展检测试验的同时，对绝缘损伤最严重的 2 号电流互感器进行了解体检查，将外层树脂逐渐剥开，发现一次绕组最下部与最近二次绕组部位之间树脂绝缘被击穿且能看见明显放电通道（见图 5-5）。

图 5-5　2 号电流互感器检查情况示意图

7) 1号电流互感器解体情况。因1号电流互感器在高频局放试验过程中击穿且一次接线板处有冒水现象，怀疑内部进水受潮，击穿时发热造成水外溢。为验证该电流互感器内部存在进水现象，将1号电流互感器从一次接线板处进行解体检查，发现内部一次绕组外部缠绕的绝缘布带已完全湿润，用纸巾擦拭，纸巾都被浸湿，如图5-6所示。

绑扎带均已湿透

图 5-6　1号电流互感器检查情况示意图

（3）原因分析。根据试验及解体情况分析，造成电流互感器故障的原因为：由于互感器制造工艺控制不佳，部分该批次电流互感器一次接线板与环氧树脂之间密封不严，造成水分从缝隙内渗入，在一次接线板下端边缘电场集中处引起局部放电，最终造成一次绕组对二次绕组击穿。

（4）措施及建议。

1）及时开展同批次电流互感器隐患排查，制订处理措施，如停电试验、更换、涂抹密封胶等，防止类似故障再次发生。

2）备用间隔设备在更换使用前，应进行试验后再使用，尤其是交流耐压试验。

案例二：220kV××变电站 220kV××线 B 相电流互感器故障典型案例

（1）情况说明。2021年8月7日08时42分，运行人员接调度通知220kV××变电站220kV母线保护动作、220kV××线路保护动作。

2021年8月7日09时00分，运行人员到达220kV××变电站，检查发现220kV母线A、B套保护I母差动保护动作，220kV××线A、B套保护动作，220kV××线、220kV 1号主变压器高压侧、220kV母联断路器均在分位，220kV I母失压。运行人员现场检查发现220kV××B相电流互感器取油阀处有大量油渍，汇报调度后隔离故障电流互感器。2021年8月7日11时30分，220kV I母、1号主变压器、220kV母联2250断路器恢复送电。

220kV××变电站220kV××线A、B套线路保护均动作，220kV××变电站A、B套母线保护动作，动作报文见表5-4。

表 5-4　　　　　　　　　　　　　　故障报告时序表

故障元件	220kV××						
厂站	设备名称	动作概况	动作描述	厂站	设备名称	动作概况	动作描述
220kV××变电站	220kV×× 第一套保护 PRS753A-DA-G-R	故障测距1.600 故障相别：BG 2021-08-07 08：42：19.659 启动	9ms 相关差动保护动作	220kV××变电站	220kV×× 第一套保护 PRS-753A-DG-G-R	故障相别：B 故障电流B 差流1.34 故障测距83.9	2021-08-07 08：42：19.655 启动
			9ms 分相差动保护动作				13ms 分相差动动作
			11ms 保护动作				15ms 差动保护动作
			18ms 接地距离保护Ⅰ段动作				16ms 相关差动保护动作
			30ms 快速距离保护动作				74ms 远方其他保护动作
			15ms 保护动作				76ms 保护动作
	220kV×× 第二套保护 CSC103A-DA-G-R	故障测距0.000 故障相别：BG 2021-08-07 08：42：19.654 启动	15ms 分相差动保护动作		220kV×× 第二套保护 CSC-103A-DG-G-R	故障相别：B 故障电流0.773 故障测距87	2021-08-07 08：42：19.650 启动
			15ms 纵联差动保护动作				16ms 保护动作
			20ms 接地距离保护Ⅰ段动作				16ms 分相差动保护动作
			28ms 保护动作				16ms 纵联差动保护动作
			28ms 接地距离保护Ⅰ段动作				38ms 故障相电压
			32ms 故障相电压				42ms 对侧差动动作
			37ms 对侧差动保护动作				52ms 保护动作
			48ms 其他保护动作开入				52ms 远方其他保护动作

续表

厂站	设备名称	动作概况	动作描述	厂站	设备名称	动作概况	动作描述
故障元件	220kVⅠ母线						
故障时间	2021-08-07 08：42：19.650						

厂站	设备名称	动作概况	动作描述
220kV ×× 变电站	220kV 母线 A套保护	动作时间	2021-08-07 08：42：19.694
		跳闸描述	0msⅠ母线差动动作　动作
	220kV 母线 B套保护	动作时间	2021-08-07 08：42：19.666
		跳闸描述	0msⅠ母线差动动作　动作

（2）检查处理情况。运维人员现场检查，发现 220kV××线 B 相电流互感器取油阀有大量油渍，如图 5-7 所示。

图 5-7　220kV××线 B 相电流互感器

对 220kV××线 B 相互感器拆除后进一步检查，发现互感器膨胀器冒顶，膨胀器顶部有黑色碳化物（见图 5-8）。动作情况分析如下：

图 5-8　膨胀器冒顶

1）保护动作分析。220kV××变电站为 2014 年投运的智能变电站，电流互感器均为 4 个二次绕组（两个 5P30，两个 0.2S 级），220kVA 套母线保护和 220kVA 套线路保护共用 1 个保护绕组，经 A 套合并单元转换为数字量，220kV B 套母线保护和 220kV B 套线路保护共用 1 个保护绕组，经 B 套合并单元转换为数字量，分别发送至相关保护，如图 5-9 所示。

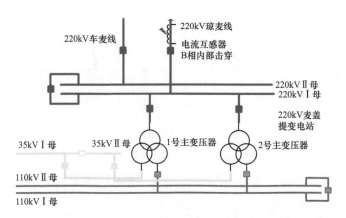

图 5-9　220kV 故障点示意图

由故障录波分析可知，故障前 220kVⅠ、Ⅱ母线电压二次值 61V，8 月 7 日 08 时 42 分 19 秒 666 毫秒故障时，220kVⅠ、Ⅱ母线 B 相电压出现单相金属性接地故障特征，电压均降为 0.949V，引起 220kV 母线保护电压开放，220kVⅡ母线在 220kVⅠ母线故障切除后，电压恢复（见图 5-10）。故障录波显示故障时刻Ⅰ母 A 相出现差流约 2.18A（二次值），小差跟大差均达到 2.18A，大于 220kV 母线保护整定定值（0.5A），满足 220kV 母线保护动作逻辑，220kV 母线保护I母差动保护正确动作（见图 5-11）。

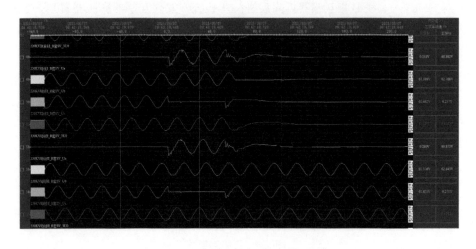

图 5-10　故障时刻电压开放录波图

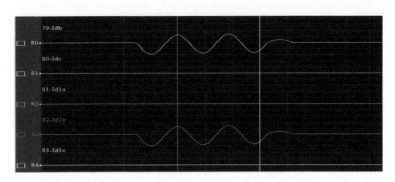

图 5-11 故障时刻小差与大差示意图

由故障录波分析可得出 220kV××电流互感器故障时刻，母线保护动作同时，220kV××A、B线路保护同一时刻动作，出现 B 相单相接地特征，接地相 B 相母线电压降为 0.219V，故障相电流 1.14A（二次），220kV 琼玉侧接地相 B 相母线电压降为 29V，故障相电流 0.78A（二次），两侧差流及故障电流均大于定值整定 0.24A，两侧双套线路保护正确动作，如图 5-12、图 5-13 所示。

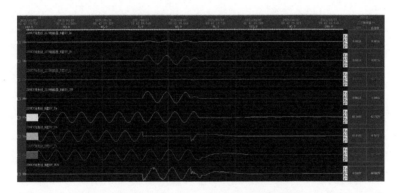

图 5-12 220kV××侧××线路故障录波图（一）

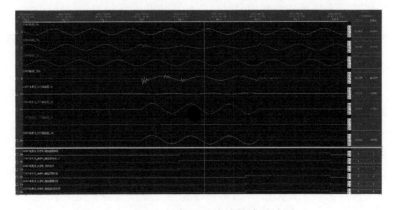

图 5-13 220kV××侧××线路故障录波图（二）

2）220kV××电流互感器故障分析。初步分析220kV××B相电流互感器内部存在局部放电故障绝缘击穿，引起绝缘油分解产生气体，导致膨胀器冒顶，需开展电流互感器解体检查确定事故原因。

3）现场处置情况。2021年8月7日，检修人员对220kV××电流互感器进行检查，发现220kV琼色线B相电流互感器取油孔处有喷油痕迹，A相和C相正常。对220kV××电流互感器进行油色谱试验，A、C相试验合格，B相油色谱试验不合格（见表5-5），国网喀什供电公司调拨一组SF₆电流互感器对220kV××电流互感器整组设备进行更换。

表 5-5　　　　　　　　　　　　　××油色谱数据

序号	变电站	设备	取样时间	试验时间	H_2	CO	CO_2	CH_4	C_2H_4	C_2H_6	C_2H_2	总烃
1	220kV麦盖提变电站	琼麦线2276TA A相	2021.08.07	2021.08.08	3.548	181.881	153.636	2.27	0.346	0.672	0	3.288
2	220kV麦盖提变电站	琼麦线2276TA B相	2021.08.07	2021.08.08	18102.1	2551.844	2825.31	987.711	2668.63	1039.73	2892.28	7588.35
3	220kV麦盖提变电站	琼麦线2276TA C相	2021.08.07	2021.08.08	9.369	323.545	117.377	3.197	0.509	0.64	0.494	4.84

（3）措施及建议。

1）联合思源110、220kV电流互感器开展油色谱检测，对于排查不合格产品更换处理。

2）对膨胀器外罩油位观察窗模糊不清，导致油位无法有效观察的电流互感器安排项目储备，并符合《国家电网有限公司十八项电网重大反事故措施》中相关要求。

3）为有效实时监测互感器运行工况，在互感器底部取样阀处加装压强传感器，实现油位变化实时监测。

4）加强互感器例行精益化巡视检查，充分发挥机器人重复性、稳定性巡检优势，精准记录比对分析油位变化和精确红外测温，发现异常及时诊断、处理。

案例三：××公司××变电站 SF₆ 电流互感器漏气典型案例

（1）情况说明。2015年3月16日12时33分运维通知××变电站发"××线高压侧电流互感器SF₆气体压力降低告警"，利用SF₆激光检漏仪器进行带电检测，经检查漏点为××线高压侧C相电流互感器SF₆气体密度继电器表座安装处。

现场关闭气体密度继电器与电流互感器本体之间的关断阀，将气体密度继电器拆解下来检查发现，压力表与底座连接处的螺纹有裂缝，表明该气体密度继电器存在质量问题，必须对其进行更换处理。在对气体继电器检查的同时，还发现此气体密度继电器表头后端采用三个螺钉加胶垫的结构与底座支撑固定在一起，而三个胶垫均有不同程度的老化开裂，存在表头无可靠支撑的设备隐患。故必须对充气式互感器的气体密度继电器进行隐患排查，消除此类设备隐患。

（2）检查处理情况。现场使用检漏仪对电流互感器进行漏点检测，发现漏点出现在压力表根部位置，如图 5-14 所示。

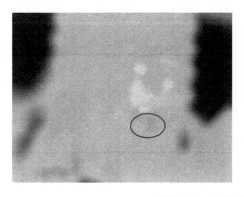

图 5-14　电流互感器漏点位置图

关闭气体密度继电器与电流互感器本体直接的关断阀，对压力表进行拆解检查，发现压力表与底座连接螺纹处有裂纹，存在质量问题，查明了漏气原因，如图 5-15 所示。

现场对气体继电器进行更换，更换后打开关断阀，并充气至 0.4MPa 以上。安装完成后，再使用检漏仪对其进行检漏，无漏点，压力表指示正常，远端信号正常。

（3）原因分析。

1）表头与底座连接螺纹存在质量问题，保质期内出现裂纹现象。

2）表头后端采用三个螺钉加胶垫的形

图 5-15　电流互感器连接螺纹图

式固定连接，长期在室外使用会使胶垫老化出现裂纹和表头固定不牢，最终导致压力表头脱落、指示数值不准和漏气等严重后果。

（4）措施及建议。

1）对所有充气式电流互感器的气体继电器进行隐患排查，对该型气体继电器进行更换，更换后的气体密度继电器表头后端需为整体结构，无密封胶垫支撑。

2）该型气体继电器未更换前，加强设备的特巡特护，制订专业巡视方案。

第五节　习　题　测　评

一、单选题

1. 电流互感器二次绕组所接负荷应在准确等级所规定的（　　）范围内。

A. 负荷　　　　　　　B. 电流　　　　　　　C. 电压　　　　　　　D. 额定电流

2. 电流互感器允许在设备（　　）下和（　　）下长期运行。

A. 最高电压、额定连续热电流　　　　　　B. 最大电流、额定连续热电流

C. 最高电压、额定连续热电压　　　　　　D. 最高电压、额定电流

3. 电流互感器二次侧严禁（　　）。

A. 短路　　　　　　　B. 开路　　　　　　　C. 接地　　　　　　　D. 短接接地

4. 电流互感器备用的二次绕组应（　　）。

A. 短路　　　　　　　B. 开路　　　　　　　C. 接地　　　　　　　D. 短接接地

5. 运行中的电流互感器二次侧只允许有（　　）接地点。

A. 一个　　　　　　　B. 二个　　　　　　　C. 三个　　　　　　　D. 多个

6. 独立的、与其他电流互感器和电流互感器的二次回路没有电气联系的二次回路应在（　　）一点接地。

A. 保护柜屏　　　　　B. 开关场　　　　　　C. 测控屏　　　　　　D. 公用屏

7. 运行中的公用电流互感器二次绕组二次回路只允许且必须在相关（　　）内一点接地。

A. 电流互感器接线盒　B. 电流互感器端子箱　C. 保护柜屏　D. 开关端子箱

8. 应及时处理或更换已确认存在（　　）的电流互感器。

A. 一般缺陷　　　　　B. 严重缺陷　　　　　C. 危急缺陷　　　　　D. 特殊缺陷

9. 电流互感器在投运前及运行中应注意检查各部位接地是否牢固可靠，（　　）应可靠接地，严防出现内部悬空的假接地现象。

A. 一次　　　　　　　B. 二次　　　　　　　C. 备用的二次　　　　D. 末屏

10. 新装或检修后，应检查电流互感器三相的油位指示正常，并保持一致，运行中的电流互感器应保持（　　）。

A. 微负压　　　　　　B. 微正压　　　　　　C. 负压　　　　　　　D. 正压

11. SF_6 电流互感器压力表偏出正常压力区时，应及时上报并查明原因，压力降低应进行（　　）。

A. 停电操作　　　　　B. 缺陷登记　　　　　C. 特殊巡视　　　　　D. 补气处理

12. 发现有（　　）情况时，应立即汇报值班调控人员申请将电流互感器停运。

A. 外绝缘严重裂纹、破损，严重放电　　　B. 无异常振动、异常声响及异味

C. 绝缘表面完整，无裂纹、放电痕迹　　　D. 各连接引线及接头无发热

13. 电流互感器全面巡视应检查端子箱门开启灵活、关闭严密，无（　　）。

A. 变形锈蚀　　　　　　　　　　　　　　B. 接地牢固

C. 标识清晰　　　　　　　　　　　　　　D. 变形锈蚀，接地牢固，标识清晰

14. 精确检测周期，电流互感器新投运后（　　）内（但应超过 24h）进行红外精确检测。

A. 24 小时　　　　　　B. 1 周　　　　　　　C. 2 周　　　　　　　D. 3 周

15. 电流互感器本体热点温度超过 55℃，引线接头温度超过（　　），应加强监视，按缺陷处理流程上报。

A. 70℃　　　　　　　B. 80℃　　　　　　　C. 90℃　　　　　　　D. 100℃

二、多选题

16. 油浸式电流互感器油位异常升高原因有（　　）。

A. 电流互感器内部故障。

B. 环境温度升高且预充油位偏高。

C. 环境温度升低且预充油位偏低。

17. 电流互感器声响比平常增大而均匀时，检查是否为（　　）作用引起，汇报值班调控人员并联系检修人员进一步检查。

A. 过电压　　　　　B. 过负荷　　　　　C. 铁磁共振　　　　　D. 谐波

18. 电流互感器按绝缘介质可分为（　　）。

A. 干式电流互感器　　　　　　　　B. 浇注式电流互感器

C. 油浸式电流互感器　　　　　　　D. SF_6 气体绝缘电流互感器

19. 电流互感器的结构由（　　）及绝缘支持物组成

A. 铁芯　　　　　B. 一次绕组　　　　　C. 二次绕组　　　　　D. 接线端子

20. 电流互感器声音异常主要现象及原因（　　）。

A. 铁芯松动，发出不随一次负荷变化的"嗡嗡"声。

B. 二次开路，因磁饱和及磁通的非正弦性，使硅钢片振荡不均匀而发出较大的噪声

C. 电流互感器严重过负荷，铁芯发出噪声

D. 半导体漆涂刷不均匀形成内部电晕，末屏开路及绝缘损坏放电

三、判断题

21. 电流互感器是把大电流按一定比例变为小电流，提供各种仪表使用和继电保护用的电流，并将二次系统与高电压隔离。（　　）

22. 电流互感器的二次侧接地因为一、二次侧绝缘如果损坏，一次侧高压串到二次侧，就会威胁人身和设备的安全，所以二次侧必须接地。（　　）

23. 电压互感器二次绕组不允许开路，电流互感器二次绕组不允许短路。（　　）

24. 大风、雷雨、冰雹天气过后，检查电流互感器导引线无断股迹象，设备上无飘落积存杂物，外绝缘无闪络放电痕迹及破裂现象属于例行巡视。（　　）

25. 当电流互感器漏气较严重而一时无法进行补气时或 SF_6 气体压力为零，应立即申请停电处理。（　　）

四、简单题

26. 电流互感器二次为什么不许开路？开路后有什么后果？

27. 何谓电流互感器的末屏接地，不接地会有什么影响？

第六章

构支架、母线与绝缘子

第一节　构支架、母线与绝缘子概述

一、构支架、母线与绝缘子基本情况

1. 构支架

变电站中构架是指挂母线、引线用的钢管或钢筋混凝土电杆组成的承力悬挂结构，除了避雷针，一般是变电站中最高的设备。支架是指断路器、隔离开关、"四小器"等设备的支持物，一般是角钢组成的支架结构，主要起设备支撑作用。

2. 母线

母线是指多个设备以并列分支的形式接在其上的一条共用通路。在电力系统中，母线将各个载流分支回路连接在一起，起着汇集、分配和传送电能的作用。

母线包括：一次设备部分的主母线和设备连接线、站用电部分的交流母线、直流系统的直流母线、二次部分的小母线等。

3. 绝缘子

绝缘子是一种由电瓷、玻璃、合成橡胶或合成树脂等绝缘材料组成，安装在不同电位的导体之间或导体与地电位构件之间的电气器件。

绝缘子作用有两个方面：①牢固地支持和固定载流导体；②将载流导体与地之间形成良好的绝缘。

二、母线与绝缘子的分类

1. 母线的分类

（1）母线按外形和结构分为以下三类：

1）硬母线。包括矩形母线、管形母线等。

2）软母线。包括铝绞线、铜绞线、钢芯铝绞线、扩径空心导线等。

3）封闭母线。包括共箱母线、分相母线等。

（2）母线可按材质分为铜母线和铝母线。

1）铜母线。铜具有导电率高、机械强度高、耐腐蚀等优点，是很好的导电材料。但铜的储藏量少，在其他工业中用途很广，因此在电力工业中应尽量以铝代铜，除在特殊技术上要求必须用铜线外，一般应采用铝母线（20℃时的电阻率 1.75×10^{-8}）。

2）铝母线。铝的导电率仅次于铜且质轻、价廉、产量高，而且一般情况下，用铝母线比用铜母线经济，因此，目前我国广泛采用铝母线。

2．绝缘子的分类

（1）绝缘子按安装方式不同，可分为悬式绝缘子和支柱绝缘子。

1）悬式绝缘子广泛应用于高压架空输电线路和发、变电站软母线的绝缘及机械固定。在悬式绝缘子中，又可分为盘形悬式绝缘子和棒形悬式绝缘子。

2）支柱绝缘子主要用于发电厂及变电站的母线和电气设备的绝缘及机械固定。此外，支柱绝缘子常作为隔离开关和断路器等电气设备的组成部分。在支柱绝缘子中，又可分为针式绝缘子和柱式绝缘子。针式支柱绝缘子多用于低压配电线路和通信线路，柱式绝缘子多用于高压变电站。

（2）按使用的绝缘材料不同，可分为瓷绝缘子、玻璃绝缘子和复合绝缘子（也称合成绝缘子）。

1）瓷绝缘子绝缘件由电工陶瓷制成的绝缘子。电工陶瓷由石英、长石和黏土做原料烘焙而成。瓷绝缘子的瓷件表面通常以瓷釉覆盖，以提高其机械强度，防水浸润，增加表面光滑度。在各类绝缘子中，瓷绝缘子使用最为普遍。

2）玻璃绝缘子绝缘件由经过钢化处理的玻璃制成。其表面处于压缩预应力状态，如发生裂纹和电击穿，玻璃绝缘子将自行破裂成小碎块，俗称"自爆"。这一特性使得玻璃绝缘子在运行中无须进行"零值"检测。

3）复合绝缘子也称合成绝缘子。其绝缘件由玻璃纤维树脂芯棒（或芯管）和有机材料的护套及伞裙组成的绝缘子。其特点是尺寸小、自重轻、抗拉强度高、抗污秽闪络性能优良。但抗老化能力不如瓷绝缘子和玻璃绝缘子。复合绝缘子包括：棒形悬式绝缘子、绝缘横担、支柱绝缘子和空心绝缘子（即复合套管）。复合套管可替代多种电力设备使用的瓷套，如互感器、避雷器、断路器、电容式套管和电缆终端等。与瓷套相比，它除具有机械强度高、自重轻、尺寸公差小的优点外，还可避免因爆碎引起的破坏。

（3）按使用电压等级不同，可分为低压绝缘子和高压绝缘子。

1）低压绝缘子是指用于低压配电线路和通信线路的绝缘子。

2）高压绝缘子是指用于高压、超高压架空输电线路和变电站的绝缘子。为了适应不同电压等级的需要，通常用不同数量的同类型单只（件）绝缘子组成绝缘子串或多节的绝缘支柱。

（4）按使用的环境条件不同，派生出污秽地区使用的耐污绝缘子。耐污绝缘子主要是采取增加或加大绝缘子伞裙或伞棱的措施以增加绝缘子的爬电距离，以提高绝缘子污秽状态下的电气强度；同时还采取改变伞裙结构形状以减少表面自然积污量，来提高绝缘子的抗污闪性能。耐污绝缘子的爬电比距一般要比普通绝缘子提高 20%～30%，甚至更多。中国电网污闪多发地区习惯采用双层伞结构形状的耐污绝缘子，此种绝缘子自清洗能力强，易于人工清扫。

（5）按使用电压种类不同，派生出直流绝缘子；尚有各种特殊用途的绝缘子，如绝缘横担、半导体釉绝缘子和配电用的拉紧绝缘子、线轴绝缘子和布线绝缘子等。

（6）按绝缘件击穿可能性不同，又可分为 A 型（即不可击穿型）绝缘子和 B 型（即可击穿型）绝缘子两类。

1）A 型绝缘子即不可击穿型绝缘子，其干闪络距离不大于击穿距离的 3 倍（浇注树脂类）或 2 倍（其他材料类）。

2）B 型即可击穿型绝缘子，其击穿距离小于干闪络距离的 1/3（浇注树脂类）或 1/2（其他材料类）。绝缘子干闪络距离指经由沿绝缘件外表面空气的最短距离，击穿距离指经由绝缘件绝缘材料内的最短距离。

第二节　母线与绝缘子原理

一、母线的结构

1. 矩形截面母线

在同样截面积下，矩形母线比圆形母线的周长要大，散热面大，因而冷却条件好。此外，当交流电流通过母线时，由于集肤效应的影响，矩形截面母线的电阻也要比圆形截面小一些。因此在相同截面积和相同的允许发热温度下，矩形截面母线要比圆形截面母线允许的工作电流大。因此 35kV 及以下的配电装置多采用矩形截面母线，如图 6-1 所示。

2. 管形截面母线

在 35kV 以上的户外配电装置中为防止产生电晕，多采用管形截面母线，如图 6-2 所示。母线表面的曲率半径越小，则电场强度越大，矩形截面的四角易引起电晕现象。管形截面无电场集中现象，集肤效应小、机械强度高、散热条件好，故在 110kV 及以上户外配电装置中采用管形截面母线。

图 6-1　矩形截面母线

图 6-2　管形截面母线

3. 钢芯铝绞线母线

钢芯铝绞线母线由多股铝线绕在单股或多股钢线的外层构成，一般用于户外配电装置中，如图 6-3 所示。

二、绝缘子的结构

绝缘子一般由绝缘体、金属附件和胶合剂三部分组成，如图 6-4 所示。

图 6-3 钢芯铝绞线母线

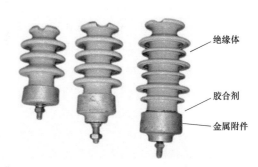

图 6-4 绝缘子实物图

（1）绝缘体主要起绝缘作用。绝缘体的材料大多为瓷，其次是钢化玻璃及有机绝缘材料。高压电瓷是目前应用最广泛的绝缘材料，以石英、长石和土作为原料烧结而成，表面上涂釉后具有良好的电气、机械性能，以及耐电弧、抗污闪、抗老化性能。

（2）金属附件起机械固定或带电体（如套管内的导体等）作用。根据需要，金属附件一般采用球墨铸铁、铸铝合金、不锈钢、铜等材料制成。

（3）胶合剂的作用是将绝缘体与金属附件胶合起来。胶合剂常用的有水泥（硅酸盐水泥、硫铝酸盐水泥等）胶合剂和铅锑合金胶合剂等。

第三节 构架、母线、绝缘子巡视要点

1. 构架巡视要点

（1）无变形、倾斜，无严重裂纹，基础无沉降、开裂，保护帽、散水注完好，无异物搭挂。由于地质的问题，构支架的基础在长时间运行中存在基础塌陷问题，而出现基础塌陷问题没有及时发现处理，有可能导致构支架异常倾斜，当构支架倾斜一定幅度时，设备受引线牵引过紧，造成引线断裂。另外变电站周边鸟类活动容易造成构支架异物搭挂或鸟类筑巢、栖息，若构支架异物未及时清理，严重时会引起母线故障，切断重要负荷。

（2）钢筋混凝土构支架外皮无脱落、无风化露筋、无贯穿性裂纹。出现该现象将影响钢构支架机械强度及功能实现，或出现构支架断裂。

2. 母线巡视要点

（1）线夹、接头无过热、无异常。母线在运行中由于接头（线夹）接触不良或负荷过大，造成接头发热。当母线接头（线夹）发热温度过高时，将接头熔断，保护动作，切断重要负荷。

（2）带电显示装置运行正常。带电显示装置作为防误操作的一个重要装置，能检测母线是否带电，防止母线带电合接地开关。带电显示装置运行不正常，如带电显示装置三相灯不亮，则防误闭锁装置检测母线无电，可能引发误操作事件。

（3）软母线无断股、散股及腐蚀现象，表面光滑整洁。母线散股而巡视未发现，易造成引线断股，设备缺相运行，保护动作。

（4）引线无断股或松股现象，连接螺栓无松动脱落，无腐蚀现象，无异物悬挂。引线散股巡视未发现，易引起散股接头发热或造成引线断股，设备缺相运行，保护动作。

3. 绝缘子巡视要点

（1）绝缘子表面无裂纹、破损和电蚀，无异物附着，无积污情况。如绝缘子表面脏污，在阴雨天吸取污水后，导电性能增大，使泄漏电流增加，引起绝缘子发热，则可能使绝缘子产生裂缝而导致击穿。绝缘老化受损会引起绝缘子闪络放电，造成保护动作。

（2）支持绝缘子伞裙、基座及法兰无裂纹，支柱绝缘子及硅胶增爬伞裙表面清洁、无裂纹及放电痕迹，支柱绝缘子无倾斜。支持绝缘子在局部风力过大或引线过紧，支柱绝缘子长期受牵引力，可能导致支柱瓷绝缘子断裂或支柱绝缘子倾斜问题。支柱绝缘子断裂会引起保护动作。

第四节　典　型　案　例

案例一：110kV××变电站110kV母线故障

（1）情况说明。2017 年 2 月 17 日 01 时 55 分，110kV××变电站 110kV I 段母线差动保护动作，切除 1 号主变压器、新冬风一线、额冬线、母联断路器，I 段母线失压。现场巡视检查发现母联 I 段母线侧隔离开关 B 相设备线夹断裂，引线触碰至 C 相导线，造成母线 B、C 相短路，母差保护动作。10 时 10 分，检修人员更换故障设备线夹，恢复运行。

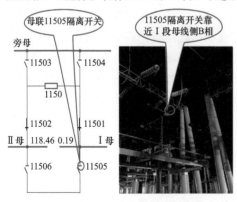

图 6-5　设备线夹断裂故障点图

（2）检查处理情况。2017 年 2 月 17 日 01 时 55 分，110kV××变电站 110kV I 段母线失压，巡视检查发现 110kV 母联 11505 隔离开关靠近 I 段母线侧 B 相设备线夹断裂（见图 6-5）。变电检修室组织人员及材料，更换故障设备线夹，10 时 20 分，故障全部处理结束，恢复送电。

（3）原因分析。故障线夹为铜铝过渡线夹，于 2001 年投入运行，在大风作用下，铜铝过渡处强度下降，发生断裂故障，引线甩至 C 相，造成 B、C 相短路（B 相设备线夹螺栓存在明显放电痕迹，见图 6-6，C 相隔离开关引线未发现明显放电痕迹），是造成母线故障的主要原因。

该型号设备线夹因铜铝材质不同，结合不紧密，加上不同厂家产品质量存在差异。在外力作用下铜铝接触面易发生开裂造成氧化，导致设备线夹机械强度下降，存在断裂隐患。

由于110kV××变电站地处老风口风区，通过当地气象预警和微气象数据得知，故障前风力8～9级，阵风10级，最大风速25.6m/s（见图6-7、图6-8）。在此恶劣天气下，更容易引发设备线夹断裂事故。

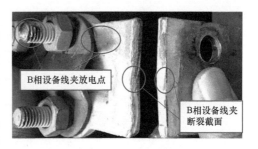

图 6-6 B相设备线夹断裂及放电点

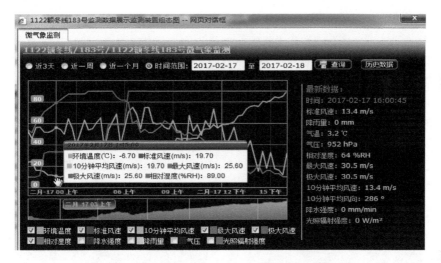

图 6-7 2月17日01：45：00当地气象条件

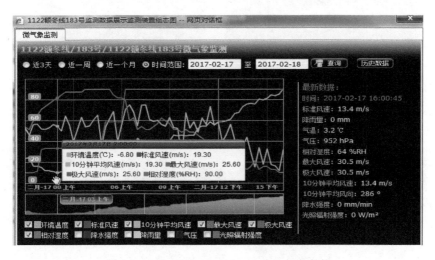

图 6-8 2月17日02：00：00当地气象条件

（4）措施及建议。

1）严把设备线夹进货采购关和设备新投运、检修、消缺质量验收关，采用全铝附铜设备线夹，坚决杜绝此类事故再次发生。

2）严格执行巡检要求，切实做到应巡必巡、巡必巡到。将风区变电站作为巡视重点，同时加强各级管理人员现场巡视履职质量，监督指导运维人员开展设备巡视工作。

3）每季度使用望远镜、设备测温仪对高空线夹、引线及螺栓进行检查。

4）对于220kV及以上变电站可建设高空鹰眼摄像头或无人巡视系统。

案例二：220kV××变电站2号主变压器35kV侧硅橡胶铜管全封闭母线红外检测放电

（1）情况说明。220kV××变电站2号主变压器2009年投入运行，2号主变压器低压侧套管到穿墙套管连接为硅橡胶铜管全封闭绝缘母线连接。2015年2月2日，检修人员对该变电站进行巡视检查，在室外2号主变压器低压侧硅橡胶铜管全封闭绝缘母线下方听到间歇性放电声，随即进行了红外测温检查，检查结果发现靠220kV2号主变压器低压侧A、B、C相硅橡胶铜管全封闭绝缘母线高于环境温度10℃。该主变压器申请停电检修，检查发现2号主变压器低压侧A、B、C相硅橡胶铜管全封闭绝缘母线的绝缘护套靠近主变压器低压侧套管部分（见图6-9）和靠近穿墙套管部分（见图6-10）有明显的放电烧焦痕迹。

 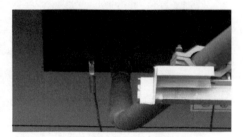

图6-9　主变压器低压侧套管　　　　　　图6-10　穿墙套管

（2）检查处理情况。检查发现2号主变压器低压侧硅橡胶铜管全封闭绝缘母线外层绝缘护套靠近主变压器低压侧套管上部烧焦、发黑，有放电爬行裂纹（见图6-11）；下部击穿，露出里层白色绝缘层（见图6-12）。

图6-11　主变压器低压侧套管上部　　　　图6-12　主变压器低压侧套管下部

现场检修人员用刀片将损坏部分划开，发现里层已经受潮，有水珠附在表面。尤其是主变压器低压侧硅橡胶铜管全封闭绝缘母线与主变压器低压侧套管连接处的硅橡胶铜管全封闭绝缘母线的绝缘护套受潮最为严重，并且烧焦的颜色最黑，烧焦面积最大（见图 6-13）。

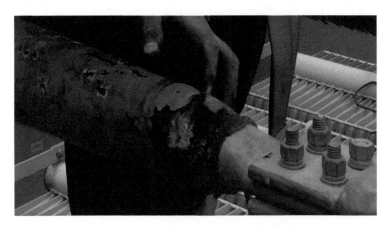

图 6-13　全封闭绝缘母线的绝缘护套

变电站所处地区季节变化明显，昼夜温差较大，空气湿度较大。该主变压器长期暴露在室外。结合放电部位和放电痕迹，判断是主变压器低压侧硅橡胶铜管全封闭绝缘母线与主变压器低压侧套管连接处的硅橡胶铜管全封闭绝缘母线的外层绝缘护套密封不严（常规绝缘护套内层为胶质，此次拆除的受损绝缘护套内层为油质），空气中的潮气通过绝缘护套内层油质和防水胶的间隙渗入外层绝缘护套和内层绝缘护套之间，降低了硅橡胶铜管全封闭绝缘母线对外绝缘能力，导致运行过程中受热，水汽渗出，起初为悬浮放电，后演变为沿面放电，从而使外层绝缘护套出现烧焦裂痕。

现场将主变压器低压侧硅橡胶铜管全封闭绝缘母线放电处外层绝缘护套割开剥离，保留内层绝缘护套，对内层绝缘护套外表面进行清理、干燥和修复处理。以外层绝缘护套未损坏部分一端为起点，朝外层绝缘护套已损坏部分方向，采用冷缩绝缘包覆带压紧缠绕内层绝缘护套的方法挤出内层绝缘护套外表面水分，强化绝缘程度；然后端部用防水胶密封，并用绝缘护套进行双层热缩密封，用冷缩绝缘包覆带对端部再次进行防水处理。

（3）措施及建议。

1）硅橡胶铜管全封闭绝缘母线的绝缘护套质量不过关，应加强审核厂家资质力度和制造过程中的技术监督。

2）此次主变压器低压侧硅橡胶铜管全封闭绝缘母线放电发现较早，没有延伸到硅橡胶铜管全封闭绝缘母线的绝缘层接地处，如果没有及时发现，放电延伸到绝缘层接地处会导致低压侧接地短路。因此应加强针对接头处的巡视检查和红外测温。

案例三：220kV××变电站 220kVⅡ母母线动作跳闸

（1）情况说明。2017 年 12 月 27 日 16 时 26 分，220kV××变电站 220kVⅡ母母线保护动作，220kV 母联、220kVⅡ母出线、2 号主变压器高压侧断路器跳闸。2017 年 12 月 27 日 18 时 53 分，220kV××变电站恢复原运行方式。

（2）检查处理情况。

1）现场二次设备检查情况。AB 相间故障的故障电流信息见表 6-1。

表 6-1　　　　　　　　　故 障 电 流 信 息

220kV××变电站 220kV 母线 A 套				220kV××变电站 220kV 母线 B 套			
差动电流		故障电流		差动电流		故障电流	
二次值	57.82A	二次值	55.97A	二次值	57.76A	二次值	53.49A
差动保护定值	2.5A	TA 变比	1200/5	差动保护定值	2.5A	TA 变比	1200/5
一次值	13876.8A	一次值	13432.8A	一次值	13862.4A	一次值	12837.6A

继电保护动作信息见表 6-2。

表 6-2　　　　　　　　　继 电 保 护 动 作 信 息

220kV××变电站 220kV 母线 A 套		220kV××变电站 220kV 母线 B 套	
PCS-915GA-D 差动保护 A 套		PCS-915GA-D 差动保护 B 套	
厂家	南瑞继保	厂家	南瑞继保
投运日期	2013.10.18	投运日期	2013.10.18
4ms	变化量差动保护跳 2 母动作	3ms	变化量差动保护跳 2 母动作
4ms	差动保护跳母联保护动作	3ms	差动保护跳母联保护动作
5ms	母联保护动作	4ms	母联保护动作
5ms	2 号主变压器动作	4ms	2 号主变压器动作
5ms	××线变压器动作	4ms	××线动作
5ms	××线动作	4ms	××线动作
5ms	××线动作	4ms	××线动作
5ms	稳态量差动保护跳 2 母动作	4ms	稳态量差动保护跳 2 母动作
装置配置功能	保护配置差动保护、失灵保护		

通过 220kV 母线保护动作信息，220kV 母线保护 A 屏差流 57.82A（保护定值 2.5A），达到保护动作值，220kV 母线保护 B 屏差流 57.76A（保护定值 2.5A），达到保护动作值，220kV 母线保护动作正确。

2）现场一次设备检查情况。现场对 220kVⅡ母所带间隔进行故障后巡视，发现 220kV 母联兼旁路 2250 断路器与 22502 隔离开关之间 A、B 相支柱绝缘子上部引线、彩钢板两头存在明显放电痕迹（彩钢板长 2.25m，宽 0.87m），如图 6-14、图 6-15 所示。

2017 年 1 月，在变电站北侧方向，安装了长 210m、高 10m 的漂浮物粘挂网。2017 年 9 月，在变电站西侧方向，安装了长 220m、高 10m 的漂浮物粘挂网。2016 年 11 月～2017 年 9 月，多次与××市地区安全监督管理局对接，保障××供电安全，对变电站周边临时建筑和废品收购站进行了拆除，距离变电站最近的两处已拆除并清理，另外一处无法强制拆除，在距离变电站 1.1km 处修建了遮拦进行阻挡。变电运维人员每周开展变电站周边巡视异物清理工作。

图 6-14　A、B 相支柱绝缘子放电点远景图

图 6-15　彩钢板放电痕迹

（3）原因分析。大风夹雪天气期间，极大风速达到 12 级，距变电站 1.1km 外彩钢板被大风刮起搭挂在 220kV 母联兼旁路 2250 断路器与 22502 隔离开关之间 A、B 相支柱绝缘子上部引线，在风力作用下，彩钢板（长 2.25m，宽 0.87m）对引线放电，导致 220kVⅡ母 A、B 相相间短路故障，故障电流达到母线差动保护动作电流，母线差动保护动作跳闸。

（4）措施及建议。

1）立即开展大风后特巡工作，将变电站内、变电站周边 500m 内的异物以及废品收购站拆除遗留物品进行清理。

2）切实落实大风天气设备运维措施，针对××地区风大的特点，对来风侧已经装设的漂浮物粘挂网进行补强完善。

3）针对大风等异常天气，完善应对特殊恶劣天气防范措施，及时发布预警，220kV 变电站恢复有人值班，加强站外异物的巡视工作，防止大风天气异物刮起的引起设备跳闸。

第五节　习　题　测　评

一、单选题

1. 绝缘子探伤试验合格，外观完好、无破损、裂纹，胶装部位应牢固，胶装后露砂高度（　　）mm 且不应小于 10mm，胶装处应均匀涂以防水密封胶。

　　A. 8～18　　　　　B. 10～18　　　　　C. 10～20　　　　　D. 15～30

2. 各绝缘子间安装时可用调节垫片校正其水平或垂直偏差，垫片不宜超过 3 片，总厚度不应超过（　　）mm。

　　A. 5　　　　　　　B. 10　　　　　　　C. 12　　　　　　　D. 20

3. 管形截面的母线通常应用于（   ）电压等级。

A. 35kV   B. 66kV   C. 110kV   D. 220kV

4. 电气主接线按有无母线分类，可分为（   ）两大类。

A. 单母线和双母线   B. 有母线和无母线

C. 单母带旁路和双母带旁路   D. 外桥和内桥

5. 下面属于有母线接线形式是（   ）。

A. 内桥形接线   B. 单元接线   C. 角形接线   D. 3/2接线

二、多选题

6. 线夹的曲率半径、悬垂线夹不小于被安装导线直径的（   ）倍；螺栓型耐张线夹不小于被安装导线直径的（   ）倍。

A. 12～15   B. 8～10   C. 8～12   D. 8～15

7. 钢管相邻两模重叠压接应不少于（   ）mm，铝管相邻两模重叠压接应不少于（   ）mm。

A. 5   B. 8   C. 10   D. 12

8. 户外配电装置根据电气设备和母线布置的高度和重叠情况可分为（   ）。

A. 低型   B. 中型   C. 半高型   D. 高型

9. 严寒季节母线特殊巡视重点检查（   ）。

A. 母线接缝处伸缩节是否良好

B. 绝缘子有无积雪冰凌桥接等现象

C. 软母线是否过紧造成绝缘子严重受力

D. 母线抱箍有无过紧、有无开裂发热

10. 有母线的主接线形式包括（   ）。

A. 桥形接线   B. 单元接线   C. 单母接线   D. 双母接线

三、判断题

11. 构架的爬梯门锁销因锈蚀而无法关闭，可拿铁丝箍住。（   ）

12. 巡视构架应观察连接部件、螺栓牢固，无锈蚀、松动、焊缝开裂、断裂现象。（   ）

13. 绝缘子外观及绝缘子辅助伞裙清洁无破损（瓷绝缘子单个破损面积不得超过 50mm^2，总破损面积不得超过 100mm^2）。（   ）

14. 站内巡视母线引线有无断股或松股现象，连接螺栓有无松动脱落，有无腐蚀现象，有无异物悬挂等。（   ）

15. 观察母线的引流线有无绷紧或松弛现象，应预留裕度充足。（   ）

四、简答题

16. 母线巡视要点有哪些？

17. 绝缘子的作用是什么？

第七章

组 合 电 器

第一节 组 合 电 器 概 述

一、组合电器基本情况

高压组合电器为将两种或两种以上的高压电器按电力系统主接线要求组成一个有机的整体，而各电器仍保持原规定功能的装置。

通常所说的高压组合电器，一般是指气体绝缘金属封闭开关设备，简称 GIS，它将各种控制和保护电器，包括断路器、隔离开关、接地开关、电压互感器、电流互感器、避雷器、连接母线等全部封装在接地的金属壳体内，壳内充以一定压力的 SF_6 气体作为绝缘和灭弧介质，并按一定接线方式组合构成的开关设备（见图 7-1、图 7-2），主要包括：

（1）成套开关设备，可组成进出线间隔、母联间隔、TV/避雷器保护间隔等的高压组合电器。

（2）各密封元件用筒体连接部件如筒体法兰、盆式绝缘子、膨胀伸缩节等相互连接，导体用电连接和滑动触头连接。

HGIS 就是没有三相母线的 GIS。

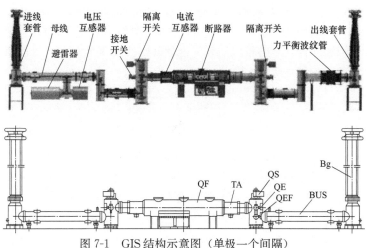

图 7-1　GIS 结构示意图（单极一个间隔）

QF—断路器；TA—电流互感器；QS—隔离开关；QE—接地开关；

QEF—快速接地开关；Bg—出线套管

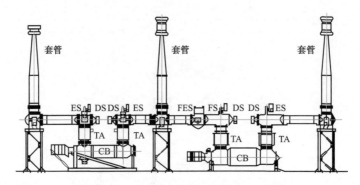

图 7-2   HGIS 结构示意图（单极一个间隔）

CB—断路器；TA—电流互感器；DS—隔离开关；ES—接地开关；FES—快速接地开关

GIS 设备根据各个元件的不同作用分成若干个气室，其原则为：①因 SF$_6$ 气体压力的不同分为若干个气室；②因绝缘介质不同分为若干个气室；③因设备检修的需要分为若干个气室。

二、组合电器分类

组合电器以安装地点、结构形式等进行分类如下：

（1）按安装地点分为户外式和户内式两种。

（2）按结构可分为以下几种形式：

1）单相封闭型（分箱式）。GIS 的主回路分相装在独立的金属圆筒形外壳内，由环氧树脂浇注的绝缘子支撑，内充 SF$_6$ 气体。分箱式 GIS 制造相对简单，不会发生相间故障。目前 550kV 及以上电压等级的 GIS 均为分箱式结构。

2）三相封闭型（三相共筒式或共箱式）。GIS 每个元件的三相集中安装于一个金属圆筒形外壳内，用环氧树脂浇注件支撑和隔离，外壳数量少、三相整体外形尺寸小、密封环节少。但相间相互影响较大，有发生相间绝缘故障的可能，目前只在 72.5kV/126kV GIS 实现了三相共筒式结构。

3）主母线三相共箱，其余元件分箱。仅三相主母线共用一个外壳，利用绝缘子将三相母线支撑在金属圆筒外壳内，其他元件均为分箱式结构，可缩小 GIS 占地面积，结构相对简单。目前，252kV GIS 大多采用主母线共箱，其他元件分箱式结构。

4）功能和结构复合形式。这类 GIS 多体现在隔离开关和接地开关元件上，如在 252kV 及以下电压等级 GIS，设计有三工位隔离/接地组合开关，可实现隔离开关合位置、隔离开关/接地开关分位置、接地开关合位置的转换和闭锁。在 550kV 及以上电压等级 GIS 中，隔离开关与接地开关采用共体结构设计，即将隔离开关和接地开关元件安装在一个金属圆筒外壳内，隔离开关和接地开关共用一个静触头，分别由各自的电动机操动机构驱动分合闸操作。

5）复合绝缘形式，即复合式高压组合电器（HGIS）。HGIS 是按间隔主接线方式，将所组成的元件集成为一体，组成单相的 SF₆ 气体绝缘金属封闭式高压组合电器，采用进出线套管分别与架空母线或线路相连接，相间为空气绝缘。

第二节 组 合 电 器 原 理

一、组合电器主要部件原理及结构

（1）气体绝缘金属封闭开关设备（GIS）。GIS 将变电站除变压器外所有的一次电气元件，包括断路器、隔离开关、接地开关、电流互感器、电压互感器、避雷器、母线、进出线套管或电缆终端，全部封装在接地且密封的金属壳体内，壳内充以一定压力的 SF₆ 气体作为对地及相间的绝缘，集成为一体的金属封闭式高压组合电器。根据变电站一次主接线图，可将 GIS 的各种功能元件组成各种功能间隔，如变压器间隔、进出线间隔、母联间隔、TV/避雷器保护间隔等，如图 7-3 所示；并按主接线布置形式，组成变电站的各种接线形式，如桥式接线、单母线接线、双母线接线、3/2 接线以及变压器—断路器单元接线等。

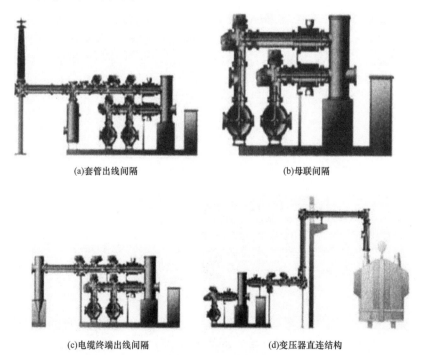

(a)套管出线间隔　　　　　　　　　(b)母联间隔

(c)电缆终端出线间隔　　　　　　　(d)变压器直连结构

图 7-3　GIS 的各种功能间隔图

（2）复合式高压组合电器（HGIS）。HGIS 是一种介于 GIS 和敞开式开关设备之间的高压开关设备。其主要特点是将 GIS 形式的断路器、隔离开关、接地开关、电流互感器等主要元件分相组合在金属壳体内，由单极出线套管通过软导线与敞开式主母线以及敞

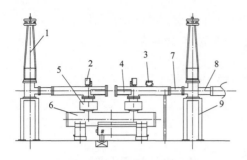

图 7-4　550kV HGIS一个断路器
单元单极结构图

1—套管；2—接地开关；3—快速接地开关；
4—隔离开关；5—电流互感器；6—断路器；
7—波纹管；8—连接母线；9—支撑构架

开式电压互感器 TV、避雷器连接，而相间保持敞开式空气绝缘的布置，形成复合绝缘型的配电装置。HGIS 继承了 GIS 的优点，同时又兼具敞开式开关设备适应多回架空出线，便于扩建和元件检修的优势；加之将价格昂贵的 GIS 母线改为敞开式母线，其价格适中、投资少；另外，由于其将容易产生故障的操作元件采用 GIS 设备，解决了敞开式设备经常出现的绝缘子断裂、操作失灵、导电回路过热、锈蚀等问题。HGIS 即是没有三相母线的 GIS。图 7-4 为 550kV HGIS一个断路器单元单极结构图。

HGIS 是适用于发电厂、电力网的变电站、开关站使用的开关设备。主接线方式上，HGIS 适用于 3/2 接线、双母线双断路器接线、双母线接线及单母线接线。

1）在 3/2 接线中，HGIS 以 3 台断路器间隔，单极 4 个套管出线形式组成一串。图 7-5 为 550kV HGIS 按一台半断路器接线组成一串的示意图。

2）在双母线双断路器接线中，HGIS 以两台断路器间隔，单极 3 个套管出线组成一串。

3）在双母线/单母线接线中，HGIS 以 1 台断路器，母线侧两个或 1 个出线套管，线路侧 1 个出线套管组成一个间隔。

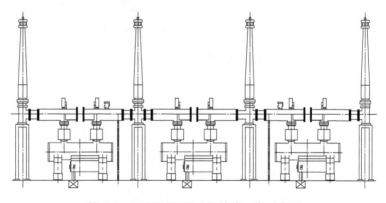

图 7-5　550kV HGIS 3/2 接线一串示意图

1. 断路器

GIS 用断路器的基本结构有三相共箱式和三相分箱式，按断路器的布置方式有立式布置和卧式布置。由静触头装配、动触头装配、灭弧喷管、压气装置、绝缘拉杆装配和绝缘支座组成的灭弧室总成封装在金属壳体内，组成 GIS 断路器本体，操动机构通过传动机构与断路器灭弧室的绝缘拉杆装配相连，带动断路器进行分、合闸操作。

（1）126kV GIS 断路器为三相共箱式结构。由一台弹簧操动机构进行三相机械联动操作，操动机构拐臂盒中的连接机构与三相灭弧室的绝缘操作杆相连，通过与绝缘操作杆相连的拉杆带动动触头装配进行分、合闸操作。断路器结构如图7-6所示。灭弧室采用自能灭弧设计，在开断短路电流时，与一般压气式灭弧室相比，它更有效地利用了电弧堵塞效应，具有合理的压力比和速度特性，减小了压气缸的直径，减轻了灭弧室运动件的质量，从而使机构的操作功显著下降。灭弧室采用了热膨胀室并带有辅助压气室，灭弧过程以自能吹弧为主，压气灭弧为辅，使电弧在轴向受到高速 SF$_6$ 气体强烈的吹拂冷却，确保断路器有很强的开断能力。

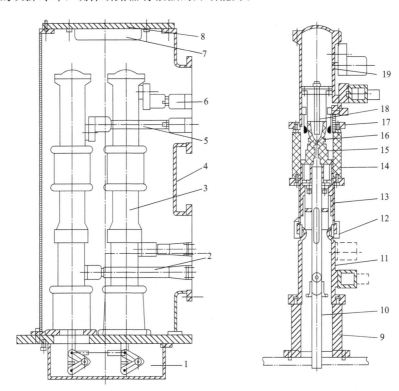

图 7-6　126kV GIS 断路器（三相共箱）结构图

1—拐臂盒；2—导电杆；3—灭弧室；4—筒体；5—导体；6—电连接；7—吸附剂框；
8—盖板；9—绝缘筒；10—绝缘拉杆；11—动触头座；12—屏蔽；13—活塞筒；
14—绝缘支座；15—动弧触头；16—喷口；17—静触指；18—静弧触头；19—静触头座

（2）252kV GIS 断路器，为三相分箱式结构。断路器为单断口，三相分装立式布置，操动机构置于本体的下部，三极断路器总装的外形如图7-7所示。每极完全相同，断路器的出线布置方式有两种：①两侧出线 Z 形布置，②同侧出线 U 形布置，其由各工程总体布置确定。图7-7中为两侧出线方式，每极由金属壳体、底架、绝缘构件（包括盆式绝缘子、绝缘支座和绝缘拉杆）、密封连接座、密度继电器、灭弧室和液压操动系统构成。每极断路器的灭弧室结构如图7-8所示，灭弧室是断路器的核心单元，可实

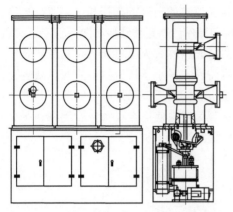

图 7-7　ZF-252 断路器三极总装外形图

现回路的导通与分断。断路器分闸时，主触头先分离，弧触头后分离，电弧在动、静弧触头间产生，并在喷管内燃烧。压气缸内的 SF_6 气体被压缩后压力升高，经喷管与动触头之间的环形截面吹入燃弧区域，然后向上、下两个方向吹拂电弧，在双向气吹的作用下，电弧被熄灭。

（3）550kV 及以上 GIS 断路器，为三相分箱式结构。断路器为单断口，卧式布置，配用液压操动机构，操动机构放置在金属罐体一端。断路器操作方式为分相操作，可进行单极分、合闸操作和自动重合闸操作，也可通过电气三相联动操作。断路器单极外形如图 7-9 所示。断路器本体由金属壳体、灭弧室、绝缘构件和传动机构组成。灭弧室的主要部件有静触头装配、动触头装配、压气装置、合闸电阻、电容器装配、绝缘拉杆、传动箱和绝缘支座。断路器的灭弧室结构如图 7-10 所示。

2. 隔离开关

与 GIS 的整体结构一致，隔离开关也可分为三相共箱式和三相分箱式结构。随着 GIS 设计思想和制造技术的进步，为了缩小元件产品的体积以及实现两种元件的组合功能，252kV 以下电压等级的 GIS，创造了三工位的隔离/接地组合开关；而在 550kV 以上电压等级的 GIS，通常采用隔离开关与接地开关共体结构。

（1）三相共箱式隔离开关结构。目前，126kV GIS 普遍采用三相共箱式结构，所以三相共箱式隔离开关基本用于 126kV GIS。当隔离开关与其电气连接的元件呈垂直布置时，采用角形隔离开关；当隔离开关与其电气连接的元件呈水平布置时，采用线形隔离开关。共箱式结构将三相的隔离开关元件封装在一个金属壳体内，配一台电动机操动机构或电动弹簧机构（用于快速隔离开关）实现三相联动操作，其三相同期性靠自身结构保证。配电动机操动机构的隔离开关，其分合闸操作由电动机的正反转动完成；快速隔离开关配电动弹簧机构，由电动机带动蜗轮对弹簧储能，其分合闸动作靠弹簧能量的释放来完成。ZF-126 三相共箱隔离开关结构如图 7-11 所示。

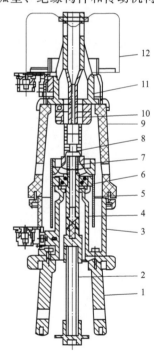

图 7-8　ZF-252 断路器
灭弧室结构图
1—绝缘座；2—绝缘拉杆；3—支架；
4—缸体；5—压气缸；6—动触头；
7—动弧触头；8—喷口；
9—绝缘座；10—静弧触头；
11—静触座；12—挡气罩

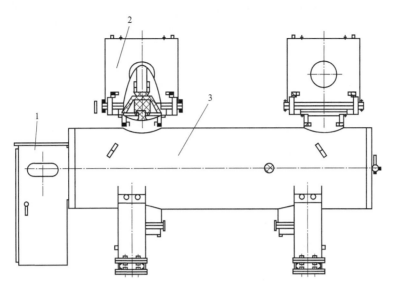

图 7-9　ZF-550 断路器单极外形图

1—液压操动机构；2—电流互感器；3—断路器

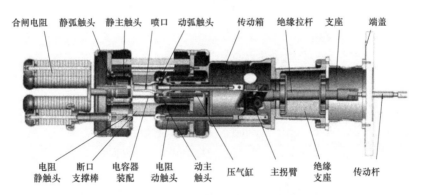

图 7-10　ZF-550 断路器灭弧室结构图

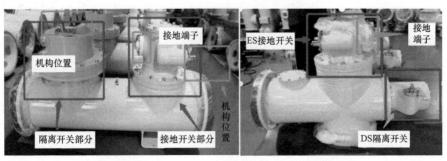

(a)线形隔离开关　　　(b)角形隔离开关

图 7-11　ZF-126 三相共箱隔离开关实物图

　　（2）三相分箱式隔离开关结构。252kV 及以上电压等级的 GIS 隔离开关，基本采用分箱式结构。当隔离开关与其电气连接的元件呈垂直布置时，采用角形隔离开关，如图 7-12 所示；当隔离开关与其电气连接的元件呈水平布置时，采用线形隔离开关如图 7-13 所示。分箱式隔离开关每相隔离开关本体的结构相同，极间靠连接轴实现三相联动，电动机操动机构装在边相，操动机构除能电动操作外，还能手动操作，电动与手动互相连锁。操动机构接到操作命令后，带动主轴及套在主轴上的拐臂板旋转，拐臂板推动导向套、绝缘拉杆及动触头沿隔离开关的中心线做直线运动，实现分、合操作。合闸完毕，动触头插入静触头内；分闸完毕，动触头缩进中间触头内，保证隔离开关断口间有充足的绝缘距离。

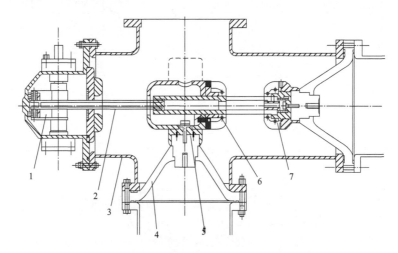

图 7-12　角形隔离开关单极结构图

1—隔离开关传动装配；2—绝缘拉杆；3—筒体；4—盆式绝缘子；5—中间触头；6—动触头；7—静触头

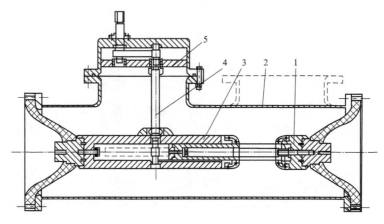

图 7-13　线形隔离开关单极结构图

1—静触头；2—筒体；3—动触头装配；4—绝缘拉杆；5—齿轮箱装配

（3）三工位隔离/接地组合开关。将隔离开关、接地开关组合在一个金属壳体内，共用一个动触头，配置一台电动机操动机构，具有"0"位置（隔离/接地触头分开）、隔离触头合位置（接地触头分开状态）、接地触头合位置（隔离触头分开状态）三个工作位置。三工位隔离/接地组合开关整合了隔离开关和接地开关两者的功能，并由一把"刀"来完成，实现了机械闭锁，防止主回路带电合接地开关，因为一把"刀"只能在一个位置，而不像传统的隔离开关，主刀是主刀，接地开关是接地开关，两把"刀"之间就可能出误操作。而三工位隔离开关用的是一把"刀"，工作位置在某一时刻是唯一的，不是在主闸合闸位置，就是在隔离位置或接地位置，如图7-14所示。

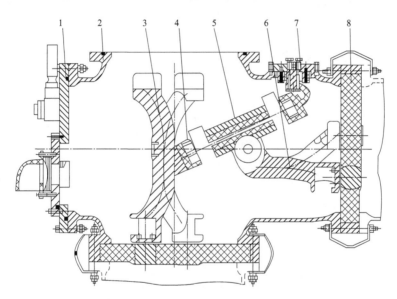

图 7-14　三工位隔离/接地组合开关结构示意图

1—端盖板；2—壳体；3—主导体；4—隔离开关静触头；5—隔离开关动触头；
6—母线；7—接地开关静触头；8—盘式绝缘子

（4）隔离开关与接地开关共体结构。将隔离开关和接地开关元件封装在一个金属壳体内，分别由各自的操动机构进行操作，形成隔离开关与接地开关共体结构。550kV及以上电压等级的GIS，由于额定电压高（绝缘水平高）、额定电流和开断电流大（通电导体大）而体积较大，大多采用隔离开关与接地开关共体结构。共体结构的隔离开关和接地开关动作原理与单体相同，在共体结构中，隔离开关与接地开关共用一个静触头，也使整体体积有所减小。ZF-550隔离开关与接地开关共体结构如图7-15所示。

3. 接地开关

GIS的接地开关可分为两种类型：①普通接地开关（慢动开关），配电动机操动机构，用作正常情况下的工作接地；②快速接地开关（快动开关），配电动弹簧操动机构，除具有工作接地的功能外，还具有切合静电、电磁感应电流及关合峰值电流的能力。接地开关又分为角形接地开关和线形接地开关，角形接地开关主要用于主回路的直角拐弯接地处；线形接地开关主要用于主回路的直线接地处。

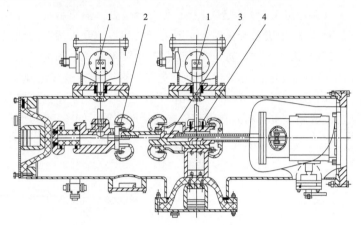

图 7-15　ZF-550 隔离开关与双接地开关共体结构图

1—接地动触头；2—隔离静触头；3—隔离动触头；4—接地静触头

GIS 接地开关的结构与隔离开关相似，可设计/制造成三相共箱式接地开关（用于126kV 三相共箱 GIS），也可设计/制造成三相分箱式，以及隔离开关与接地开关共体式或三工位隔离/接地组合开关。

（1）三相共箱式。接地开关的三相元件封装在一个金属壳体内，由一台电动机构（或电动弹簧机构）进行联动操作。接地开关合闸时，电动机正向旋转，通过齿轮或蜗轮变速机构驱动动导电杆向静触头方向直线运动，至合闸位置。分闸时，电动机反向运动，带动动导电杆脱开静触头，至分闸位置。三相共箱接地开关结构如图 7-16所示。

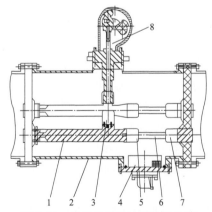

图 7-16　三相共箱接地开关结构图

1—触头座；2—筒体；3、5、7—静触头座；
4—爆破片；6—导体；8—接地开关及静触头

（2）分箱式接地开关。接地开关的三相元件分别封装在独立的金属壳体内，由一台电动机构（或电动弹簧机构）进行联动操作，或由三台电动机构（或电动弹簧机构）进行分相操作及三相电气联动操作。其动作原理与共箱式相同。分箱式接地开关结构如图 7-17 所示。

4. 电流互感器

电流互感器的结构如图 7-18 所示。它的一次侧绕组由一匝或几匝截面积较粗的导线构成，串联于待测电流的支路中；二次侧绕组匝数较多，与阻抗很小的测量仪表、继电器及各种自动装置的电流线圈连接（即二次绕组的负荷）。因此电流互感器的实际运行状态可近似看作变压器的短路运行。

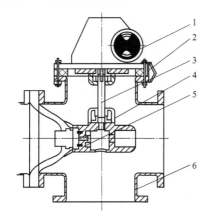

图 7-17　分箱式接地开关结构图
1—接地开关传动；2—绝缘盘；3—动触头；
4—静触头；5—盆式绝缘子；6—筒体

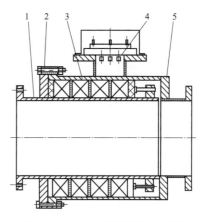

图 7-18　电流互感器结构示意图
1—屏蔽筒；2—连接法兰；3—绝缘衬套；
4—二次接线盘；5—筒体焊接

5. 电压互感器

SF_6 电压互感器为封闭式，金属外壳为钢板焊接件或铝合金焊接件，内充 SF_6 气体作主绝缘，内装铁芯由条形硅钢片叠装成口字形，一次绕组和二次绕组及剩余绕组均成圆筒，线圈装在同一心柱上，铁芯用四根螺栓固定在外壳底座上。外壳上装有二次出线盒，用于连接测量仪表，进行测量和控制，并设置有吸附剂用于吸附内部 SF_6 水分，还装有充放气接头等。GIS 电压互感器装配完成的外形如图 7-19 所示。

6. 避雷器

GIS 配置的避雷器为罐式无间隙金属氧化物避雷器，金属氧化物非线性电阻片（通过串并联）封闭在金属罐体内，并充以 SF_6 气体作绝缘介质所组成的避雷器，如图 7-20 所示。

7. 母线

母线是 GIS 与变压器、出线装置以及间隔之间、元件之间电气连接的主要设备。将变电站中的母线及 GIS 设备与出线装置（如进出线套管）连接的导体设计成"气体绝缘金属封闭输电线路"

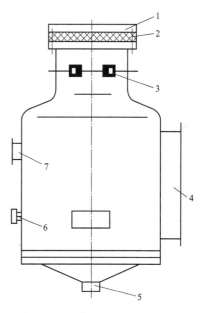

图 7-19　GIS 电压互感器装配
完成的外形图
1—连接法兰；2—盆式绝缘子；
3—接地端子；4—二次接线盒；
5—压力释放器；6—充气阀门；7—吸附剂

形式，即为 GIS 的母线。所以，母线是 GIS 的基本元件之一，通过导电连接件和 GIS 其他元件连通，满足不同的主接线方式，来汇集、分配和传送电能。

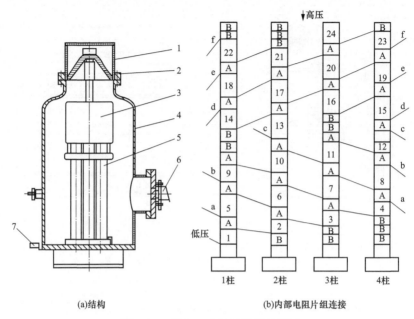

(a)结构   (b)内部电阻片组连接

图 7-20   ZF-252 GIS 避雷器外形图

1—保护罩；2—盆式绝缘子；3—均压罩；4—筒体；5—ZnO 电阻片；6—爆破片；7—避雷器用检测器

（1）三相共箱式母线。252kV 及以下的 GIS 主母线大多采用三相共箱式，即将三相导体封装在一个金属壳体内，壳体内充以额定压力的 SF$_6$ 气体，作为三相导体之间和三相导体对地的绝缘，三相导体各用固定在筒体上的支柱绝缘子支撑。图 7-21 为 ZF-252 的中间母线结构图。三相共箱式母线按使用位置可分为端头母线、中间母线和过渡母线，母线连接导体的出口，出口处装设带有电连接的盆式绝缘子，用以与其他电气元件（如隔离开关）的机械连接和电气连接。

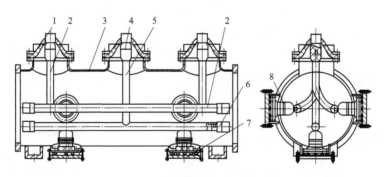

图 7-21   ZF-252 共箱式中间母线结构图

1—盆式绝缘子；2、5—导电杆；3—筒体；4—触头座；6—小电连接；7—盖板；8—支柱绝缘子

图 7-22 为 ZF-252 的过渡母线结构图。过渡母线用作与中间母线或母线之间的连接，其筒体直径尺寸以及内部结构与中间母线相似，只是没有三相导体的引出部分。

(2) 分箱式母线（单相母线）。500kV及以上电压等级的 GIS 采用分箱式单相母线形式，导电杆用带有电连接的盆式绝缘子或支柱绝缘子支撑。封装在金属筒体内的中心

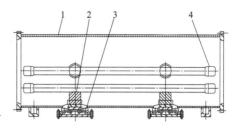

图 7-22 ZF-252 共箱式过渡母线结构图
1—筒体；2—支柱绝缘子；
3—盖板；4—小电连接

处，筒体内充以额定压力的 SF_6 气体。母线一端为带电连接的盆式绝缘子，另一端与所连接母线带电连接的盆式绝缘子或支柱绝缘子连接，出厂运输及存放时该端用包装盖板密封保护。

8. 母线波纹管

在母线较长时，为了防止由于热胀冷缩和安装误差或基础形变造成设备破坏，常在母线之间配置波纹管，此外，在 GIS 与外界振动源直接相连时，为了吸收振动，也常配置波纹管，如图 7-23 所示。

母线波纹管有两种形式：①安装波纹管，如图 7-24 所示，用在母线与电气元件连接处，用以调节安装误差，实现可拆卸结构，减小检修解体范围，还可吸收 ±10mm 的热胀冷缩量；②平衡波纹管，如图 7-25 所示，采用滑动支撑和固定支撑两种支撑形式，在平衡波纹管两端用滑动支撑，每隔一定距离设置一组固定支撑，将温升引起的长度变化量控制在一定距离的单元内，并利用波纹管吸收。

图 7-23 波纹管示意图

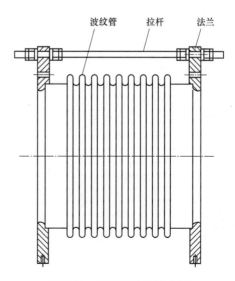

波纹管　拉杆　法兰

图 7-24 安装波纹管结构图

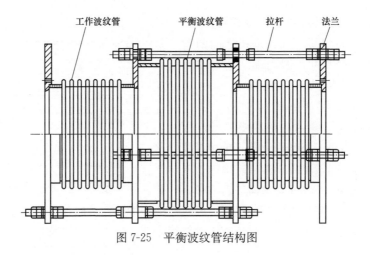

图 7-25　平衡波纹管结构图

图 7-26 为平衡波纹管的工作原理，当 $F_1=F_3$、$F_2=F_4$ 时，管道内的气体压力载荷自身平衡，不对支撑和基础造成影响。

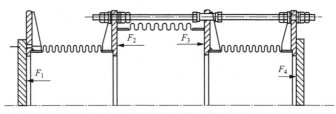

图 7-26　平衡波纹管工作原理图

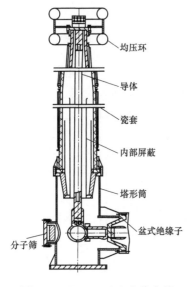

图 7-27　ZF-550 GIS 出线套管
（瓷套管）

9. 出线装置

根据变电站主接线、布置图以及变电站设计要求，GIS 的间隔出线可采用套管出线、电缆终端出线、GIS 与变压器直连出线 3 种方式。HGIS 基本采用套管出线。

（1）套管出线。套管是"套管绝缘子"的简称，它的主要功能是作为高压封闭式组合电器的引出，用于 GIS/HGIS 与变压器、高压母线及线路的连接。

套管由瓷套（或硅橡胶复合空心绝缘子）、导体、内部屏蔽、支撑筒、盆式绝缘子、均压环等零部件装配组成，由于装在瓷套内的长导体沿面电场不同，为均匀导体的沿面场强，通过设计及计算，设置了屏蔽结构。上部的均压环起均匀出线处电场强度的作用。图 7-27、图 7-28 分别为 ZF-550 和

ZF-252 的出线套管（瓷套）结构图。

（2）电缆终端出线。电缆终端也可称为电缆连接装置，大多用于 252kV 及以下电压等级的 GIS 户内变电站，作为 GIS 的引出线装置，如与安装于户内不同楼层的变压器或电缆出线连接。电缆终端与 GIS 主回路末端连接结构示意图如图 7-29、图 7-30 所示。

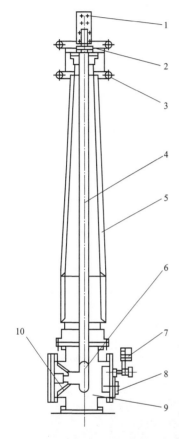

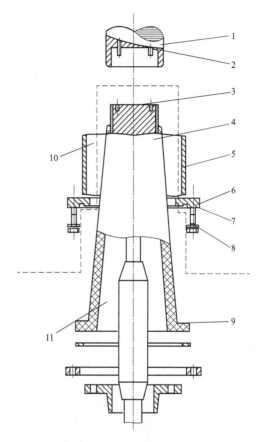

图 7-28　ZF-252 GIS 出线套管（瓷套管）

1—接线板；2—卡板；3—屏蔽环；

4—导电杆；5—瓷套管；6—L 形电连接；

7—带充放气接头密度继电器；

8—爆破片；9—四通筒体；

10—盆式绝缘子

图 7-29　电缆终端与 GIS

主回路末端连接结构示意图

1—GIS 主回路末端；2—连接界面；

3—连接界面；4—绝缘锥；5—电缆连接外壳；

6—法兰或中间板；7—密封垫；8—紧固件；

9—绝缘锥的法兰或接头；10—气体；11—绝缘流体

（3）GIS 与变压器直连出线。GIS 与变压器采用充 SF_6 气体管道母线与变压器出线的油—气套管直接连接时，应采用 GIS 与变压器直连装置。GIS 制造厂应设计和提供主回路末端、与变压器连接的外壳和所需的附件，并在安装时与变压器套管组装对接，如图 7-31、图 7-32 所示。

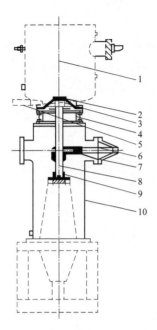

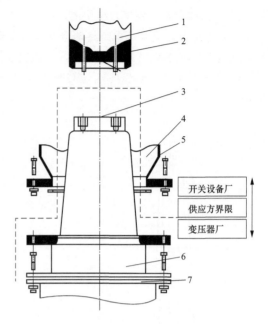

图 7-30　ZF-252 电缆连接装置外形图

1—电压互感器/避雷器；2—盆式绝缘子；

3—电连接；4—连接筒体；5—在线监测仪；

6—导体棒装配；7—电连接装配；8—导电棒

连接座；9—连接座；10—筒体

图 7-31　GIS 与电力变压器的直接连接

1—GIS 主回路末端；2—连接界面；

3—连接界面；4—SF$_6$ 气体；

5—与变压器连接的外壳；

6—变压器套管；7—变压器箱体

10. 压力表或密度计

为了监视 GIS 设备各气室 SF$_6$ 气体是否泄漏，根据各厂家设计不同，分别装有压力表或密度计（见图 7-33），密度计装有温度补偿装置，一般不受环境的影响。

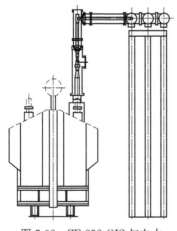

图 7-32　ZF-252 GIS 与电力

变压器直连示意图

图 7-33　压力表示意图

11. 罐体保温加热带

GIS 产品在高寒地区运行为防止气体液化，均需要使用罐体加热带对罐体内部气体进行加热。SF$_6$ 气体在－25℃以上，气体压力在额定压力时，断路器可正常工作，当温度继续下降时，气体会液化，造成断路器闭锁。

12. 其他绝缘部件

GIS 设备内部起到绝缘作用的除 SF$_6$ 气体外，主要是固体的绝缘件。固体绝缘件起到支撑导电主回路、承受操作和电动力等作用。

（1）绝缘子。绝缘子是 GIS 最基本和用得最多的绝缘件，分三相共箱盘式绝缘子和分箱盆式绝缘子两大类。

1）共箱式 GIS 用盘式绝缘子。目前 66～110kV 变电站（例如 ZF12 型）用的 GIS 绝大部分采用三相共箱 GIS，即三相导体放置在一个接地的金属筒体内，靠固体绝缘子起到支撑导电主回路、承受操作力和电动力等。这种三相共箱绝缘子做成盘子样式，犹如一个大盘，故称它为"盘式绝缘子"，如图 7-34 所示。

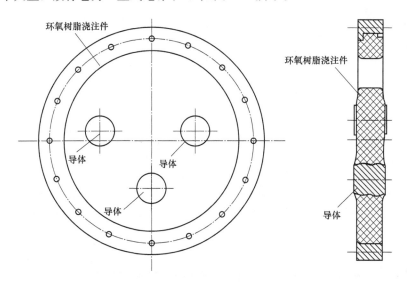

图 7-34　三箱共箱盘式绝缘子示意图

三相共箱绝缘子中间有三根导体，成品字形分布，由环氧树脂浇注而成，盘子周围有若干个方便与其他筒体连接的光孔或螺孔。

注意事项为：环氧树脂是脆性材料，故避免触碰或受到额外力的作用；避免杂物、水分、油污和灰尘落到绝缘子的盘面上，避免人手接触绝缘子的盘面；小心保护导体上的镀银面以及密封槽，免受磕碰划伤。

2）分箱 GIS 用盆式绝缘子。220kV 及以上变电站用的 GIS 大部分采用分箱式 GIS，即三相导体分别放置在三个接地的金属筒体内，即一相导体放一个圆筒内，靠固体绝缘子起到支撑导电主回路、承受操作力和电动力等功能。这种分相绝缘子一般做成盆子样式，形状如一个洗脸盆，故称它为"盆式绝缘子"，如图 7-35 所示。

盆式绝缘子使用、装配、保管的注意事项与盘式绝缘子相同。

3）断路器用支撑绝缘子。如图 7-36 所示是断路器用支撑绝缘子。它是由环氧树脂浇注成圆柱筒的形状，当中圆柱形空间将来装有运动的零部件，支撑绝缘子上下有若干个嵌件，以便相关的部件固定在它上面。有的支撑绝缘子侧面会设有几个通气用的孔，有利于支撑绝缘子内外的 SF_6 气体交换。

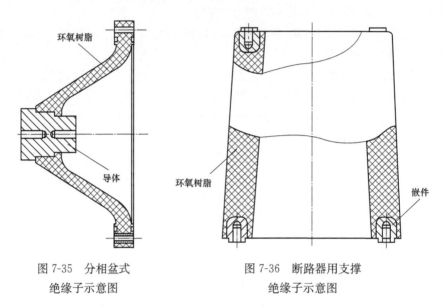

图 7-35　分相盆式
绝缘子示意图

图 7-36　断路器用支撑
绝缘子示意图

断路器用支撑绝缘子用在两个地方：①支撑动触头座，其当中空间装有断路器绝缘拉杆，承受极对地的电压；②断路器的断口之间的空间，上面装有断路器静触头，下面与动触头座相连，断路器动触头在其中间上下运动，支撑绝缘子要承受断路器断口间的电压。

（2）绝缘拉杆。

1）断路器绝缘拉杆。断路器绝缘拉杆是用来传递断路器操动机构到其动触头的操作力，它必须能承受规定的"分—合—分"操作循环、极对地的正常运行电压，还能承受故障情况下极对地的过电压。

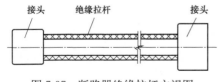

图 7-37　断路器绝缘拉杆主视图

断路器绝缘拉杆主视图如图 7-37 所示。

注意事项：避免杂物、灰尘、水分和油污落到绝缘拉杆表面上；避免人手接触绝缘拉杆的表面，避免磕碰绝缘拉杆；绝缘拉杆不要受到额外的弯矩或力的作用。

2）角形隔离开关的绝缘拉杆。一头与隔离开关动触头固定在一起，另一头与接头固定在一起，它把操动机构输出的动能变为隔离开关动触头的分闸或合闸运动。

设备运行时，角形隔离开关的绝缘拉杆承受着极对地的正常电压，还将耐受异常情况下极对地的瞬时过电压。如图 7-38 所示为角形隔离开关的绝缘拉杆示意图。

3）线形隔离开关扭杆。线形隔离开关扭杆是用来传递隔离开关操动机构到内部各相动触头操作齿轮的扭转力矩，同时它能承受相间或对地正常运行电压，还能承受相间或对地异常情况下的过电压。

线形隔离开关扭杆主视图如图 7-39 所示。

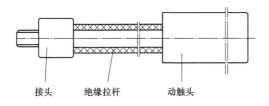

图 7-38　角形隔离开关的绝缘拉杆示意图

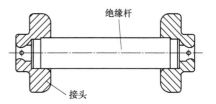

图 7-39　线性隔离开关扭杆主视图

（3）母线柱式绝缘子。如果母线的导体比较长、不存在分隔气室的工况，则母线导体可采用柱式绝缘子支撑和固定。

采用母线柱式绝缘子较采用盆式绝缘子的好处是不用电连接，导体可直接固定在电极上，结构简单、装配容易，同时本身的成本也低得多。它只承受极对地的电压，不承受相间电压（相间电压是极对地电压的 1.73 倍），故安全性强。母线柱式绝缘子示意图如图 7-40 所示。

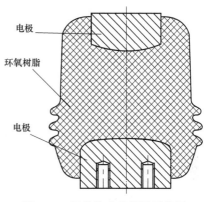

图 7-40　母线柱式绝缘子示意图

第三节　组合电器巡视要点

（1）波纹管（伸缩节）外观完好，无破损、变形、锈蚀，裕度足够。波纹管用来吸收 GIS 母线热胀冷缩、基础伸缩缝的位移、设备间的安装调整以及地震和操作引起的位移量。如果波纹管（伸缩节）出现上述情况，在受力的情况下可能导致密封不严，影响 GIS 设备的正常运行。

（2）套管表面清洁，无开裂、放电痕迹及其他异常现象；金属法兰与瓷件胶装部位黏合应牢固，防水胶应完好。套管引出线之间及引出线与设备外壳之间绝缘，同时起固定引出线的作用。如果套管出现上述情况将会影响套管的正常运行，异常情况严重时可能导致套管闪络设备跳闸。

（3）均压环外观完好，无锈蚀、变形、破损、倾斜脱落等现象。均压环主要目的是改善绝缘子串中绝缘子的电压分布，可将高压均匀分布在物体周围，保证在环形各部位之间没有电位差，从而达到均压的效果。如果均压环变形、破损，将导致电压分布不均，环形各部位之间存在电位差，出现放电、电晕情况。

（4）引线无散股、断股；引线连接部位接触良好，无裂纹、发热变色、变形。引线是日常巡视中容易疏忽的地方，引线接头有断股、散股情况，则能承受的引线拉力降低且可能存在放电现象。如日常巡视中没有发现及时进行处理，会引起引线断股、散股情况进一步恶化，最后导致断线设备跳闸。

（5）对室内组合电器，进门前检查氧量仪和气体泄漏报警仪无异常。室内组合电器采用 SF_6 气体作为绝缘介质。当室内组合电器密封不良，会使室内 SF_6 气体含量增高，含氧量降低。而氧量仪和气体泄漏报警仪能检测室内含氧量是否充足。如果氧量仪和气体泄漏报警仪出现异常，不能正确报警提示，人员进入室内巡视会危害人的身体健康。

（6）运行中组合电器无异常放电、振动声，内部及管路无异常声响。组合电器内部发出异常声响原因有：GIS 内部不清洁、运输中的意外碰撞和绝缘件质量低劣等；本体或套管外表面有局部放电或电晕；组合电器外壳及接地紧固螺栓松动。如果巡视未发现组合电器内部异常声响，内部放电故障没有及时排除，可能发生内部绝缘故障、击穿造成保护动作跳闸。

（7）SF_6 气体压力表或密度继电器外观完好，编号标识清晰完整，二次电缆无脱落、无破损或渗漏油，防雨罩完好。组合电器 SF_6 密度继电器（压力表）可监视 GIS 设备各气室 SF_6 气体是否泄漏。SF_6 密度继电器（压力表）出现指示异常原因有：①气体管路阀门未正确开启；②气室 SF_6 气体出现泄漏。如该巡视要点未发现，会导致 SF_6 气体压力下降较大，GIS 被迫停运，扩大设备停电范围。更严重的是巡视没有及时发现压力异常，气室绝缘能力下降，将造成绝缘击穿事故，严重损坏设备。

（8）压力释放装置（防爆膜）外观完好，无锈蚀变形，防护罩无异常，其释放出口无积水（冰）、无障碍物。压力释放装置（防爆膜）用来保护设备不受过量的正压和负压的影响，如压力释放装置不能正常动作，过量的正压或负压会影响设备正常运行。

（9）开关设备机构油位计和压力表指示正常，无明显漏气漏油。开关设备机构油位计和压力降低，存在漏气、漏油现象，油位或压力持续降低至闭锁值，会造成开关设备分合闸闭锁，出现故障时，开关设备无法分闸切断故障，从而扩大事故范围。

（10）加热带温度控制器是否良好，是否在规定温度投入。如果温度控制器失灵，加热带在低温时不工作可能造成六氟化硫气体液化，断路器闭锁；若是在高温时继续加热则可能造成罐体压力释放装置泄压，罐体内气体排空，绝缘下降导电体对地放电，造成设备跳闸。

（11）断路器、隔离开关、接地开关等位置指示正确，清晰可见，机械指示与电气指示一致，符合现场运行方式。日常监盘通过后台监控断路器、隔离开关、接地开关的机械指示与电气指示不一致，会影响人员对断路器、隔离开关、接地开关等位置监视，可能导致人员误操作。

（12）各类配管及阀门应无损伤、变形、锈蚀，阀门开闭正确，管路法兰与支架完好。如该巡视要点不满足，可能导致 SF_6 气体泄漏，管路法兰密封不严，影响 GIS 设备的正常运行。

第四节 典 型 案 例

案例一：110kV××变电站110kV××线15703隔离开关气室绝缘击穿事故

（1）情况说明。2017 年 4 月 27 日，110kV××变电站 110kV××线停电工作结束，线路送电，在合上 220kV××变电站侧 110kV××线 1570 断路器后，110kV××线保护动作跳闸。220kV××变电站侧 110kV××线保护装置测距为 5.65km，线路全长为5.65km。

（2）检查处理情况。110kV××变电站 110kV GIS 设备为 ZF5-110 型组合电器，共9 个间隔，主接线为母线连接方式，生产日期为 1995 年 7 月，1996 年 6 月安装投入运行。110kV××变电站 ZF5-110 型组合电器一次布置图如图 7-41 所示。

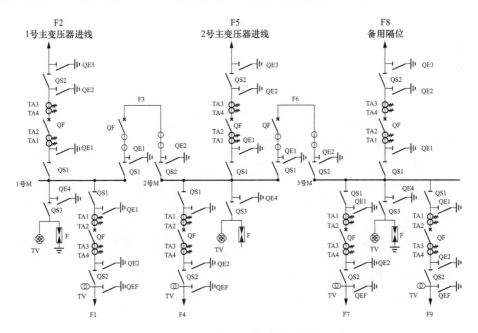

图 7-41 ZF5-110 型组合电器一次布置图

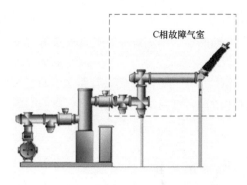

图 7-42　F9 间隔故障气室区域

本次事故发生在 F9 进线间隔，即 110kV××线 15703 隔离开关气室，该间隔故障区域如图 7-42 所示。

事故发生后，检修人员第一时间赶赴现场，对 110kV××线 GIS 设备进行外观检查，并开展了 SF$_6$ 气体微水、分解产物、纯度测试。现场检查发现 GIS 设备外观无异样，但通过观察孔发现 110kV××线 15703 隔离开关、15703D1 及 15703D2 接地开关气室内部导电连杆及罐体内壁存在大量白色粉末状颗粒。对 SF$_6$ 气体微水、分解产物、纯度测试表明 110kV××变电站 110kV××线 15703 隔离开关、15703D1 及 15703D2 接地开关气室分解产物严重超标，三相进线避雷器本体试验全部合格，怀疑线路带电时 110kV××线 15703 隔离开关、15703D1 及 15703D2 接地开关气室内部放电击穿。

2017 年 5 月 16 日，检修人员对故障气室进行解体检查，现场解体如图 7-43 所示。

随后，检修人员对解体的部件

图 7-43　现场解体

进行检查，发现故障气室接地开关气室盆式绝缘子烧蚀严重，表面黑色粉末，壳体内部发黑，有明显的放电和灼烧痕迹，现场情况如图 7-44 所示。据此，检修人员判定本次事故的原因为 110kV××线 15703 隔离开关气室发生内部放电导致绝缘击穿。

图 7-44　故障气室现场情况

（3）原因分析。经检修人员与现场厂家技术人员对受损气室和构件进行分析，初步判断 110kV××变电站 110kV××线 15703 气室发生绝缘击穿事故的有以下几种情况：

1）绝缘盆表面绝缘击穿。现场拆解下来的 A、B、C 三相隔离开关的盆式绝缘子表面情况如图 7-45 所示。

绝缘子表面的金属粉末积尘

(a)A相绝缘子表面　　　　　　　　　　　(b)C相绝缘子表面

图 7-45　绝缘子表面

现场 2 号接地开关的动触头如图 7-46 所示。

表面有金属刮痕　　　　　　　　　　表面有金属刮痕

(a)A相接地开关动触头表面　　　　　　(b)C相绝缘地开关动触头表面

图 7-46　接地开关动触头表面

由于该型号 GIS 隔离开关导电杆和接地开关动触头与进线导电杆的连接都集中在一个四工位的机构中，该四工位机构如图 7-47 所示。

从现场事故照片分析，造成本次事故的原因应为绝缘盆表面击穿所致。由于接地

图 7-47   四工位机构

开关动静触头老化，表面不够润滑，与静触头摩擦后产生的铜屑极易掉落在水平布置的盆式绝缘子上。这类铜屑杂质附着在盆式绝缘子表面，当这些杂质的积累量达到一定程度，并形成通道后，将引起局部电场畸变从而送电过程中盆式绝缘子延面放电，最终导致盆式绝缘子表面绝缘击穿。

2）触头弹簧疲劳放电。现场拆解下的 C 相隔离开关气室四工位机构和与之相连的隔离开关导电杆如图 7-48 所示。

从现场隔离开关气室四工位机构和导电杆受损情况分析可知，本次事故可能是触头弹簧疲劳产生金属间隙导致放电。由于××变电站组合电器于 1996 年投运，电连接部位的触指采用的是老式弹簧触指，运行时间长，同时每次停送电时，流经触头的电流大、弹簧老化，引起触指和触头接触不良，回路电阻曾大，表面产生氧化膜，最终导致金属间隙局部放电甚至引发电弧，电弧发展到一定程度造成对壳体放电，电弧高温烧蚀 15703D2 接地开关气室水平布置的盆式绝缘子，从而引发本次故障的发生。

(4) 措施及建议。从初步分析来看，本次故障诱发因素为盆式绝缘子击穿，击穿点是 GIS 进线 15703D2 接地开关盆式绝缘子。相关原因分析仅是初步推论，还需要进一步实证。就目前初步分析的防范措施如下：

被烧毁的静触头
与屏蔽罩

导电杆表面的
放电痕迹和
梅花触指的刮痕

图 7-48   四工位机构和与之相连
的隔离开关导电杆

1）现场将××线间隔断路器气室解体并重新更换 SF₆ 气体，由于与之相邻的隔离开关气室发生放电燃弧，使得断路器气室 SF₆ 气体的绝缘性能受到影响，因此为防止类似故障再次发生，从而更换断路器气室的 SF₆ 气体。

2）定检工作时应安排进行回路电阻测试，并与历史测试数据对比分析，不应有较大的差别。

3）定期进行红外检测工作。GIS 导电杆接触不良，会形成电流过热缺陷，而红外检测对于设备过热缺陷早期发现率较高，因此应定期安排红外检测工作，尽早发现缺陷，减少风险。

4）安排对 GIS 气隔进行 SF₆ 气体分解产物检测和超声波局放检测，同时对其他变电站此类气隔安排检测计划。

5）组织公司专家同厂家技术人员就此次事故进行分析，查明事故原因，制订有针对性的防范措施。建议对目前运行时间较长 GIS 设备逐步安排解体性大修，避免此类事故重复发生。

案例二：110kV××变电站 GIS 绝缘击穿事故

（1）情况说明。2014 年 7 月 26 日，变电运维人员对 110kV××变电站 110kV GIS 电气设备进行送电冲击，一次冲击正常，二次送电至 110kV××一线避雷器侧隔离开关气室时发生绝缘击穿，有明显爆炸声，110kV××一线 B 相接地，放电拉弧，进而造成三相短路接地事故。

（2）原因分析。根据现场分析，初步判断绝缘击穿发生在 110kV××一线避雷器与隔离开关气室处。为找到事故原因，2014 年 8 月 3 日工作人员对 110kV××一线 GIS 相关气室进行拆卸检查，发现 110kV××一线避雷器 B 相静触座与内壁之间遗留一枚螺栓，B 相与内壁有明显放电痕迹；A 相附近有一枚弹片，弹片上有明显灼伤痕迹，绝缘盆表面处有杂质滚动痕迹，判断为拉弧放电，造成弹片滚动，进而形成滚动痕迹；绝缘盆子灼伤严重，已经炭化，如图 7-49 所示。

综合以上因素，造成此次 GIS 绝缘击穿的事故原因有：

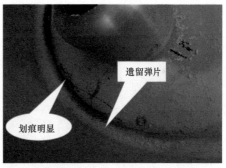

图 7-49　拆卸检查图

1）SF₆气体绝缘击穿。在第一次送电冲击时，B相对螺栓放电，但由于气室内SF₆气体及绝缘盆绝缘强度高，气室内SF₆并未发生绝缘击穿；在二次送电冲击时，B相对螺栓继续放电，由于气室内SF₆绝缘强度降低，导致绝缘击穿，进而与设备内壁发生单相弧光接地；同时，由于弹片表面不平整、气室内SF₆绝缘强度降低，继而发生拉弧现象，造成三相弧光接地，弹片在弧光作用下发生滚动。

2）绝缘盆表面绝缘击穿。在第一次送电冲击时，由于相同的原因，绝缘盆并未发生绝缘击穿；在二次送电冲击时，B相继续延绝缘盆表面对螺栓继续放电，由于绝缘盆表面绝缘强度降低，导致绝缘击穿，进而与设备内壁发生单相弧光接地；同时，由于弹片表面不平整、绝缘盆及气室内SF₆绝缘强度降低，继而发生拉弧现象，造成三相弧光接地，弹片在弧光作用下发生滚动。

案例三：一起 GIS 设备外壳裂缝故障

（1）情况说明。2013年9月10日，检修人员对110kV××变电站GIS设备进行投运前检查、验收，发现110kV GIS设备筒体表面光滑、清洁，无刮痕、无裂纹；所有气室密度继电器压力指示值正常。2013年9月10日18时10分，在110kVI、II段分段断路器传动试验过程中，检修人员听到有气体泄漏的声音，马上对110kVI、II段分段气隔进行检查，发现110kVI、II段分段断路器本体罐体上方与操作机构90°连接处发生裂纹、漏气，如图7-50、图7-51所示。

图 7-50　GIS 设备断路器间隔

（2）原因分析。发现问题后，检修人员立即把设备厂家人员和施工方负责人召集到现场，一致认为导致了该事故发生的原因如下：

1）工艺质量有缺陷。110kV××变电站GIS为ZF7-126（CB）型设备，金属材质为铸铝合金,罐体采用一体化浇筑,安装时外观检查良好,经过断路器多次传动试验,出现裂缝,裂缝部位为连接受力处且裂缝较为明显。随后,专业人员对裂缝处进行金属探伤检查,同时对 GIS 设备外壳多个点进行硬度和厚度的检测,见表 7-1。

相对硬度误差小于 5%,故硬度合格;裂缝部位厚度较正常部位小,平均误差为 0.8mm。同时,探伤报告显示裂缝处有夹杂、疏松现象,制造工艺有缺陷。

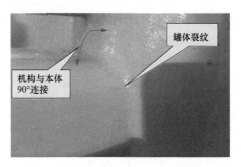

图 7-51 机构与断路器本体连接处

表 7-1　　　　　　　　　　　　硬度、厚度检测统计表

检测点	1	2	3	4	5	6	7	8	9
硬度（HL）	474	472	476	476	480	481	479	482	480
厚度（mm）	7.2	7.3	7.2	7.4	7.9	8.0	8.1	8.2	8.1

2）操作机构与断路器本体连接设计不合理。ZF7-126（CB）型 GIS 设备操作机构与断路器本体连接采用 90°连接,底座用钢材支架支撑,在断路器传动试验时,操作机构箱晃动明显,机构箱与断路器本体连接处受力严重。

目前,GIS 操作机构与断路器本体直线连接,操作机构安装在断路器本体顶部或底部,更易固定,断路器传动时,机构箱与断路器本体连接处受力明显减小。

3）运输过程中受外力破坏。该地区地处边疆,路途遥远,GIS 设备采用整体装箱运输,加之保护措施不到位,运输过程中难免发生设备震动、碰撞,这就给 GIS 设备外壳裂缝埋下了安全隐患。

4）设备检测不全面,带伤传动。GIS 设备到货后,"三方"验货,确认正常后签字接收。在后续的设备安装过程中,厂家人员提供了详细的试验报告、数据参数等,试验报告显示设备一切正常,故检修人员并未对 GIS 设备进行再次试验检查,只做外观检查。这就使得设备检查不全面,导致设备带伤传动,进而形成裂缝。

（3）措施及建议。此次事故先是因设备制造工艺缺陷,其次由于设计不合理,未能充分认识到机构箱与断路器连接处在实际传动时会导致裂缝事故,再则又因设备检测不全面,最终导致了故障的发生。因此应从以下几个方面防范此类事故再次发生:

1）加强驻厂监造,严把制造初始关。在设备设计、制造阶段即开始介入,由现场经验丰富的专业人员驻厂监造,严格审查 GIS 设备设计是否符合现场需求。对于诸如传动机构与断路器本体 90°连接不当等不符合现场需求的设计缺陷,要及早提出整改,力求在设备设计之初解决。

试验阶段,也要安排专业人员驻厂验收。在出厂试验环节,由于 GIS 设备是密封设备,不能随意开盖验收,所以试验见证就显得尤为重要,对重要试验一定要做到全程跟踪见证。对发现的问题一定要寻根问底，做到不谎报、不隐瞒。由此建议出厂试验见证人员要由经过考核并有丰富验收经验的人员进行。

2）加强运输过程保护措施。必须加强设备运输的保护措施，防止因运输过程安保不到位造成设备受外力破坏。运输过程中，不解体气室中开关应保持合闸位置状态，并采用均匀等直径导体捆绑包装，以保持不变形。机构中易松动螺母应用紧固胶紧固；设备应采用防震材料垫衬，防止设备震动，如塑料泡沫等；运输过程中应注意大箱、重箱在下，小箱在上，并捆扎牢靠，同时应避免紧急刹车和快速启动。

3）严格做好现场安装监督和验收工作。现场安装监督主要是针对 GIS 设备吊装工作，GIS 设备大多采用分间隔整体套装运输，现场组装即可。现场吊装时要严格按照吊装要求，避免吊装点受力不均，造成金属受力破坏。

验收工作主要分为到货验收和投运前验收。设备到货后，首先要对关键部位进行抽检，尤其是金属受力处，确定设备工艺质量。安装结束后，仍需再次对设备进行抽检，确保设备安全投运，稳定运行。

通过以上从产品把关、人员驻厂监造、现场安装监督、验收四个方面入手，将金属监督工作从源头抓起，贯穿于 GIS 从制造到安装的全过程，严把验收质量关，确保设备金属监督无死点。

案例四：SF_6 断路器本体加热带烧毁、加热装置空开跳闸造成断路器 SF_6 低气压告警

（1）情况说明。2018 年 1 月 24 日 3 时 16 分～59 分气温骤降，220kV××变电站，连续发生 6 台 220kV 断路器 SF_6 低气压告警。

（2）检查处理情况。现场检查发现：①SF_6 断路器本体加热带烧毁未及时发现，投入加热时未进行检查；②加热装置为 PLC 控制器开关，运维人员对新投运设备功能掌握不足，未及时发现汇控柜内 PLC 控制器开关未投入，造成加热装置未工作；③加热装置功率不足、交流空气开关容量不足跳闸等原因，最终造成 6 台 220kV 断路器 SF_6 低气压告警。故障发生后，组织人员第一时间对加热装置进行检查，更换伴热带、空气开关等方式，逐步恢复正常运行。

（3）原因分析。

1）精益运维不到位，未认真开展季节性隐患排查。未认真开展防 SF_6 设备防低温液化加热装置检查工作，排查不彻底、不认真，造成专项排查工作未闭环。未采用有效措施对伴热带运行情况进行复核，导致本体加热装置损坏的缺陷一直存在。

2）职责分工不明确，加热装置运维验收工作混乱。未下文明确加热装置维护等运维一体化项目的职责分工，管理主体不明确，设备验收存在漏项，导致加热装置交流电源线随意压接、交流空气开关容量不满足所带负荷全部运行要求。

3）运规审批不严格，内容缺失不满足现场运维要求。220kV××变电站现场运行

专用规程内容不全，没有编制断路器加热装置工作原理、相关参数、运维检测方法和注意事项等，没有从现场实用角度进行编制，各专业把关不严，审批流于形式，现场运行专用规程没有起到指导性作用。

（4）措施及建议。

1）提高设备精益运维水平。要根据《国家电网公司变电运维管理规定（试行）》[国网（运检/3）828—2017]相关要求，重新编制设备巡视标准化作业卡，完善各类型 SF_6 断路器加热装置等辅助设施巡视检查内容、检测方法。按照巡视周期认真开展设备巡视工作，巡视结束后填写巡视记录并及时录入 PMS 系统，做到痕迹化管理；同时要举一反三，加强一线人员现场执行力建设，打通"最后一公里"，确保规章制度、标准规范、专项工作等通知要求在一线班组认真落实。

2）加强运维技能培训力度。全方位、多角度深入剖析此次寒潮天气 SF_6 断路器低气压告警原因，采取现场培训、技术问答等多种方式加强对新投运设备及辅助设施培训，尤其是新型设备，内容要具体翔实、切合实际并有针对性。

3）严格把关运规审批流程。组织一次、二次、运维人员对现场运行规程进行修编完善，补全断路器加热装置等辅助设施的参数、开关功能、检查方法、运行注意事项和异常处理，与现场设备逐一认真核对，确保现场运行专用规程与现场实际一致。

第五节 习 题 测 评

一、单选题

1. 组合电器采用检漏仪对各气室密封部位、管道接头等处进行检测时，检漏仪不应报警；（ ）年漏气率不应大于 0.005。

A. 整个间隔   B. 每一个气室   C. 密封部位   D. 管道接头

2. 组合电器巡视时尽量避免（ ）进入组合电器室进行巡视。

A. 一人   B. 二人   C. 三人   D. 四人

3. 工作人员进入组合电器室，应先通风（ ）min，并用检漏仪测量 SF_6 气体含量合格。尽量避免一人进入组合电器室进行巡视，不准一人进入从事检修工作。

A. 10   B. 15   C. 30   D. 60

4. 在组合电器上正常操作时，（ ）触及外壳，并保持一定距离。

A. 禁止   B. 必须   C. 允许   D. 特殊情况可以

5. GIS 将变电站所有的一次电气元件除（ ）外，全部封装在接地并且密封的金属壳体内。

A 断路器   B. 母线   C. 变压器   D. 进出线套管或电缆终端

二、多选题

6. GIS 用断路器的基本结构有（ ），按断路器的布置方式有（ ）。

A. 三相共箱式　　　B. 三相分箱式　　　　C 立式布置　　　　　D 卧式布置

7. 组合电器室低位区应安装（　　）和（　　），在工作人员入口处应装设显示器。

A. 能报警的氧量仪　　　　　　　　　B. SF$_6$气体泄漏报警仪

C. 氧量仪　　　　　　　　　　　　　D. SF$_6$气体测量仪

8. 三工位是指（　　）工作位置。

A. 隔离开关主断口接通的合闸位置　　　B 主断口分开的隔离位置

C. 接地侧的接地位置　　　　　　　　　D. 接地侧的分闸位置

9. 巡视时，检查波纹管（伸缩节）外观完好，无（　　）。

A. 破损　　　　　B. 变形　　　　　　C. 锈蚀　　　　　　D. 裕度足够

10. 变电站应配置与实际相符的组合电器气室分隔图，标明（　　），汇控柜上有本间隔的主接线示意图。

A. 气室额定压力　　B. 组合电器型号　　C. 气室分隔情况　　D. 气室编号

三、判断题

11. SF$_6$气体压力低至闭锁值时，运维人员应立即汇报调控人员申请将组合电器停运，停运前应远离设备。（　　）

12. 当 SF$_6$气体压力异常发报警信号时，应尽快联系检修人员处理；当气室内的 SF$_6$压力降低至闭锁值时，严禁分、合闸操作。（　　）

13. 变电站应配置与实际相符的主接线示意图，标明气室分隔情况、气室编号，汇控柜上有本间隔的组合电器气室分隔图。（　　）

14. 对于新设备或大修后投入运行的组合电器特殊巡视，投入运行 36h 内应开展不少于 3 次特巡。（　　）

15. 高温天气时，应增加组合电器巡视次数，监视设备温度，检查引线接头有无过热现象，设备有无异常声音。（　　）

16. 若组合电器 SF$_6$压力确已降到闭锁操作压力值或直接降至零值，应立即断开操作电源，锁定操动机构，并立即汇报值班调控人员申请将故障组合电器隔离。（　　）

17. 声响明显增大，内部有强烈的爆裂声时，运维人员应立即汇报调控人员申请将组合电器停运，停运前应远离设备。（　　）

18. 新设备或大修后组合电器投入运行 72h 内应开展不少于 3 次特巡，重点检查设备有无异响、压力变化、红外检测罐体及引线接头等有无异常发热。（　　）

19. 组合电器红外检测中若发现罐体温度异常偏高，应尽快上报处理。（　　）

20. 组合电器例行巡视时应检查设备出厂铭牌齐全、清晰。（　　）

四、简答题

21. 结构上 GIS 与 HGIS 的区别是什么？

第八章

开 关 柜

第一节 开 关 柜 概 述

一、开关柜的基本情况

开关柜的主要作用是在电力系统进行发电、输电、配电和电能转换的过程中，用于开合、控制和保护用电设备。开关柜内的部件主要有母线断路器、隔离开关（隔离手车）、操作机构、互感器以及各种保护装置等组成。

二、开关柜的分类

（1）按断路器安装方式分为移开式（手车式）和固定式。

1）移开式或手车式（用 Y 表示）。表示柜内的主要电器元件（如断路器）安装在可抽出的手车上。由于手车柜有很好的互换性，因此可大大提高供电的可靠性。常用的手车类型有：隔离手车、断路器手车、TV 手车、电容器手车和站用变压器手车等。

2）固定式（用 G 表示）。表示柜内所有的电器元件（如断路器或负荷开关等）均固定安装在开关柜内，固定式开关柜较为简单经济。

（2）按安装地点分为户内式和户外式。

1）户内式（用 N 表示）。表示只能在户内安装使用。

2）户外式（用 W 表示）。表示可在户外安装使用，一般用于配电环网柜。

（3）按柜体结构可分为金属封闭铠装式开关柜、金属封闭间隔式开关柜、金属封闭箱式开关柜三大类。

1）金属封闭铠装式开关柜（用字母 K 表示）。这是一种金属封闭式开关设备，其主要组成部件（断路器、互感器、母线等）分别装在各自的隔室中，隔室用接地的金属隔板隔开，如 KYN28A-12 型高压开关柜。

2）金属封闭间隔式开关柜（用字母 J 表示）。与金属封闭铠装式开关柜相似，其主要电器元件也分别装于单独的隔室内，但具有一个或多个符合一定防护等级的非金属隔板，如 JYN2-12 型高压开关柜。

3）金属封闭箱式开关柜（用字母 X 来表示）。开关柜外壳为金属封闭式的开关设备，如 XGN2-12 型高压开关柜。开关柜产品型号如图 8-1 所示。

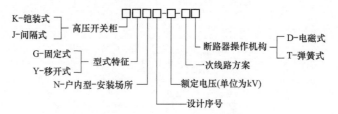

图 8-1　开关柜产品型号示意图

三、开关柜常见型号（见表 8-1）

表 8-1　　　　　　　　　　开 关 柜 常 见 型 号

电压等级	型号	结构形式
35kV	KYN61-40.5	金属封闭铠装式、移开式、户内式
35kV	XGN17-40.5	金属封闭箱式、固定式、户内式
35kV	ASN1-40.5	空气绝缘交流金属封闭
35kV	KYN37-40.5	金属封闭铠装式、移开式、户内式
35kV	KYN-40.5	金属封闭铠装式、移开式、户内式
35kV	KYN60-40.5	金属封闭铠装式、移开式、户内式
35kV	KYN44A-40.5	金属封闭铠装式、移开式、户内式
35kV	KYNS-40.5	金属封闭铠装式、移开式、户内式
35kV	N2S-40.5	金属封闭充气式、移开式、户内式
10kV	KYN28A-12	金属封闭铠装式、移开式、户内式
10kV	XGN2-12	金属封闭箱式、固定式、户内式
10kV	KYN44-12	金属封闭铠装式、移开式、户内式
10kV	KYN31-12	金属封闭铠装式、移开式、户内式
10kV	KYN28A-12Z	金属封闭铠装式、移开式、户内式
10kV	ASN3-12	空气绝缘交流金属封闭
10kV	KYN33A-12	金属封闭铠装式、移开式、户内式
10kV	XGN2-10	金属封闭箱式、固定式、户内式
10kV	SGC1	空气绝缘铠装式金属封闭
10kV	AMS-12	金属封闭移开式
10kV	KYN36A-12（Z）	金属封闭铠装式、移开式、户内式
10kV	ZS-SG	空气绝缘铠装式移开式金属封闭
10kV	XTS-XGN2-12	金属封闭箱式、固定式、户内式
10kV	KYN79-12（i-AX）004	金属封闭铠装式、移开式、户内式
10kV	HMS12	金属铠装移开式
10kV	XGN-10	金属封闭箱式、固定式、户内式
10kV	N2X-12-42	金属封闭充气式、移开式、户内式
10kV	HG4-12.	金属封闭充气式、固定式、户内式
6kV	UniGear ZS1	空气绝缘金属铠装中置式

续表

电压等级	型号	结构形式
6kV	XGN2- 10Z07	金属封闭箱式、固定式、户内式
6kV	KYN28-12-012	金属封闭铠装式、移开式、户内式
6kV	KYN1-10	金属封闭铠装式、移开式、户内式
6kV	8BK20	铠装移开式

第二节　开关柜结构原理

变电站开关柜一般为户内布置，因断路器安装方式不同，开关柜的柜内结构、机械闭锁情况及操作方式不同，因此，本节以移开式和固定式两类开关柜为例介绍开关柜的结构。

一、移开式开关柜的结构

移开式开关柜由柜体和手车断路器两大部分组成，如图 8-2 所示，具有架空进出线、电缆进出线、母线联络等功能。

开关柜柜体的功能单元主要有母线室（一般主母线布置按"品"字形或"1"字形两种结构）、断路器室、电缆室、继电器室四个部分，如图 8-3 所示。

柜内一次电气元件一般为主回路设备，主要包

 +

手车短路器　　　　柜体

图 8-2　开关柜构成图

括电流互感器、母线排、电缆、避雷器等，如图 8-4 所示，断路器手车可在断路器室内活动。

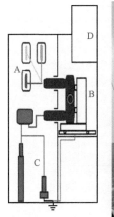

图 8-3　开关柜柜体功能单元分布图

A—母线室；B—断路器室；C—电缆室；D—继电器室

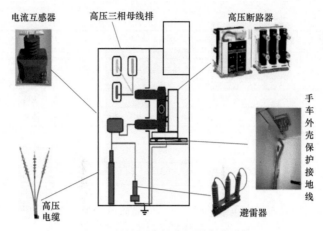

图 8-4　开关柜内部主要设备位置图

　　柜内二次元件（又称二次设备或辅助设备），是指对一次设备进行监视、控制、测量、调整和保护的低压设备，常见的有状态显示器、带电显示器、继电器、电度表、电流表、电压表、熔断器、空气开关、转换开关、信号灯、按钮、微机综合保护装置等。

　　开关柜整体结构图如图 8-5 所示。

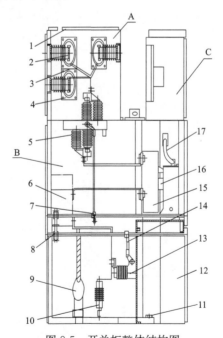

图 8-5　开关柜整体结构图

A—母线室；B—断路器室；C—继电器室

1—泄压装置；2—主母线；3—分支母线；4—母线套管；5—隔离开关；6—电流互感器；7—隔离开关操作机构；8—连锁机构；9—电缆；10—氧化锌避雷器；11—接地母线；12—控制小母线；13—接地开关；14—接地开关操作机构；15—真空断路器；16—加热装置；17—二次插头

1. 母线室

母线室内主要包括以下设备，如图 8-6 所示。

（1）母线穿柜套管。支持、固定母线排，并使母线排对柜体绝缘。

（2）主母线。汇集、分配电能。

（3）分支母线。从主母线引出的分支至断路器上口静触头。

（4）上口静触头盒。支持、固定断路器上口静触头，并使上口静触头对柜体绝缘。

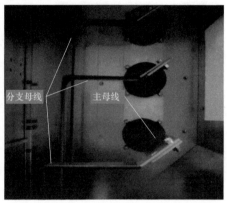

图 8-6　开关柜母线室结构图

2. 电缆室

电缆室主要包括以下设备，如图 8-7 所示。

（1）电流互感器。测量出线电流值，为电流表、计量装置、保护装置等提供电流信号。

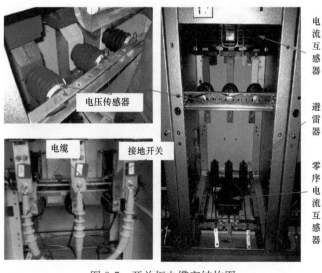

图 8-7　开关柜电缆室结构图

（2）电缆。出线侧通过高压电缆与用电负荷连接。

（3）避雷器。设备过电压保护装置，并联在断路器出线侧，设备正常运行后一般不需要操作。

（4）电压传感器。带电显示装置的传感器，为带电显示装置及电磁锁提供带电信号。

（5）零序电流互感器。出线高压电缆三相一并穿过零序电流互感器中心，正常情况三相电流向量和为零，当发生不对称接地故障时，零序电流互感器二次绕将有零序感应电流，上传给保护装置。

图 8-8　断路器室结构图

（6）接地开关。开关柜内接地开关可代替接地线，在线路检修时将设备接地，保护人身安全。

3.断路器室

断路器室主要包括以下设备，如图 8-8 所示。

（1）手车轨道。供手车在柜内移动时的导向和定位用。

（2）静触头盒隔板。手车在试验位置和工作位置的移动过程中，遮挡上、下静触头盒的活门自动相应打开或闭合，形成隔室间有效的隔离。

4.继电器仪表室

继电器仪表室柜体表面主要包括以下设备，如图 8-9 所示。

（1）保护装置。保护就地配置时，保护装置一般安装在开关柜本体，实现本间隔的保护功能。

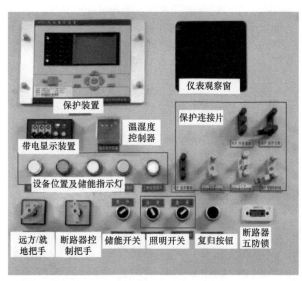

图 8-9　继电器室柜体表面图

（2）仪表观察窗。用于不打开柜门观察电能表等仪表。

（3）带电显示装置。与电缆室电压传感器配合，检测线路是否带电，用于开关柜间接验电。

（4）温湿度控制器。根据定值控制柜内加热除湿装置的启停。

（5）保护压板。控制保护功能的投入和退出。

（6）设备位置及储能指示灯。指示手车工作/试验位置、断路器分/合位置以及断路器储能状态。

（7）远方/就地把手。用于选择断路器操作模式。

（8）断路器控制把手。用于控制断路器分合闸。

（9）照明开关。用于控制各隔室照明。

（10）复归按钮。用于保护装置告警信号的复归。

（11）断路器五防锁。串联在断路器控制回路中，防误闭锁电脑钥匙经过此装置接通断路器控制回路。

部分开关柜装有智能操控显示装置，集成了上述部分设备的主要功能，如图 8-10 所示。

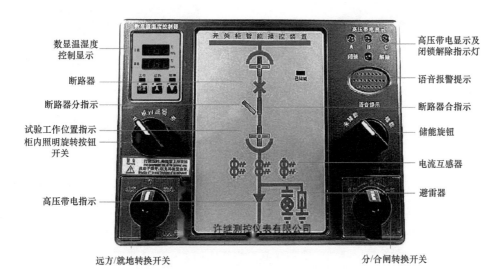

图 8-10　开关柜智能操控显示装置

继电器仪表室柜内设备如图 8-11 所示，主要有以下设备：

（1）二次设备电源小空气开关。包括保护装置、辅助设备电源空气开关，以及二次回路控制空气开关。

（2）二次回路接线端子排。二次线缆相连接的枢纽。

5．断路器手车结构

断路器手车本体如图 8-12、图 8-13 所示，主要包括以下设备：

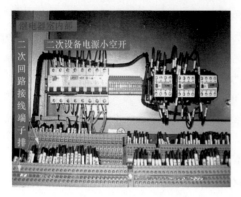

图 8-11　继电器仪表室内部

（1）手车底盘。支持断路器本体，使断路器在试验/工作位置移动，以及配合检修小车将断路器从手车室中拉出。

（2）手车底盘锁环。将手车底盘闭锁在手车室内。

（3）手车移动操作插口。用于断路器在"试验/工作"两个位置的移动操作，将移动摇杆插入后，顺时针可将断路器推进，逆时针可将断路器摇出。

（4）断路器本体操作面板。面板上有本体分合闸状态的机械指示，是判断断路器分合状态的最准确标识。

（5）手动分合闸按钮。只要断路器已储能，就可以通过此按钮进行分合闸操作。

（6）本体储能状态指示。已储能/未储能的机械指示。

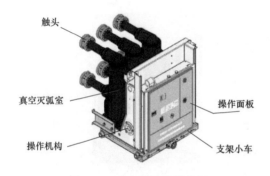

图 8-12　手车断路器结构图

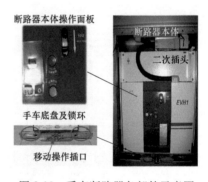

图 8-13　手车断路器各部件示意图

（7）手动储能器。当自动储能回路无法动作时，可将手动储能杆插入，进行手动储能。

（8）断路器动作次数指示。显示断路器动作的次数。

（9）二次插头。断路器本体状态显示与继电器仪表室的连接枢纽，若不插上，则断路器分合闸状态无法反映到继电器仪表室柜体表面上，无法通过断路器控制把手或遥控的方式分合断路器。

（10）真空灭弧室及上、下口动触头，接通和断开一次回路的主要部分。

（11）SF_6 压力表。对于采用 SF_6 气体为灭弧介质的手车断路器，配有 SF_6 压力表，用于对 SF_6 气体压力进行监测。

6. 开关柜防误闭锁

对移开式开关柜自带的防误闭锁功能，根据《国家电网公司变电验收管理规定（试行）　第 5 分册　开关柜验收细则》，要求如下：

（1）手车在工作位置/中间位置，接地开关不能合闸，机械闭锁可靠。

（2）手车在中间位置，断路器不能合闸，电气及机械闭锁可靠。

（3）断路器在合位，手车不能摇进/摇出，机械闭锁可靠。

（4）接地开关在合位，手车不能摇进，机械闭锁可靠。

（5）接地开关在分位，后柜门不能开启，机械闭锁可靠。

（6）带电显示装置指示有电时/模拟带电时，接地开关不能合闸，电气闭锁可靠。

（7）带电显示装置指示有电时/模拟带电时，若无接地开关，直接闭锁开关柜后柜门，电气闭锁可靠。

（8）后柜门未关闭，接地开关不能分闸，机械闭锁可靠。

（9）断路器在工作位置，二次插头不能取下，机械闭锁可靠。

二、固定式开关柜的结构

固定式开关柜内设备均固定安装在开关柜内，无法移动，可通过前柜门的手动操作机构对其进行操作。固定式开关柜内断路器通过上下隔离开关与母线及线路相连。

1. 开关柜整体结构

如图 8-14 所示，以 XGN2-10 型开关柜为例介绍固定式开关柜。开关柜柜内分为组合开关室、母线室、电缆室、继电器仪表室，室与室之间用钢板隔开。

断路器室在柜体前方下部，断路器的传动拉杆与操动机构连接，断路器下接线端子与电流互感器连接，电流互感器与下隔离开关的接线端子连接，断路器上接线端子与上隔离开关的接线端子连接。

母线室在柜体后上部，电缆室在柜体的后下部，继电器室在柜体上部前方，转换开关室在断路器室的前上方，顶部可装二次小母线。

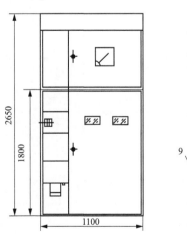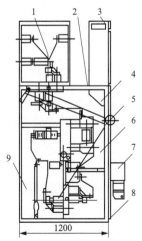

图 8-14 XGN2-10 型开关柜结构图

1—母线室；2—压力释放通道；3—仪表室；4—组合开关室；5—手力操作及连锁机构；
6—主开关室；7—电磁或弹簧机构；8—接地母线；9—电缆室

继电器仪表室、母线室、电缆室的设备及结构与移开式开关柜大致相同，此处不再重复介绍。

（1）手动操作及连锁机构。上隔离、下隔离以及接地开关手动操作机构，依靠分断闭锁把手机械结构相互闭锁。

（2）组合开关室一般包括断路器、隔离开关、电流互感器等一次设备。

2. 隔离开关

开关柜内高压隔离开关一般采用旋转触刀式户内隔离开关，主要结构是在组合开关室上下两个平面上固定两组绝缘子及触头，通过转轴旋转动触头，从而实现隔离开关的分合闸，如图 8-15 所示。

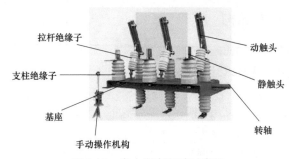

图 8-15　户内隔离开关示意图

（1）静触头、动触头、隔离开关、接线座。隔离开关导电部分，主要起传导电路中的电流，关合和开断电路的作用。

（2）手动操动机构。通过手动方式分合隔离开关。

（3）转轴。接受操动机构的力矩，将运动传动给触头，以完成隔离开关的分、合闸动作。

（4）支持绝缘子、拉杆绝缘子。实现带电部分和接地部分的绝缘。

（5）基座。导电部分、绝缘子、传动机构、操动机构等固定为一体，并使其固定在基础上。

3. 隔离开关手动操作机构

固定式开关柜隔离开关手动操作机构面板如图 8-16 所示。

（1）手动操作机构。接地开关、隔离开关有各自的手动操作机构，操作人员用相匹配的操作杆对操作机构进行操作，实现隔离开关或接地开关的分合操作。

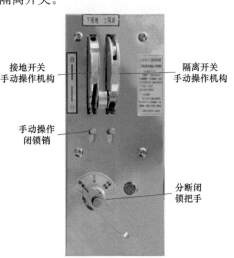

图 8-16　隔离开关手动操作机构面板图

（2）手动操作闭锁销。实现对手动操作机构的机械闭锁，操作顺序正确时，闭锁销才能拉下，从而解除对操作机构的闭锁，否则操作机构将无法转动。

（3）分断闭锁把手。有工作、分断闭锁、检修三个位置，操作顺序正确时，把手能正常切换。

1）工作位置。开关柜处于禁止操作隔离开关或接地开关的状态时，应将把手切至工作位置，闭锁对隔离开关和接地开关的操作。

2）分断闭锁位置。把手切至此位置时，可对隔离开关和接地开关进行分合操作。

3）检修位置。当主开关室设备转检修后，把手才可切至此位置，此时解锁对开关柜前柜门的闭锁。

4．开关柜防误闭锁

固定式开关柜，在上下隔离开关均拉开，柜内接地开关合上之后，隔离开关分断闭锁把手可切换至检修位置，此时，可以打开开关柜前柜门，取出放置在柜门后的后柜门钥匙，打开后柜门进行检修作业。前柜门后的钥匙取出后，将弹出闭锁销，使前柜门无法关闭，此时分段闭锁把手也无法切换，从而闭锁了隔离开关和接地开关的分合操作。后柜门打开后，钥匙将固定在后柜门无法取下，从而闭锁了前柜门，使其无法关闭。

三、开关柜的泄压通道

开关柜的断路器室、母线室、电缆室均有独立的泄压通道，泄压方向为柜顶方向，如图 8-17 所示。泄压窗口为一块长方形金属顶板，用塑料螺钉固定，当柜内由于短路等原因产生高温高压气体时，顶板变形打开，可通过独立的泄压通道分别从顶部释放压力和排泄气体，确保人身安全，防止进一步扩大事故隐患。

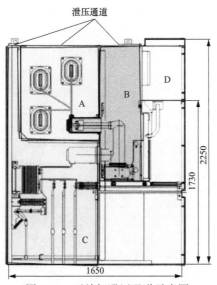

图 8-17　开关柜泄压通道示意图

A—母线室；B—断路器手车室；C—电缆室；D—继电器仪表室

四、开关柜断路器

开关柜断路器的灭弧原理、操动机构结构及动作过程与户外断路器相同，详细内容可参考断路器相关章节。移开式和固定式开关柜的断路器，只是安装方式不同，结构大致相同。因此，本部分以弹簧操动机构的真空断路器为例，简要介绍开关柜断路器的结构。

开关柜使用的断路器与户外断路器操动机构的区别在于储能过程不同。如图 8-18 所示，断路器储能时，储能电机转动，带动电机输出轴转动，再通过传动链条，带动储能传动链轮及储能传动轴转动。拐臂套装在储能转动轴上随之转动时，将合闸弹簧拉起完成合闸储能过程。开关柜断路器实物图如图 8-19 所示。

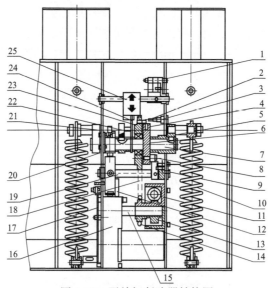

图 8-18　开关柜断路器结构图

1—储能到位切换用微动开关；2—销；3—限位杆；4—滑块；5—拐臂；6—储能传动轴；7—储能轴；
8—滚轴；9—储能保持掣子；10—合闸弹簧；11—手动储能蜗杆；12—合闸电磁铁；13—手动储能传动蜗轮；
14—电机传动链轮；15—电机输出轴；16—储能电机；17—连锁传动弯板；18—传动链条；19—储能保持轴；
20—闭锁电磁铁；21—拐臂；22—凸轮；23—储能传动链轮；24—链板；25—储能指示牌

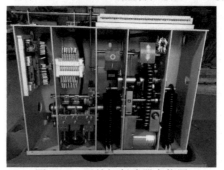

图 8-19　开关柜断路器实物图

第三节　开关柜巡视要点

本节是在开关柜原理讲解基础上，更加深入地介绍开关柜的巡视要求，掌握开关柜巡视的要点和重点，更加全面地完成设备巡视维护工作，及时发现潜在缺陷隐患，及时消缺，保障开关柜安全稳定运行。

（1）开关柜上断路器或手车位置指示灯、断路器储能指示灯、带电显示装置指示灯指示正常。

1）断路器或手车位置指示灯不亮或指示错误。可能的原因有：手车位置不到位、控制电源空气开关跳闸、指示灯烧毁、显示面板故障。若指示灯不能正确反映断路器或手车的实际位置，监控后台或调度端设备位置显示也可能不正确，运维人员及调控人员无法直接判断设备的运行状态，防误闭锁主机位置显示也将受到影响，会影响正常倒闸操作，也存在误操作的风险。若手车位置不到位，导致开关柜动、静触头接触不到位，此时触头处于一个虚接状态，接触面积不够，接触电阻增大，会使触头在运行中发热，严重时烧毁开关柜，引起设备事故。

2）断路器储能指示灯不亮或指示错误。可能的原因有：断路器未储能、储能空气开关偷跳或漏投、二次端子松动导致储能电源虚接、储能电动机或储能弹簧损坏。若断路器未储能，则跳闸以后，弹簧未储能导致断路器无法合闸，瞬时故障时无法重合闸。

3）带电显示装置故障，将无法反映开关柜带电情况，对于无法直接验电的开关柜，将会缺少一种间接验电最有效的方式，有可能引起误操作事故，造成人员伤亡或设备损坏。

（2）开关柜内应无放电声、异味和不均匀的机械噪声。

1）较大的"嗡嗡"声，可能是因为开关柜连接螺栓松动，设备运行使得开关柜柜体振动，发出"嗡嗡"声。

2）"滋滋"的放电声，可能是设备绝缘不良，出现轻微的放电现象，长期不处理，容易使放电范围扩大，造成绝缘击穿，设备短路跳闸。

（3）开关柜压力释放通道无异常，释放出口无障碍物。开关柜泄压通道是保证开关柜故障时，压力能短时有效释放，防止因开关柜炸裂损坏相邻设备，甚至造成人员伤亡。开关柜泄压方向一般采取顶部泄压，无法满足时也会采取柜后泄压。日常巡视及维护时应保持泄压通道通畅，无障碍物，防止发生故障时，因泄压通道有阻碍无法及时泄压，造成设备损坏及人员伤亡。

（4）柜体无变形、下沉现象，柜门关闭良好，各封闭板螺栓应齐全，无松动、锈蚀。开关柜柜体变形，柜门关闭不严，可能是由于柜内曾发生过事故造成压力过大，变形后未及时处理，或柜门温度过高产生形变，均会造成开关柜各部件松动，影响柜门关闭，也会影响开关柜及柜内各设备之间的相互闭锁，导致开关柜无法正常锁闭，影响正常操作，同时存在人员触电的安全隐患。

（5）开关柜内 SF_6 断路器气压正常。开关柜内 SF_6 断路器压力，是日常巡视当中容易疏忽的地方，压力异常，可能是因为断路器存在漏气的地方，也可能是受环境温度的影响造成压力降低。压力过低降至闭锁值，会造成断路器分合闸闭锁，出现故障时，断路器无法分闸切断故障，从而扩大事故范围。若是漏气造成压力过低，高压室内 SF_6 气体过量，会损害工作人员身体健康。

（6）开关柜继电器仪表室内空气开关投退正确，各类表计指示正常，加热照明装置运行正常，二次接线无松动发热现象，封堵完好。

1）继电器仪表室内的空气开关主要有控制电源空气开关、储能电源空气开关、加热照明空气开关等。控制电源、储能电源空气开关未投，会造成断路器无法正常分合闸。加热照明装置运行不正常，未按要求投入会造成冬季开关柜内温度过低，影响 SF_6 断路器压力；未按要求退出时，加热器在夏季还处于运行状态，造成柜内温度过高，引起设备发热；照明装置故障会影响运维人员日常巡视，无法准确观察设备情况。

2）开关柜二次接线松动，端子接触不良，会使端子接触电阻过大，引起端子发热，长期运行会导致端子排烧毁，严重时会发生火灾。

（7）固定式开关柜断路器室内支持绝缘子表面清洁、无裂纹、破损及放电痕迹；绝缘护套表面完整，无变形、脱落、烧损；设备外绝缘表面无脏污、受潮、裂纹、放电、粉蚀现象。

固定式开关柜一次设备都裸露在开关柜内，若开关柜密封不好，设备表面容易积灰，外绝缘表面脏污、破损或受潮，均会使绝缘能力降低，严重时会发生放电闪络事故，造成设备跳闸或损坏。

（8）固定式开关柜室内断路器、隔离开关的传动连杆、拐臂无变形，连接无松动、锈蚀，开口销齐全；轴销无变位、脱落、锈蚀，动、静触头接触良好；触头、触片无损伤、变色；压紧弹簧无锈蚀、断裂、变形。

隔离开关传动部件变形、松动、锈蚀，将会造成隔离开关故障导致无法操作，由于开关柜的特殊性，设备之间的间距较短，必须通过停上一级电源的方式，配合开关柜停电检修，损失负荷较大。隔离开关动、静触头接触不良，会使得接触电阻过高，引起发热，严重发热时将会损坏设备，或引起跳闸。

（9）电缆室内电缆温度正常，表面无脏污、破损现象，电缆头无鼓包。开关柜电缆温度异常，有鼓包，可能与负荷电流过大，电缆头制作工艺不良、连接部位接触不良有关。开关柜电缆头连接部位一般贴有示温蜡片，若示温蜡片出现变色或融化现象，可根据变色情况，判断电缆头的温度，说明电缆头内部可能有放电情况。

制作电缆头时施工手段粗暴，验收不认真，会造成电缆表面有脏污、破损现象，均会使电缆绝缘性能下降，造成电缆绝缘击穿，发热严重时，应及时申请停电处理，若处理不及时，很有可能造成电缆头击穿，引起跳闸，严重时会引发火灾事故。

（10）熄灯巡视时应通过外观检查或观察窗检查开关柜引线、接头无放电、发红迹象；检查瓷套管无闪络、放电。熄灯巡视发现开关柜引线、接头有放电现象，可能是因为引线外绝缘不良、接头松动引起的放电现象，长时间放电会使设备发热，严重时出现发红迹象，将造成设备绝缘击穿、烧融，引发设备故障跳闸。

（11）开关柜在迎峰度夏或大负荷期间，应重点对母线裸露部位、开关柜柜体、开关柜控制仪表室端子排、空气开关进行红外测温，检查示温蜡片的变色情况。

红外检测时，应按照《国家电网公司变电检测管理规定（试行）第 1 分册　红外热像检测细则》执行。红外热像图显示应无异常温升、温差和（或）相对差。一般情况下，开关柜内设备发热情况，都是经过一定的积累，通过开关柜柜体表现出来，无法直接检测，因此，在对开关柜进行测温时，应注意与同等运行条件下相同开关柜进行比较。当柜体表面温度与环境温度温差大于 20K 或与其他柜体相比较有明显差别时（应结合开关柜运行环境、运行时间、柜内加热器运行情况等进行综合判断），应停电由检修人员检查柜内是否有过热部位。测量时记录环境温度、负荷及其近 3h 内的变化情况，以便分析参考。对于母线室，母线设备距离柜体较近，母线发热能很明显通过柜体反映出来，巡视测温时应重点关注。

开关柜内设备发热，可能是由于螺栓松动，设备接头处接触不良，或是绝缘内部故障造成，长期发热会破坏设备绝缘，造成绝缘击穿，发生短路跳闸事故。

（12）高压室通风正常，风机运转良好。开关柜一般安装在高压室内，若高压室风机故障无法运转，高压室夏季通风不良，室内温度将会升高，引起开关柜发热；同时，对于装有 SF_6 断路器的开关柜，更要检查高压室排风机、SF_6 气体及氧量告警仪能正常工作，若发生 SF_6 气体泄漏时，能将气体及时排出。

第四节　典　型　案　例

案例一：超声波局部放电暂态地电压检测发现 35kV 开关柜局部放电缺陷

（1）情况说明。110kV×× 变电站 35kV 2 号主变压器 3502 开关柜，型号：XGN2-35，生产日期：2008 年 6 月 1 日，投运日期：2008 年 7 月 15 日。2014 年 8 月 19 日 12 时 10 分，带电检测人员使用 TEV 暂态地电压测试仪和 UP9000 超声波测试仪对 35kV 2 号主变压器 3502 开关柜进行了例行检测，检测结果异常。

（2）检查处理情况。带电检测人员使用 TEV 暂态地电压测试仪和 UP9000 超声波测试仪对 35kV 2 号主变压器 3502 开关柜进行了检测，检测报告如图 8-20 所示，检测结论异常。8 月 19 日，检修人员对该开关柜进行了停电检查，发现该开关柜内的母线绝缘套管螺钉有松动现象。

（3）原因分析。检修人员分析由于螺钉松动，导致绝缘套管的绝缘性能下降，造成了此次局部放电现象。检修人员对该开关柜内的母线绝缘套管进行了螺钉紧固工作，处理完毕恢复送电后对该设备再次进行检测，无局部放电现象，缺陷消除。

（4）措施及建议。

1）对于开关柜设备，应定期进行带电检测，及时发现问题，及时处理。

2）运维人员巡视时，注意开关柜有无异常声响，发现异常时，及时用带电检测手段进行检测，确认设备运行情况。

站名	某110kV变电站	试验天气	晴	委托单位		试验单位	某变电运维站
试验性质	例行	试验日期	2014-08-19	试验人员	木塔力甫	试验地点	35kV2号主变压器3502
报告日期		报告人	杨计强	审核人	汪正刚	批准人	朱小军
温度	30	湿度	45				

设备铭牌

生产厂家	吉林永大集团有限公司		额定电压（kV）	40.5
出厂日期	2008-06-01	投运日期	2008-07-15	上次试验日期	

地电波、超声波局部放电检测　　　　　　　　　　温度:30℃　　　　　　　湿度:45%

地电波、超声波局部放电检测	设备名称	环境（dB）	金属（dB）	空气（dB）	前上（dB）	前中（dB）	前下（dB）	后上（dB）	后中（dB）	后下（dB）	侧上（dB）	侧中（dB）	侧下（dB）	超声波检测结果（dB）	备注
1	3502开关柜	13	20.000 000	13.000 000	22	32	26	41	31	25	/	/	/	13	/

试验仪器:TEV暂态地电压测试仪，UP9000超声波测试仪

项目结论:异常

试验结论	异常	
备注	后柜上部检测到超声波信号13dB	单位盖章处

图 8-20　检测报告

案例二：绑扎二次电缆扎带断裂导致二次电缆脱落引起断路器相间短路

（1）情况说明。2016 年 5 月 6 日，110kV××变电站在 1 号主变压器停电消缺恢复送电过程中，35kV 母联 300 断路器由热备用转运行操作时，燃弧引发 300 开关柜相间

短路，造成 1 号主变压器中后备、差动、本体重瓦斯保护动作，故障跳闸。

300 开关柜为 GBC-35 型开关柜，投运时间为 1997 年 11 月。

（2）检查处理情况。工作人员现场检查 300 断路器在分位，300 开关柜后柜上母线室有明显灼伤痕迹，如图 8-21 所示。设备转检修后，检查 300 开关柜顶部，发现柜顶母线水平支持绝缘子有明显灼伤，B 相错位断裂。C 相绝缘子表面有明显烧灼痕迹，母线引下线支持绝缘子有灼伤，小车上触头有明显烧蚀。开关柜带电显示器二次线与柜体接触处有放电点，二次线有烧损痕迹。

图 8-21　母联 300 开关柜后柜上母线室

拉出 300 小车开关，开关动触头有烧伤痕迹，上触头较下触头烧伤严重，B、C 相较 A 相烧伤严重，如图 8-22 所示。

（3）原因分析。调取故障录波数据可知，110kV××变电站 35kV 母线发生 A、B 相相间短路，50ms 后发展为三相短路。调取现场操作录音及当地后台信息报文，与现场故障时序吻合。

结合故障现场开关柜情况分析，故障原因为捆扎开关柜带电显示器二次电缆的扎带使用年限长，老化变质。断路器合闸瞬间，因机械振动导致扎带断裂，二次电缆脱落，引起 300 断路器上触头 A、B 相相间短路。300 开关柜母线引下线 C 相带电显示器如图 8-23 所示，与相邻间隔带电显示器二次电缆对比如图 8-24 所示。

图 8-22　300 断路器触指灼伤情况

（4）措施及建议。

1）对开关柜运行情况进行检查，对其操作方法进行专项培训，将此类情况列入专题研究项目，逐步解决此类开关不能直接观察触头接触情况的隐患。

2）对开关柜内二次电缆全部重新进行捆扎紧固；对开关触头进行改造，将原压片式触头更换为"抱拳"式触头。

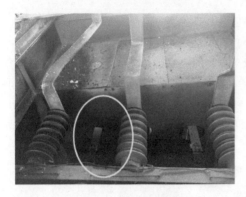

图 8-23   300 开关柜母线引
下线 C 相带电显示器

3）运维人员日常巡视时，对开关柜内二次线需重点关注，若二次线距离一次设备过近，或扎带不牢固时，应加强巡视，并结合设备停电进行处理。

案例三：35kV××变电站××线开关柜进线电缆头爆炸造成全站失压

（1）情况说明。2019 年 11 月 29 日 16 时 23 分 21 秒，35kV××变电站 35kV××线 3540 过电流Ⅲ段保护动作，选相 A、B、C，16 时 23 分 23 秒 81 毫秒，重合闸动作，16 时 23 分 23 秒 262 毫秒，过电流加速动作，35kV××线 3540 跳闸。35kV××变电站全站失压，现场检查高压室开关柜内冒烟，观察孔可看到电缆终端爆炸。

图 8-24   与相邻间隔带电显示器二次电缆对比图

（2）检查处理情况。现场设备转检修后，发现××线进线电缆三相均严重烧伤，柜内有明显放电痕迹，如图 8-25 所示，通过对开关柜试验及全面检查，发现主要受损设备为 35kV××线接地开关辅助接点、开关柜内照明灯、线路电压互感器熔丝烧毁，接地开关动、静触头及横拉杆、电流互感器至电缆接线端子之间连接排灼伤严重，如图 8-26 所示，随后对电缆附件重新制作，进行试验并对柜内擦拭后恢复送电，设备恢复正常。

（3）原因分析。根据电缆受损情况进行解体发现，电缆附件制作工艺不良，施工人员在制作过程中因施工空间较小，未严格按制作工艺要求制作，过程中电缆铜屏蔽层未缠绕至伞裙下部，而在三岔口部位剪断（见图 8-27），正常运行时，电缆承受感应电压后，在伞裙位置降至最低，然后通过铜屏蔽层放电，使其始终处于零电位状态。

现因伞裙下部无铜屏蔽层，感应电压长时间堆积，电缆附件终端体内外同时承受高压，最终导致电缆终端爆炸，造成35kV××变电站全站失压。

图 8-25　进线电缆终端爆炸

图 8-26　接地开关触头灼伤痕迹

（4）措施及建议。

1）加强设备状态检修，加大对开关柜的带电检测频次，重点通过红外、局放、暂态地电压全方位进行检测，及时发现异常情况。

2）实施开关柜内相对密闭空间加装气溶胶项目，防止柜内设备烧损着火引发发生火灾事故。

3）运维人员在日常巡视过程中，应通过开关柜后柜门观察窗对电缆接头等部位进行测温，发现温度异常时加强监测，需要停电时立即申请停运处理；同时，结合停电检修工作，在电缆头易发热部位张贴示温蜡片，日常巡视时要对示温蜡片变色情况进行检查。

图 8-27　铜屏蔽层缠绕情况

第五节　习　题　测　评

一、单选题

1. 开关室长期运行温度不得超过（　　）℃，否则应加强通风降温措施（开启开关室通风设施）。

A. 25　　　　　　B. 30　　　　　　C. 40　　　　　　D. 45

2. 移开式开关柜的泄压通道一般设置在开关柜的（　　）。

A. 顶部　　　　　　B. 后方　　　　　　C. 前方

3. 开关柜单相绝缘击穿，监控系统发出接地报警信号，接地相电压（　　），非接地相电压（　　），线电压（　　）。运行开关柜内部可能有放电异响。

　　A. 升高、降低、不变　　　　　　　　　B. 升高、降低、降低

　　C. 升高、降低、升高　　　　　　　　　D. 降低、升高、不变

4. 封闭式开关柜必须设置（　　），压力释放方向应避开人员和其他设备。

　　A. 防爆膜　　　　　B. 压力释放通道　　　　C. 压力释放阀　　　　D. 排气孔

5. 当开关柜体表面温度与环境温度温差大于（　　）K 或与其他柜体相比较有明显差别时（应结合开关柜运行环境、运行时间、柜内加热器运行情况等进行综合判断），应停电由检修人员检查柜内是否有过热部位。

　　A. 10　　　　　　　　B. 20　　　　　　　　C. 30　　　　　　　　D. 40

6. 真空断路器的灭弧介质是（　　）。

　　A. 油　　　　　　　B. SF_6　　　　　　　C. 真空　　　　　　　D. 空气

7. 开关柜红外测温时记录环境温度、负荷及其近（　　）h（小时）内的变化情况，以便分析参考。

　　A. 1　　　　　　　　B. 2　　　　　　　　C. 3　　　　　　　　D. 4

8. 开关柜内驱潮器应一直处于（　　）状态，以免开关柜内元件表面凝露，影响绝缘性能，导致沿面闪络。

　　A. 运行　　　　　　B. 辅助　　　　　　C. 备用　　　　　　D. 停用

9. 在进行开关柜停电操作时，停电前应首先检查（　　）指示正常，证明其完好性。

　　A. 保护装置　　　　　　　　　　　　B. 备自投装置

　　C. 带电显示装置　　　　　　　　　　D. 电压并列装置

10. 加强开关柜带电显示闭锁装置的运行维护，保证其与（　　）间强制闭锁的运行可靠性。

　　A. 断路器　　　　　B. 手车　　　　　C. 隔离开关　　　　　D. 柜门

二、多选题

11. KYN 型开关柜运行状态必须具备的条件有（　　）。

　　A. 开关手车推入工作位置

　　B. 所有开关柜柜门均锁上

　　C. 二次插头取下

　　D. 锁上前柜门并挂"止步，高压危险！"的标示牌

12. 下列哪几项符合送电操作的步骤（　　）。

　　A. 关闭所有柜门及后封板，并锁好

　　B. 将接地开关操作手柄插入中门右下侧六角孔内，逆时针旋转，使接地开关处于分闸位置

　　C. 把断路器手车推入柜内并使其在试验位置定位

D. 将手车开关摇至工作位置

13. 操作开关柜应注意（　　）。

A. 操作隔离开关前应检查对应的开关确在断开位置

B. 开关在冷备用状态时欲将开关转到检修状态或恢复到热备用前，应检查对应的隔离开关确已断开或接地开关确已断开

C. 开关不得停留在冷备用状态

D. 以上内容应在操作票中做专项填写

14. 下列（　　）属于开关柜手车断路器不能分、合闸的处理方法。

A. 检查手车断路器储能是否正常

B. 检查手车断路器控制方式把手位置是否正确

C. 检查手车二次插头是否插好，有无接触不良

D. 检查操作步骤是否正确，电气闭锁是否正常

15. 对用于投切电容器组等操作频繁的开关柜要适当缩短（　　）和（　　），当无功补偿装置容量增大时，应进行断路器容性电流开合能力校核试验。

A. 操作周期　　　　　B. 巡检　　　　　C. 维护周期　　　　　D. 检修周期

16. 开关柜后柜门处的避雷器需要检修作业，应满足下列哪些条件（　　）。

A. 必须将开关转检修

B. 将线路一并转检修

C. 在母线侧隔离开关与断路器之间加设一块绝缘挡板

D. 不能满足要求的母线同时转检修

17. 以下有关手车式开关柜的描述正确的是（　　）。

A. 只有当接地开关在分闸位置时，手车才能从试验位置移至工作位置，后封板不能打开

B. 只有当断路器处于分闸位置时，手车才能在柜内移动

C. 接地开关在合闸位置时，手车不能从试验位置移到工作位置，后封板可打开；当后封板打开后，接地开关不能分闸

D. 手车只有在试验或柜外时，接地开关才能合闸

E. 手车在工作位置时，二次插头被锁定不能拔除

F. 只有当断路器手车处于试验位置或工作位置时，断路器才能进行分闸/合闸操作

G. 凡属于高压隔室的门均有门锁，必须使用专用工具才能打开或关闭

18. 封闭式开关柜必须设置压力释放通道，压力释放方向应避开（　　）。

A. 人员　　　　　B. 门口　　　　　C. 其他设备　　　　　D. 窗户

19. 开关柜红外测量时记录（　　）及其近3h（小时）内的变化情况，以便分析参考。

A. 环境温度　　　　　B. 负荷　　　　　C. 电流　　　　　D. 电压

20. 开关柜内驱潮器应（　　），以免开关柜内元件表面凝露，影响绝缘性能，导

致沿面闪络。

A. 雨季投运

B. 无温湿度控制器的应长期运行状态

C. 出现凝露时投入

D. 有温湿度控制器的按启动定值是投入

三、判断题

21. 开关柜一、二次电缆进线处应采取有效的封堵措施，并做防火处理。（　　）

22. 成套开关柜"五防"功能应齐全、性能良好，出线侧应装设具有自检功能的带电显示装置，并与线路侧接地开关实行连锁。（　　）

23. 对用于投切电容器组等操作频繁的开关柜要适当缩短巡检和维护周期。（　　）

24. 开关柜出线电缆三相分别穿过零序电流互感器。（　　）

25. 带电显示装置指示有电时/模拟带电时，接地开关可合闸。（　　）

四、问答题

26. 开关柜静触头盒隔板的作用是什么？

27. 开关柜零序电流互感器的作用是什么？

第九章

高压电抗器

第一节　高压电抗器概述

一、高压电抗器的基本情况

电力线路空载或轻载的时候，导线间及对地存在电容，当线路带有电压时该电容会产生容性充电功率，所以电力线路空载或轻载时电压会高于电源电压，这种情况可在线路上并联电抗器，用来部分或全部补偿线路的电容，继而降低电压。高压电抗器主要功能有下列内容：

（1）降低工频电压。超高压输电线路可达数百千米，由于线路采用分裂导线，线路的相间电容和对地电容均很大，在线路带电的状态下，线路相间和对地电容中产生相当数量的容性无功功率，大量容性功率通过系统感性元件（发电机、变压器、输电线路）时，末端电压会升高，即"容升"现象。在系统为小运行方式时，这种现象尤其严重。在超高压输电线路上并联接入并联电抗器，会明显降低线路末端工频电压的升高。

（2）降低操作过电压。操作过电压产生于断路器的操作，当系统中用断路器接通或切除部分电气元件时，在断路器的断口上会出现操作过电压，它往往是在工频电压升高的基础上出现的，如甩负荷、单相接地等均产生工频电压升高，当断路器切除接地故障，或接地故障切除后重合闸，又引起系统操作过电压时，工频电压升高与操作过电压叠加，使操作过电压更高。所以，工频电压升高的程度直接影响操作过电压的幅值。加装并联电抗器后，限制了工频电压升高，从而降低了操作过电压的幅值。

（3）有利于单相重合闸。为了提高运行可靠性，超高压电网中常采用单相自动重合闸，即当线路发生单相接地故障时，立即断开该相线路，待故障处电弧熄灭后再重合该相。由于超高压输电线路间电容和电感（互感）很大，故障相断开短路电流后，非故障相电源（电源中性点接地）将经这些电容和电感向故障点继续提供电弧电流（即潜供电流），使故障处电弧难以熄灭。如果线路上并联三相星形接线的电抗器且星形接线的中性点经小电抗器接地，即可限制和消除单相接地处的潜供电流，使电弧熄灭，有利于重合闸成功。这时的小电抗器相当于消弧线圈。

二、高压电抗器常见型号（见表 9-1）

表 9-1　　　　　　　　　　高压电抗器常见型号

序号	型号	额定容量（kVA）	额定电压（kV）
1	BKD-100000/750	100000	750
2	BKD-100000/800	100000	800
3	BKD-120000/750	120000	750
4	BKD-120000/800	120000	800
5	BKD-70000/750	70000	750
6	BKD-70000/800	70000	800
7	BKD-70000/800-110	70000	800
8	BKD-70000/800	70000	800
9	BKD-100000/800-110	100000	800
10	BKD-120000/800-110	120000	800
11	BKD-140000/800-110	140000	800
12	BKD-80000/800-110	80000	800
13	BKD-100000/750	100000	750
14	BKD-120000/800	120000	800
15	BKD-70000/750	70000	750
16	BKD-120000/750	120000	750
17	BKD-140000/750	140000	750
18	BKD-70000/750	70000	750

第二节　高压电抗器原理

线路高压电抗器一般由三台单相电抗器组成电抗器组，电抗器并联在线路侧，采用星形接线且中性点经小电抗器接地。高压电抗器结构与变压器结构大致相同，如图 9-1 所示。

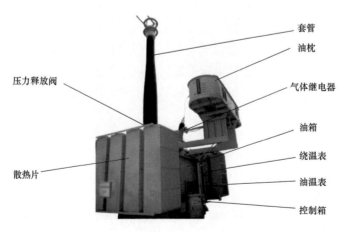

图 9-1　高压并联电抗器结构图

1. 铁芯

高压电抗器主要由铁芯和线圈组成。铁芯用高导磁、低损耗的冷轧硅钢片制造，夹持件材料为不导电磁钢，设有三处压紧结构。铁轭采用矩形截面直接缝，铁芯饼为中间带小孔的辐射圆环形，以减少主磁通绕行时的损耗；下夹件采用"Ⅱ"形结构，装配后构成稳定的框架，以提高铁芯的机械强度，如图 9-2 所示。

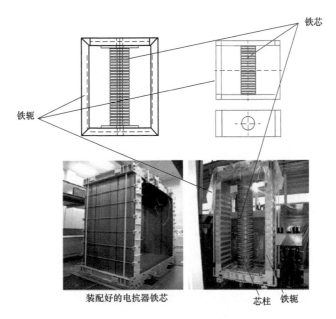

图 9-2　高压电抗器铁芯

2. 绕组

高压电抗器只有一个一次绕组，采用饼式线圈。线圈为中部出线结构，上下两臂与铁芯柱中铁芯饼的相互位置要有足够好的配合，使上下每臂线圈所包含的铁芯饼气隙尺寸相等，否则两臂线圈电抗将不相等，产生环流，增加损耗，产生局部过热。图 9-3 为并联电抗器绕组及接线原理。

3. 高压电抗器附件

高压电抗器附件与油浸式变压器相同，主要有油箱、储油柜、套管、气体继电器、压力释放阀、吸湿剂、温度计、油温计、冷却器。附件结构功能等相关内容参考变压器相关章节。

4. 中性点小抗

中性点小抗与三相并联电抗器相配合，补偿相间电容和对地电容，限制过电压，消除潜供电流，保证线路单相自动重合闸装置正常工

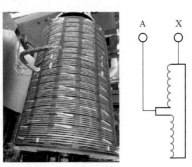

图 9-3　高压电抗器绕组及接线原理

作。由于线路非全相断开时一个谐振过程，在此谐振过程中可能产生很高的谐振电压，因此中性点小抗还有限制谐振过电压的作用。中性点小抗的结构原理与高压电抗器相同。

第三节　高压电抗器巡视要点

（1）高压电抗器本体及套管无渗油、漏油现象。油浸高压电抗器渗漏油故障是电抗器的普遍故障，可分为油箱渗漏油、高压套管升高座渗漏油或进入孔法兰渗漏油、低压侧套管渗漏油、散热片连接部位渗漏油以及油色谱在线监测装置进油口和出油口渗漏油等。主要原因有密封胶垫有杂质、胶垫损坏、断裂，出现缝隙，紧固螺栓松动、锈蚀。未及时发现渗漏油现象，不但会污染环境，还会对安全运行带来一定的影响，油位下降严重时，绝缘油无法起到冷却绝缘的作用，变压器元件会受损，还可能引起跳闸、火灾等事故。

（2）高压电抗器本体油位应正常。油位过高或过低，不在正常限值内，不符合油位—油温曲线表，均属于油位异常。油位过高往往是呼吸器堵塞、防爆管通气孔堵塞所致，并且极易造成溢油现象，油位过高时，有可能会出现漏油现象，若是全密封设备，可能使设备内部压力过高。油位过低往往是由于电抗器漏油、检修后没及时补油，温度过低等造成的，油位过低时，绝缘油的冷却、绝缘效果降低，设备没有浸泡在油中，绝缘能力下降，均会引起短路、放电、击穿等现象。

冬季、夏季应对油位重点检查。防止冬季油位过高，造成夏季出现满油位或溢油现象，或夏季油位过低，造成冬季出现油位不可见现象；同时，做好冬季和夏季油位对比，防止出现假油位现象。

（3）高压电抗器套管末屏无异常声音，接地引线固定良好。套管是由多片金属屏间绝缘层构成的。末屏是最后一屏，用于与地等电位连接，运行中接地。运行中末屏如开路，末屏将形成高电压，极易导致设备损坏。

（4）高压套管油位正常。应通过套管油位计、精确测温仪等手段，确定套管油位，防止由于套管油内渗出现油位降低甚至不可见的现象，套管油位检查对比，是发现内渗的重要手段。

（5）高抗外壳、铁芯和夹件接地良好。

1）高抗外壳必须可靠接地，若接地不良，当高抗内部或其他部位绝缘损坏时，外壳就会带电，会发生人身触电事故。如果接地良好，其漏电电流将通过外壳及接地装置泄入大地，避免发生人身触电事故。

2）高抗铁芯及夹件必须保证有且仅有一点接地。若未接地或接地不良，则铁芯及夹件对地的悬浮电压，会造成铁芯及夹件对地持续性击穿放电。若出现两点及以上接地，铁芯及夹件间的不均匀电位就会在接地点间形成环流，并造成铁芯及夹件多点接地发热故障，从而造成铁芯局部过热，严重时，铁芯局部温升增加，轻瓦斯动作，甚至会造成重瓦斯动作跳闸事故。

(6) 压力释放阀应完好无损。压力释放装置的作用是保护油箱,在高压电抗器油箱内部发生故障时,油箱内的油被分解、汽化,产生大量气体,油箱内压力急剧升高,压力释放阀动作。如压力释放装置存在异常情况,不能正常动作,高压电抗器压力不及时释放,将造成高压电抗器油箱变形甚至爆裂。

(7) 气体继电器内应无气体。气体继电器内有气体证明变压器内部有故障或变压器密封不良,存在进气情况。

(8) 本体吸湿器呼吸正常,外观完好,吸湿剂符合要求,油封油位正常。吸湿器内硅胶的作用是在变压器温度下降时对吸进的气体去除潮气,当硅胶变色时,表明硅胶已受潮而且失效。一般使用的蓝色硅胶,受潮后会变为粉色。

油封杯油位过低,则无法起到隔离作用,油质浑浊可能造成呼吸器堵塞。

对于采用胶囊式储油柜的高压电抗器,应检查呼吸器呼吸正常,油封杯内有呼吸产生的气泡,防止出现憋气现象。

(9) 各控制箱、端子箱和机构箱应密封良好,加热、驱潮等装置运行正常。端子箱密封不严,可能造成雨水、沙尘进入箱内,使箱内接线端子短路或者接触不良,造成保护误动作。

(10) 电缆穿管端部封堵严密。封堵不严的原因可能是电缆穿管端部未封堵,或封堵用的防火胶泥脱落未及时发现进行补封,防火胶泥使用时间过长封堵不严密。电缆穿管端部封堵不严密,雨水进入电缆穿管造成电缆受潮,冬季电缆穿管内积水结冰后体积膨胀,破坏电缆绝缘护层。

(11) 熄灯巡视检查引线、接头、套管末屏无放电、发红迹象,套管无闪络、放电。熄灯巡视可有效降低设备受环境、气候、光照等影响,以便更好地观察设备运行情况,发现白天光照条件下难以发现的电弧放电、污闪放电等现象,及时察觉设备缺陷。未及时进行熄灯巡视,以上缺陷发现概率变小,放电问题长期存在,最终会发展成设备故障跳闸。

(12) 检查后台监控机温度显示与实际一致。后台监控机应能正确反映高压电抗器的温度,若存在温度差,当高压电抗器温度越限时,后台监控机会发生误报警或不报警,影响运维人员的判断,一般情况下,温差超过5℃时,应发出缺陷进行处理。

(13) 检查高压电抗器集气盒中无气体聚集。当变压器内部只有少量气体产生时,气体继电器不会动作,但气体会通过铜导管进入集气盒。发现集气盒内有气体,应从集气盒内取气样进行色谱分析,通过气体组成来判断变压器的运行状况。

(14) 冬季应加强端子箱凝露、结霜情况检查。冬季时,应加强端子箱内部的检查,若发现端子箱内壁有凝露、结霜现象,说明电缆沟内存在潮气,端子箱密封不严,箱内凝露器及加热器故障,应及时进行处理。

第四节　典　型　案　例

案例一：750kV××线高抗 B 相断流阀故障误动作

(1) 情况说明。2018 年 7 月 14 日 23 时 16 分，后台监控机发："××线非电量 CSC336 保护电抗 B 相断流阀动作""××线高抗 B 相断流阀动作""××线非电量 CSC336 保护启动动作"，运维人员立即上报给生产指挥中心。

2018 年 7 月 15 日 00 时 38 分，站内人员现场检查××线高压电抗器 B 相断流阀，通过观察窗发现有动作迹象，××线高压电抗器 B 相油位：75，油温 1：60℃，油温 2：60℃，绕组温度：60℃，未发现渗漏油现象，油光谱在线监测数据无异常。油位油温与其他两相进行对比，无明显变化，现场检查××线高压电抗器保护装置显示"××线高抗 B 相断流阀动作"，站内将现场检查情况立即上报给生产指挥中心。

(2) 检查处理情况。信号发出后，现场正在工作的二次检修人员首先对二次信号进行核对检查，经检查，断流阀两对节点均动作且电位正常，故排除二次误动可能性。

一次人员接到通知后在 01 时 30 分到达现场，现场检查 750kV××线高抗 B 相阀在运行位置，初始状态三相均在运行位置，阀手动调节部位已被螺栓固定，无法调节。

检查阀体观察窗 B 相与 A、C 相状态不一致，在 B 相内部看到金属挡板，金属挡板实际应在图 9-4 绿色线条位置，动作后变为红色位置。现场检查本体无渗漏油问题，未达到阀体正确动作条件（油枕向本体油流速度在 90～120L/min），初步判断阀体为自身故障误动作。

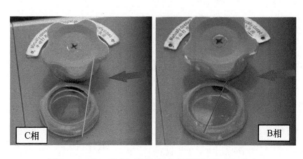

C相　　B相

图 9-4　B、C 相观察窗金属挡板位置对比

检修人员对高抗三相油位、油温、时间变化对应关系，未发现异常。

(3) 原因分析。断流阀自身工艺质量不合格，在运行过程中由于气温变化（白天持续升温，动作前变电站下雨降温）造成的阀体内有油流变化，阀门的动作值可能由于质量问题不在正确范围内，最终导致了误动，即在高压电抗器未发生大量变压器油泄漏或油量减少的情况下，未达到断流阀动作条件时断流阀便动作关闭阀门。

(4) 措施及建议。

1）设备到货及安装后，因做好验收工作，确保产品质量合格。

2）日常巡视过程中，发现异常告警信号应及时检查汇报。

案例二：油浸式高压电抗器连接处渗油

（1）情况说明。2017 年 1 月，检修人员对±660kV××换流变压器一次设备进行检查时，发现 750kV 1 号高压电抗器 B 相法兰连接处有渗油痕迹（见图 9-5），由于渗油点在高处，与设备带电部分安全距离不足，计划结合停电进行处理。

（2）检查处理情况。停电后，检修人员进行了检查，发现 750kV 1 号高压电抗器 B 相法兰连接处螺栓松动，密封不严，造成漏油。

（3）原因分析。由于电抗器长时间运行产生振动，对设备各连接部位均造成影响，在设备装配时，可能会由于密封垫质量、螺栓连接情况等问题，使连接部位出现渗油的情况。

（4）措施及建议。

图 9-5 渗漏油情况

1）建议厂家提升设备安装工艺。

2）运维人员在日常巡视过程中，对各部件的连接部位加强巡视，发现渗漏现象及时检查汇报。

案例三：750kV××线高抗套管击穿起火

（1）情况说明。2020 年 4 月 29 日 08 时 01 分，750kV××变电站 750kV××线路差动保护动作，高抗差动速断保护动作，重瓦斯保护动作，两侧断路器故障跳闸，短路电流约 32.5kA。

（2）检查处理情况。现场检查发现 A 相高抗本体起火，运维人员迅速响应，及时开展灭火处置，08 时 35 分明火基本扑灭。

1）高抗器身烧损较严重，高压套管均压环烧融，上瓷套碎裂，最大飞溅半径约 7m，储油柜表面未发现明显瓷套碎片撞击痕迹，如图 9-6 所示。

2）高压套管升高座固定螺栓缺失，升高座整体偏移，套管安装法兰断裂；TA 二次接线盒外罩及接线板被冲出，二次接线裸露，如图 9-7 所示。

3）高压、中性点套管升高座 TA 二次接线盒外罩及接线板完全被冲出，露出裸露的二次线；气体继电器视窗周围胶垫被烧融，压力释放阀外表被烧蚀熏黑，如图 9-8 所示。

4）高抗前方端子箱、在线监测装置柜烧损变形，柜内二次接线烧熔、监测装置已全部烧毁，如图 9-9 所示。

5）打开下部人孔检查高抗内部，套管下瓷套完全碎裂并散落于器身底部，套管外围绝缘纸筒破损脱落，如图 9-10 所示。

图 9-6 高抗器身烧毁情况

图 9-7 高抗套管检查情况一

图 9-8 高抗套管检查情况二

图 9-9 二次设备烧毁情况

图 9-10 高抗内部检查情况

6）将破损脱落的绝缘纸筒拼接，绝缘件表面主要为过火特征，无明显放电痕迹，对应器身内壁未见放电击穿痕迹，说明绝缘纸筒覆盖的器身内壁不是放电主通道，如图 9-11 所示。

图 9-11 绝缘纸检查情况

7）套管 TA 安装筒下部 30cm 区域电容芯发生贯穿性击穿、电容屏爆裂；套管尾部端子、绕组出头引线和外包绝缘未见大电流流通或放电痕迹，说明绕组未通过故障电流，如图 9-12 所示。器身本体未见击穿痕迹，外围屏上部有部分烧灼痕迹，如图 9-13所示。高压套管油中均压球绝缘基本完好，无放电痕迹，纸浆成型件局部有直接损伤，如图 9-14 所示。高抗绕组直流电阻试验正常。

图 9-12　套管内部检查情况

图 9-13　器身内部检查情况

图 9-14　套管均压球检查情况

以上检查结果表明，高压套管尾端电容芯发生贯穿性击穿，下瓷套碎裂，套管外围绝缘纸筒、器身围屏和油箱内壁无明显放电痕迹，高抗绕组直阻试验正常，说明本次故障主要集中在高压套管区域，高抗器身内部未发生异常。

8）对套管进行解体检查，套管上瓷套完全碎裂脱落，中部法兰安装底座从根部断裂。套管油中侧下瓷套全部脱落，导电管距尾部接线端子 1.15m 处有裸露放电痕迹，附近区域电容芯击穿炸裂。如图 9-15 所示空气侧电容芯过火烧损松散，未发现明显放电痕迹，如图 9-16 所示。

图 9-15　套管下瓷套检查情况

图 9-16　套管空气侧电容芯检查情况

9）套管 TA 安装筒下端与瓷套结合处存在长约 19cm 的电弧灼伤区域，筒壁内侧烧蚀痕迹较严重；TA 安装筒上沿与套管安装法兰通过焊接固定，故障时受冲击脱开，如图 9-17 所示。

将器身内部碎裂的下瓷套拼接后，尾端电容芯贯穿性击穿对应区域瓷套断面存在炭黑层，内外表面瓷釉存在微小裂纹和高温变色痕迹，符合电弧放电特征，如图 9-18

所示。判断故障电流路径为：电容芯贯穿性击穿处→下瓷套对应区域→TA 安装筒→安装法兰接地。

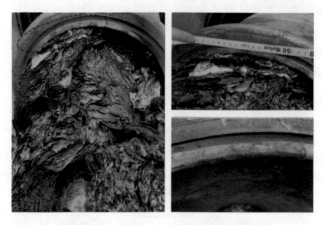

图 9-17　套管 TA 侧安装筒检查情况

图 9-18　器身下瓷套拼接

10）套管末屏、次末屏盖压紧弹簧顶板与接线柱已经烧黏为一体，说明在电容芯击穿过程中次末屏、末屏流过较大故障电流。其中末屏引线与环形铜带脱焊，而次末屏引线在焊锡连接处断裂，如图 9-19 所示。

图 9-19　套管末屏、次末屏盖压紧弹簧顶板

11）对电容芯由外向内逐层解剖（共 84 层电容屏），从第 33 层电容屏起，部分铝箔与相邻绝缘纸破损并沿轴向延伸，解剖至 54 层发现铝箔层和绝缘纸出现凹陷，向内解体为内部电容芯放电烧损所致。导电管电弧烧蚀区长约 10cm，如图 9-20 所示。

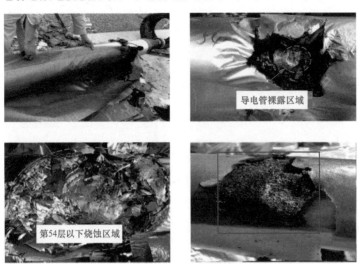

图 9-20　电容芯解剖情况

以上检查结果可看出，套管共有两处明显放电点，分别为导电管距尾部接线端子 1.15m 处和 TA 安装筒下端与瓷套结合处，两处放电点间电容芯击穿爆开，对应区域下瓷套内外表面有明显电弧烧蚀痕迹。可判断该区域电容芯发生贯穿击穿，放电电流通过对应下瓷套、TA 安装筒由安装法兰入地。

此外，拆除最后一层绝缘纸后，导电管上距离击穿点约 60cm 处存在长 2cm、宽 1cm 的双面胶条，对应绝缘纸上有微黑色胶条状印记；距离击穿点大约 30cm 上方存在大量鱼鳞状黑色斑点，与电容芯击穿放电关联性有待进一步分析，如图 9-21 所示。

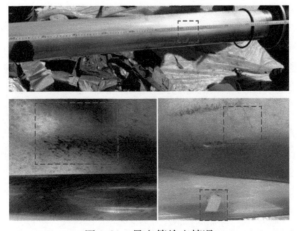

图 9-21　导电管检查情况

（3）原因分析。综合故障现场检查、试验检测情况，判断 750kV××线 A 相高抗故障原因为：高压套管油中侧尾端电容芯击穿，并通过 TA 安装筒直接接地放电，短路产生的能量导致下瓷套瞬间碎裂，高压套管升高座受冲击力向上弹起，安装法兰固定螺栓崩断，变压器油喷出并起火。套管放电路径如图 9-22 所示，由于故障电流从导电管穿入套管 TA 保护绕组，并通过接地筒、安装法兰入地穿出，导致"一正一反"故障电流互相抵消，套管 TA 保护绕组未第一时间检测到故障电流。

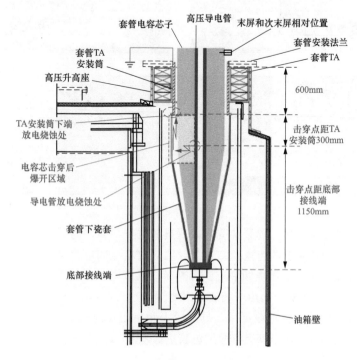

图 9-22　套管放电路径示意图

（4）措施及建议。

1）提高套管状态监测水平。强化套管监测技术应用，试点对次末屏引出接地的套管加装一体化监测装置，实现相对介损、电容量和高频局放监测，提高电容芯击穿发现能力，继续开展套管压力传感器等监测技术研究。

2）加强套管油色谱检测分析。针对 A 相高抗套管特征气体含量均在限值范围内，但氢气、甲烷偏高，具备初期局部放电特征问题，后续将组织对已检测的 750～1000kV，套管油色谱数据开展比对分析，研究优化诊断策略，逐步积累早期检测数据记录，为运维阶段数据分析比对提供数据支撑。

3）运维人员在巡视设备时，要重点对套管类设备进行测温，结合熄灯巡视，对设备进行红外及紫外检测，及时发现设备表面放电缺陷；同时，利用各类带电检测手段，收集整理检测数据进行对比，分析数据变化，及时发现设备内部缺陷。

第五节 习 题 测 评

一、单选题

1. 750kV 变电站的高压电抗器，主要是指高压并联电抗器。高压并联电抗器是接在 750kV 线路末端的大容量电感线圈，用于补偿高压输电线路的电容和吸收其无功功率，抑制轻负荷线路末端电压的（　　）和操作过电压。

A. 升高　　　　　B. 降低　　　　　C. 波动　　　　　D. 震荡

2. 以下电抗器可用来吸收电网充电容性无功的是（　　）。

A. 主变压器中性点串联电抗器　　　　B. 滤波器中与电容器串联电抗器

C. 线路并联高压电抗器　　　　　　　D. 线路并联电抗器中性点电抗器

3. 新设备冲击次数：变压器、电抗器为（　　）次；线路、电容器、母线为（　　）次；更换了线圈的变压器、电抗器为（　　）次。

A. 5　3　3　　　　B. 3　3　3　　　　C. 5　3　1　　　　D. 3　3　1

4. 带线路高抗的线路停送电，应在（　　）状态时，才能拉开或合上电抗器隔离开关。

A. 检修　　　　　B. 冷备用　　　　　C. 热备用　　　　　D. 运行

5. 运行中电抗器发生（　　）时，不需立即停用。

A. 引线桩头严重发热　　　　　　　　B. 内部有严重异响

C. 低压电抗器着火　　　　　　　　　D. 本体有轻微声响

6. 新安装或大修后的高压电抗器，在充电前应将重瓦斯投入（　　）。

A. 合闸　　　　　B. 跳闸　　　　　C. 都可以　　　　　D. 都不可以

二、多选题

7. 线路在带电情况下，（　　）会产生容性无功功率？

A. 相对相　　　　B. 相对地　　　　C. 相对避雷线　　　　D. 避雷线对地

8. 线路高抗的接线方式有（　　），一般采用（　　）接线方式。

A. 星形接线　　　　　　　　　　　　B. 角形接线

C. 星形接线中性点经小电抗接地

9. 高压电抗器漏油的主要原因有（　　）。

A. 密封胶垫有杂质　　　　　　　　　B. 胶垫损坏、断裂

C. 紧固螺栓松动、锈蚀　　　　　　　D. 密封处出现缝隙

10. 高压电抗器油位过低的主要原因有（　　）。

A. 电抗器漏油　　　　　　　　　　　B. 检修后没及时补油

C. 温度过低　　　　　　　　　　　　D. 温度过高

11. 高压电抗器熄灯巡视重点检查内容有（　　）。

A. 引线、接头无放电、发红迹象　　　B. 套管末屏无放电、发红迹象

　　C. 套管无闪络　　　　　　　　　D. 套管无放电

三、判断题

12. 后台监控机显示高压电抗器油温与实际油温相差3℃时，应发出缺陷。（　　）

13. 高压电抗器吸湿器内硅胶的作用是在温度下降时对吸进油箱的气体去潮气。（　　）

14. 蓝色硅胶受潮后会变为白色。（　　）

15. 呼吸器油位应在上下限刻度线之间。（　　）

16. 高抗铁芯及夹件必须保证有且仅有一点接地。（　　）

四、问答题

17. 简述串联电抗器与并联电抗器的作用。

18. 严寒季节时高压电抗器特殊巡视项目和要求是什么？

19. 高温季节时高压电抗器特殊巡视项目和要求是什么？

20. 高压电抗器故障后巡视项目和要求是什么？

第十章

电 抗 器

第一节 电 抗 器 概 述

一、电抗器的基本情况

电抗器也称电感器，通电长直导体的电感较小，所产生的磁场不强，因此实际的电抗器是导线绕成螺线管形式，称空心电抗器；有时为了让这只螺线管具有更大的电感，便在其中插入铁芯，称铁芯电抗器。电抗器专指电感器。

本章所说的电抗器，是指变电站低压母线上的并联电抗器，以及电容器组中的串联电抗器。

二、电抗器的分类

（1）按结构及冷却介质分类。可分为空心式、铁芯式、干式、油浸式等，如干式空心电抗器、干式铁芯电抗器、油浸铁芯电抗器、油浸空心电抗器、夹持式干式空心电抗器、绕包式干式空心电抗器等。

（2）按接法分类。可分为并联电抗器和串联电抗器。

（3）按功能分类。可分为限流式和补偿式。

（4）按相数分类。可分为单相和三相。

（5）按安装地点分类。可分为户内型和户外型。

三、电抗器常见型号

电抗器型号以字母和数字组成，并以短横线隔开。斜线右侧以数字表示产品的电抗率，其表示方法如图 10-1 所示。

图 10-1 电抗器产品型号示意图

常见的电抗器型号见表 10-1。

表 10-1 常见电抗器型号

电压等级（kV）	型号	结构形式
66	BKK-20000/63	并联空心电抗器
66	BKK-30000/63	并联空心电抗器
66	BKK-30000/66	并联空心电抗器
66	CKK-1000/66-5	串联空心电抗器

电压等级（kV）	型号	结构形式
66	CKK-1350/66-6	串联空心电抗器
66	CKK-2400/66-12	串联空心电抗器
66	BKK-20000/66	并联空心电抗器
66	BKGKL-20000/66	并联空心电抗器
66	BKDGKL-15000/66	并联单相空心电抗器
66	BKDGKL20000/66	并联单相空心电抗器
66	BKDCKL-20000/66	并联单相环氧浇筑电抗器
66	BKGKL-20000/66	并联空心电抗器
35	CKGKL-166.8/35-5	串联空心电抗器
35	CKGKL-166.7/35-5	串联空心电抗器
35	BKGKL-5000/35	并联空心电抗器
35	BKK-5000/35	并联空心电抗器
35	CKGKL-240/35-6	串联空心电抗器
35	CKGKL-166.8/35-5	串联空心电抗器
10	CKSC-300/10-5	串联三相环氧浇筑电抗器
10	CKSC-200/10-5	串联三相环氧浇筑电抗器
10	CKGKL-33.4/10-5	串联空心电抗器
10	CKGKL-10-33.4/0.32-5	串联空心电抗器
10	CKK-33.4/10-5	串联空心电抗器

第二节　电抗器原理

一、电抗器的作用

并联电抗器一般并联在变电站的低压侧母线，通过主变压器向系统输送感性无功功率，用以补偿输电线路的容性无功，防止轻负荷时线路端电压升高，同时，可通过调整并联电抗器的数量来调整运行电压，维持输电系统的电压稳定，如图 10-2 所示。

图 10-2　并联电抗器

串联电抗器主要用来限制短路电流，可安装在线路侧、主变压器低压侧或串联在电容器成套装置中（见图 10-3），作用如下：

（1）降低电容器组的涌流倍数和频率。当接入电容器组容抗量 5% 的串联电抗器后，合闸的最大涌流可限制在 5 倍额定电流，震荡持续时间缩短至几个周期。

（2）电容器本身短路时，可限制短路电流，外部短路时也可减少电容对短路电流的助增作用。

图 10-3　串联电抗器

（3）减少非故障电容向故障电容的放电电流。

（4）降低操作过电压。

（5）在并联电容器补偿装置中与并联电容器串联，用以抑制谐波电流和限制合闸涌流。

本节主要以空心电抗器和铁芯电抗器为例进行介绍。

二、空心电抗器结构

空心式电抗器没有铁芯，只有线圈，磁路为非导磁体，因而磁阻很大，电感值很小且为常数。空心电抗器的结构形式多种多样，用绝缘压板和螺杆将绕好的线圈拉紧被称为夹持式空心电抗器，将线圈用玻璃丝包绕成牢固整体的被称为绕包式空心电抗器，如图 10-4 所示。

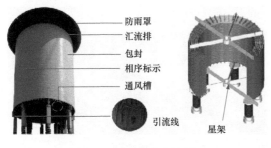

防雨罩
汇流排
包封
相序标示
通风槽
引流线
星架

图 10-4　空心式电抗器

（1）防雨罩。防止雨水随缝隙渗进电抗器，造成绝缘受潮。

（2）汇流排。用于汇集各绕组单元的电流。

（3）包封。电抗器由多个包封组成，每个包封由环氧树脂浸渍的玻璃纤维绕包固化而成，为一刚性整体，整个线圈具有较强的抗短路电流能力。

（4）相序标示。指示电抗器相序。

（5）通风槽。电抗器包封间通过支撑架形成绕组散热通道，称为通风槽，有利于空气对流散热，增强散热性能。

（6）星架。对电抗器的整体结构起固定和支撑作用。

三、铁芯电抗器结构

铁芯电抗器主要是由铁芯和线圈组成。由于铁磁介质的导磁率极高且磁化曲线是非线

图 10-5　铁芯电抗器结构分解图

性的，所以用在铁芯电抗器中的铁芯必须带有气隙。带气隙的铁芯，其磁阻主要取决于气隙的尺寸。由于气隙的磁化特性基本上是线性的，所以铁芯电抗器的电感值仅取决于自身线圈匝数以及线圈和铁芯气隙的尺寸。

铁芯电抗器结构分解图如图 10-5 所示。

1. 铁芯

铁芯由铁芯柱和铁轭两部分组成，铁芯柱由若干个铁芯饼叠置而成，铁芯饼之间用环氧间隙板绝缘板（小容量产品）或大理石块（大容量产品）隔开，形成间隙，如图 10-6 所示。间隙是影响电抗器电抗值的主要因素。

铁轭用多层的硅钢片叠加而成，铁轭位于铁芯柱的上下两侧，与铁芯柱接触形成磁路，铁轭结构与变压器铁轭结构相同。

铁芯主要作用是：提供磁路、支撑作用，并保证电抗值线性关系。

2. 线圈

线圈由电磁线和环氧浇注料以及多种绝缘件（如网格布、环氧玻璃布板等）组成。线圈上有许多气道，方便电抗器在运行过程中进行散热（见图 10-7）。环氧浇注料有较高的绝缘耐热等级，大大提高了电抗器的安全稳定性。

铁芯柱　　　　　　　　　　　　　　　　　铁芯饼

图 10-6　铁芯

线圈的主要作用是：绕组中的电磁线是电抗器的电气回路，环氧浇注料和绝缘件起到电气绝缘和支撑的作用。

3. 绝缘子

绝缘子一般由环氧浇注或模压而成，具有一定的抗弯抗扭能力。端部有螺纹孔用于固定，表面有一道道的环状以提高爬距，如图 10-8 所示。

绝缘子的主要作用是：对接线铜排起到支撑作用，防止电抗器在运行过程中出现爬电现象。

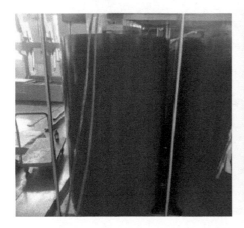

图 10-7 线圈及线圈气道

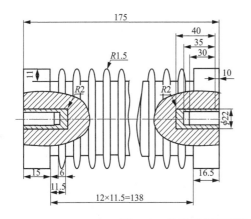

图 10-8 绝缘子剖面图及实物图

4. 接线铜排及汇流排

接线铜排材料一般为镀锡铜排，具有良好的导电性。接线铜排连接母线，汇流排连接三相绕组尾端处的接线端子作为封星，如图 10-9 所示。

5. 夹件、底座、压梁

夹件及底座多由 Q235 钢制成，有较高的结构强度。上夹件用于固定上铁轭，同时连接绝缘子及上压梁。下夹件用于固定下铁轭，支撑线圈，同时连接底座及下压梁。上下压梁与拉螺杆配合，给铁芯提供上下拉紧力。底座与地面预埋件焊接，支撑整个电抗器，如图 10-10 所示。

接线铜排　　　　　　　　　　　　汇流排

图 10-9　接线铜排及汇流排实物图

下夹件及底座　　　　　　　　　　上夹件及压梁

图 10-10　夹件及底座压梁实物图

第三节　电抗器巡视要点

（1）包封表面无裂纹、无爬电、无油漆脱落现象。干式空心电抗器在冲击电流作用下会发生绕组与绕包绝缘的开裂情况。由于绝缘开裂，干式空心电抗器会发生绝缘受潮现象，其绕组间绝缘性能和径向绝缘会由此发生绝缘劣化过程，造成电抗器绝缘击穿甚至爆炸。

（2）空心电抗器撑条无松动、位移、缺失等情况。电抗器撑条松动、位移、缺失，将会造成包封间绝缘距离降低，影响包封间通风散热，增大了绝缘击穿的风险，同时也可能会使电抗器本体发热。

（3）铁芯电抗器紧固件无松动，温度显示及风机工作正常。

1）铁芯电抗器紧固件松动脱落的危害不容忽视，轻则增加噪声，加大电抗器振动幅度；重则导致设备接触不良，进而引起接触电阻增加，接触面发热现象严重，最终产生弧光放电、相间短路，造成故障停运。

2）温度显示及风机故障，可能直接导致线圈温升加速，危及设备的绝缘和使用寿命。

（4）引线无散股、断股、扭曲，松弛度适中；连接金具接触良好，无裂纹、发热变色、变形。当电抗器接线端子的紧固不良时，因风的压力或积雪等，可能会使引线脱落，同时，也会受所处环境温度、热胀冷缩、引线自身质量问题影响，发生断股、散股现象。引线散股、断股、扭曲或过紧，将会使引线放电、发热。连接处接触不良或有裂纹，将会使连接部位接触电阻过大，引起发热现象。

（5）绝缘子无破损，金具完整；支柱绝缘子金属部位无锈蚀，支架牢固，无倾斜变形。绝缘子破损会导致设备绝缘性能降低，发生放电闪络现象。支柱绝缘子金属部位因长期暴露在室外，防腐不到位，容易出现锈蚀现象，造成设备连接不牢固而歪斜倒塌。支架不牢固，出现倾斜变形，会造成设备倒塌，引起跳闸、设备损坏事故。

（6）运行中无异常声响、震动及放电声。电抗器正常运行时，发出均匀的"嗡嗡"声，如响声均匀，但比平时增大，可能是电网电压较高，发生单相过电压或产生谐振过电压等，可结合电压表计的指示进行综合判断。如有杂音，可能是零部件松动或内部原因造成。如有放电声，外表放电多半是污秽严重或接头接触不良造成的；内部放电声多半是不接地部件静电放电、线圈匝间放电等。对于干式空芯电抗器，在运行中或拉开后经常会听到"咔咔"声，这是电抗器由于热胀冷缩而发出的正常声音，如有其他异响，可能是紧固件、螺钉等松动或是内部放电造成的。出现以上现象，均有可能造成电抗器发热、内部绝缘击穿导致跳闸事故。

（7）电抗器运行中无过热现象。温度异常一般表现为油浸电抗器温度计指示偏高或已经发出超温报警，干式电抗器接头及包封表面过热、冒烟。引起电抗器过热的原因主要有：①过电压运行；②附近有铁磁性材料形成铁磁环路，造成电抗器漏磁损耗过大；③接线端子与绕组焊接处的焊接电阻过大，从而使接线端子处温升过高；④电抗器在运行时温度过高，加速聚酯薄膜老化，当引入线或横面环氧开裂处雨水渗入后加速老化，会使电抗器丧失机械强度，造成匝间短路引起火灾事故。

（8）表面涂层无破裂、起皱、鼓泡、脱落现象。电抗器表面涂层主要是绝缘材料和憎水涂料，涂层破裂、起皱、鼓泡、脱落会造成绝缘性能降低、憎水效果变差，当大雾或雨天受潮时，会导致表面泄漏电流增大，出现发热现象，造成局部表面电阻改变，电流在该中断处形成很小的局部电弧。随着时间的增长，电弧将发展与合并，在表面形成树枝状放电烧痕，形成沿面树枝状放电。

（9）电抗器故障跳闸后，要重点检查线圈匝间及支持部分有无变形、烧坏，瓷件有无破损、裂缝及放电闪络痕迹。由于电抗器结构的特殊性且大部分电抗器是装设在围栏中的，因此在巡视检查设备时，会有许多巡视死角，需要巡视人员多角度、多方位的巡视检查，重点对线圈、磁件内侧仔细检查。

（10）电抗器应接地良好，本体风道通畅，上方架构和四周围栏不应构成闭合环路，周边无铁磁性杂物。

由于电抗器周围磁场的影响，使得与电抗器中心轴线垂直的闭合环路内产生环流，在铁磁性金属围栏构架中造成发热。电抗器围栏构架发热，不仅使电抗器有功损耗增加，也改变了电抗器磁场的分布，对电抗器的参数造成影响，影响电抗器的正常运行。所以，电抗器围栏不应有闭合环路，应设置断开点，防止形成环流，日常巡视时，也应加强对电抗器本体及围栏的测温。

（11）电抗器引流线无散股、断股、扭曲，松弛度适中；连接金具接触良好，无裂纹、发热变色、变形。电抗器引流线散股、断股，会造成引流线电阻过大，出现放电、发热现象。连接金具接触不良，会造成电阻过大、金具过热现象。

（12）电抗器防雨罩完好，无裂纹、缝隙。空心电抗器一般会在其顶部安装防雨罩，防止雨水长期浸泡电抗器，造成绝缘包封起皱、鼓包或短路跳闸事故。

（13）电抗器接地引下线无发热现象。由于干式空心电抗器的漏磁场非常大，对电抗器本体及周围环境会产生很大的影响，接地引下线会在强磁场的影响下产生涡流，出现发热现象，因此，在电抗器运行过程中，应对电抗器周围的金属设备进行重点测温。

第四节 典 型 案 例

案例一：750kV××变电站66kV8号电抗器故障事故

（1）情况说明。3月3日12时43分，750kV××变电站66kV8号电抗器过电流Ⅱ段动作跳闸。66kV8号电抗器型号BKGKL-20000/66W，为干式空心并联电抗器，2013年10月生产，2015年6月30日投运。

（2）检查处理情况。

1）设备检查情况。8号电抗器A相本体一支柱绝缘子表面有放电烧蚀痕迹，该绝缘子伞群有两处明显破损，电抗器本体线圈及上方防雨防尘罩存在明显故障烟熏痕迹，如图10-11所示。

图10-11 8号电抗器A相本体2处明显破损示意图

2）保护动作分析。3月3日12时43分56秒570，电抗器保护装置过电流Ⅱ段出口，A相故障电流0.973A（变比为1500/1，一次电流折算达到1459.5A）。故障前，66kV系统三相电压一致，线电压62.87kV，相电压36.3kV。查阅故障前30天内66kV系统未出现过电压，初步排除系统过电压原因。故障电压录波图如图10-12所示。

3）故障发生后，A相电压有效值降至2kV左右（该击穿并非金属性直接接地，而是经绕组及绝缘子沿面闪络接地，所以故障相电压未降至0）；B、C相电压有效值升高至62.04kV，较故障前升至$\sqrt{3}$倍相电压；故障后A相电流由465A增加至1459.5A，

较故障前增大约 3 倍，A 相电流与 BC 相向量和为 0，符合中性点不接地系统单相接地
故障特征。

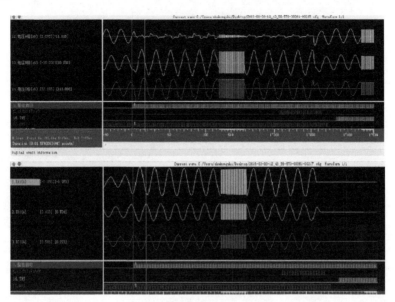

图 10-12　故障电压录波图

4）现场检测及分析。电抗器本体对地绝缘电阻测试均为 100000MΩ，合格；直流
电阻测试，A：216.05mΩ，B：190.66mΩ，C：190.34mΩ，A 相误差达 15.48％；电

感测试，A：232.77mH，B：232.18mH，C：233.28mH，计算电抗值与出厂值比较
无明显差异。由试验数据得出，A 相电抗器
直流电阻偏大，与出厂值比较误差达
15.48％，相间互差达 12.92％（规程要求不
大于 2％），初步判断 A 相电抗器绕组局部
短路。故障电抗器如图 10-13 所示。

（3）原因分析。故障当天零时起为大风
雪天气，中午 12 时降雪停止后环境温度上

图 10-13　故障电抗器示意图

升较快，积雪融化的污水由上部防雨防尘罩压接缝隙处流入电抗器本体，分析造成故
障的原因可能为：

1）外部绝缘涂层存在开裂，雪水进入线圈内部造成短路故障，如图 10-14 所示。

2）雪融水的形成水流（含杂质）沿电抗器第一层与第二层表面向下流动（见
图 10-15），造成电抗器匝间绝缘击穿，故障产生的烟尘顺着散热通道瞬间冲向电抗器
上下两端，进而引发电抗器下部支柱绝缘子沿面放电接地，如图 10-16 所示。

（4）措施及建议。

图 10-14　雪水流动路径示意图

1）对同类型电抗器防雨防尘盖和本体绝缘涂层排查，消除防雨防尘盖进水缝隙，本体涂层开裂剥落处及时复涂防污闪涂料，消除绝缘包封隐患。

2）突发异常天气情况下，运维人员应及时巡视检查设备，开展红外和紫外检测工作，提前预防绝缘故障。

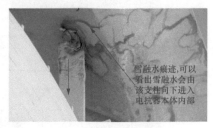

图 10-15　雪水流动痕迹

图 10-16　8 号并联电抗器雪融水路径示意图

案例二：750kV××变电站 66kV 6 号电抗器故障跳闸

（1）情况说明。750kV××变电站 66kV6 号电抗器故障跳闸，该电抗器出厂日期为 2010 年 5 月，出厂编号 09781，形式为干式空心并联电抗器，型号为 BKGKL-20000/66W，2011 年 6 月 12 日投运。

电抗器线圈为铝导线，采用湿法绕制，每个包封有 6 层绕组，每根铝导线外涂刷环氧树脂，充当绕组匝间绝缘。绕制成形后，在内外两侧包绕玻璃纤维，形成包封绝缘，包封之间安装引拨条进行隔离支撑。最后将绕组固定到星形架上，绕组首尾端分别焊接至上下星形架上。该站电抗器为调整每个包封间温升平衡，在顶部绕组上方增加调匝环进行调节，如图 10-17 所示。

（2）检查处理情况。首先对现场设备外观进行检查，设备本体无飘挂物；对设备基座、本体外表面及电抗器上部检查，未发现鸟巢、鸟粪等痕迹；检查设备发现 A 相电抗器本体一处支柱绝缘子有烧灼发黑的痕迹，本体底部有烧黑痕迹，1 号层包封与星形架连接 1 根绕组断裂；顶部保护伞有熏黑痕迹，1 号层、2 号层包封与顶部星架连接的 6 根绕组烧断；2 号层与 3 号层间四条引拔条在接地电流的冲击下发生严重位移，如图 10-18 所示。

（3）原因分析。该电抗器从 2011 年投运至今，已运行 7 年多，分析造成上述原因可能为：电抗器本体绝缘老化，绕组匝间绝缘在进行绕制过程中可能存在环氧树脂浸渍不均匀等情况，导致匝间绝缘存在薄弱部位。在户外长时间运行情况下，受外界环境及自身发热等条件影响，电抗器绝缘逐渐劣化。近期由于气温变化较大，设备受早晚温差影响热胀冷缩，导致绝缘局部损伤，在绝缘薄弱部位产生击穿，造成匝间短路。

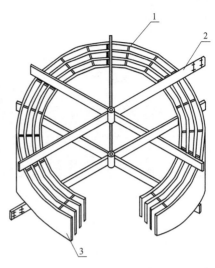

图 10-17　户外干式空心电抗器示意图
1—引拔条；2—接线臂；3—包封绝缘

一处支柱绝缘子有
烧灼发黑的痕迹

底部1号层包封与星形
架连接1根绕组烧断

1号层、2号层包封与顶部
星形架连接6根绕组烧断

图 10-18　电抗器故障情况

（4）措施及建议。对于投运年限过长的设备应加强巡视检查，在高温、雨雪、雷雨天气后，应增加特巡，重点进行设备外观检查，利用红外测温、紫外检测等多种手段对设备运行情况进行评估。

案例三：220kV××变电站 10kV 干式铁芯电抗器外绝缘开裂

（1）情况说明。2017 年 2 月 9 日，运维人员例行巡视发现 220kV××变电站 10kV 干式铁芯电抗器外绝缘开裂，2017 年 2 月 14 日经过复测诊断分析，判断为电抗器生产过程中操作不当，制造工艺把控不严，导致绕组接线端子处出现开裂，如图 10-19

所示。

图 10-19　电抗器绕组接线端子处表面开裂情况

（2）检查处理结果。申请停电后，检查发现电抗器接线板处存在明显裂纹，遂对其他间隔也进行了检查，发现该站电容器组串联电抗器均存在不同程度的开裂情况，已不具备投运条件，对其进行更换处理。

（3）原因分析。通过对铁芯电抗器的结构、绕线工艺、环氧树脂浇筑流程等进行查阅，结合电抗器开裂的位置进行对比，经过分析得出以下几方面原因：

1）电抗器生产过程中，绕组在固化结束后的出炉温度与环境温差过大，导致绕组内部存在结构应力，在后期运行过程中受到热胀冷缩的影响，应力逐步释放引起绕组接线端子处出现开裂。

2）绕组开裂处位于电抗器两侧接线端子位置，此处为绕组凸台，内部没有绕组导线，全部为环氧树脂浇筑而成，为提高此处结构强度，浇筑时添加抗拉伸材料，电抗器生产过程中放置填充物时操作不当，未起到相应效果。

3）电抗器接线端子位置金属面积偏大，由于金属与环氧树脂的膨胀系数不同，一定程度上加剧了此处的变形量，成为应力释放点。

（4）措施及建议。

1）巡视过程中，在设备接头红外测温的基础上，注重外表面的巡视，可采取高清摄像、高倍望远镜等手段对环氧树脂绝缘设备开展精益巡视。

2）注重干式外绝缘设备的运行环境，特别是户内设备注重通风散热，防止开裂加剧。

第五节　习　题　测　评

一、单选题

1. 电抗器外绝缘破损、包封开裂处理原则错误的是（　　　）。

A. 检查外绝缘表面缺陷情况，如破损、杂质、凸起等

B. 判断外绝缘表面缺陷的面积和深度

C. 查看外绝缘的放电情况，有无火花、放电痕迹

D. 待设备缺陷消除后，可重新投运电抗器

2. 不属于电抗器红外检测重点检测部位的是（　　）。

A. 电抗器本体　　　　B. 引线接头　　　　C. 电缆终端　　　　D. 引线

3. 电抗器应（　　）良好，本体风道通畅，上方架构和四周围栏不应构成闭合环路，周边无铁磁性杂物。

A. 接地　　　　　　　B. 运行　　　　　　C. 导电　　　　　　D. 外观

4. 电抗器存在较为严重的缺陷（如局部过热等）或绝缘有弱点时，不宜超（　　）运行。

A. 额定电流　　　　　B. 额定电压　　　　C. 额定功率　　　　D. 额定负载

5. 干式电抗器有杂音，应重点检查是否为零部件（　　）或内部有异物，汇报调控人员并联系检修人员进一步检查。

A. 膨胀　　　　　　　B. 松动　　　　　　C. 变形　　　　　　D. 断裂

二、多选题

6. 电抗器应接地良好，本体风道通畅，（　　）不应构成闭合环路，周边无铁磁性杂物。

A. 上方构架　　　　　B. 前方构架　　　　C. 后方构架　　　　D. 四周围栏

7. 干式电抗器内部有放电声，检查是否为（　　），影响设备正常运行的，应汇报调控人员，及时停运，联系检修人员处理。

A. 不接地部件静电放电　　　　　　　　B. 线圈匝间放电

C. 污秽严重　　　　　　　　　　　　　D. 接头接触不良

8. 空心电抗器撑条无（　　）等情况。

A. 位移　　　　　　　B. 松动　　　　　　C. 缺失　　　　　　D. 锈蚀

9. 运维人员在巡视时发现运行中干式电抗器发现电抗器（　　）表面异常过热、冒烟，应立即申请停用，停运前应远离设备。

A. 支持绝缘子　　　　B. 接头　　　　　　C. 包封　　　　　　D. 线圈

10. 干式电抗器正常运行时，响声均匀，但比平时增大，可能是由（　　）原因引起。

A. 电网电压较高　　　　　　　　　　　B. 发生单相过电压

C. 产生谐振过电压　　　　　　　　　　D. 环境温度过高

三、判断题

11. 运行中的电力电抗器周围有很强的磁场。（　　）

12. 电抗器送电前必须试验合格，各项检查项目合格，各项指标满足要求，并经验收合格，方可投运。（　　）

13. 电抗器应满足安装地点的最大负载、工作电压等条件的要求。正常运行时，串联电抗器的工作电流应不大于其1.2倍的额定电流。（　　）

14. 电抗器存在较为严重的缺陷（如局部过热等）或绝缘有弱点时，不宜超额定电流运行。（　　）

15. 电抗器应接地良好，本体风道通畅，上方架构和四周围栏不应构成闭合环路，周边无铁磁性杂物。（　　）

16. 电抗器的引线安装，应保证运行中一次端子承受的机械负载不超过制造厂规定的允许值。（　　）

17. 具备告警功能的铁芯电抗器，温度高时应能发出"超温"告警信号。（　　）

18. 并联电抗器的投切按调度部门下达的电压曲线或调控人员命令进行，系统正常运行情况下电压需调整时，应向调控人员申请，经许可后可进行操作。（　　）

19. 站内并联电容器与并联电抗器不得同时投入运行。（　　）

20. 因总断路器跳闸使母线失压后，应将母线上各组并联电抗器退出运行，待母线恢复后方可投入。正常操作中不得用总断路器对并联电抗器进行投切。（　　）

21. 有条件时，各组并联电抗器应轮换投退，以延长使用寿命。（　　）

四、简答题

22. 电抗器运行时内部有放电声，应如何处理？

23. 并联电抗器和串联电抗器各有什么作用？

24. 线路电抗器在哪些情况下必须进行特殊巡视？

25. 干式电抗器新投入后巡视的项目有哪些？

26. 干式电抗器异常天气时巡视的项目有哪些？

27. 试求型号为 NKL-10-400-6 的电抗器感抗 X_L。

第十一章

电 容 器

第一节 电容器概述

一、电容器基本情况

电网中的电力负荷如电动机、变压器等，大部分属于感性负荷，在运行过程中需向这些设备提供相应的无功功率。在电网中安装并联电容器以后，可提供感性负载所消耗的无功功率，减少电网电源通过线路向感性负荷输送的无功功率，由于减少了无功功率在电网中的流动，因此可降低线路和变压器因输送无功功率造成的电能损耗。

并联电容器原称移相电容器。主要作用是补偿电力系统感性负荷的无功功率，以提高功率因数，改善电压质量，降低线路损耗。

二、电容器常见型号

电容器型号表示方法如图 11-1 所示。

图 11-1　电容器型号表示方法

常见电容器型号见表 11-1。

表 11-1　　　　　　　　　常见电容器型号

额定电压（kV）	型号	单个容量（μF）	整组容量（μF）
66	TBB66-60000/500-AQW	500	60000
66	TBB66-90048/536-AQW	536	90048
66	TBB66-90000/500AQW	500	90000
66	TBB66-70800/590AQW	590	70800
66	BKGKL-15000/66W	15000	15000

额定电压（kV）	型号	单个容量（μF）	整组容量（μF）
66	BKGKL-20000/66W	20000	20000
66	BKGKL-30000/66W	30000	30000
35	TBB35-10008/417-ACW	417	10008
10	BAM11/√3-334-1W	334	—
10	BAMH11/√3-2400-1×3W	2400	—
10	BAMH11/√3-1500-1×3W	1500	—
10	TBB 10-2004/334-AKW	334	2004
10	TBB 10-3006/334-AKW	334	3006
10	TBB 10-6012/334-ACW	334	6012
10	BAM511/√3-334-1W	334	—
10	TBB 10-4008/334-AKW	334	4008
10	BAM11/2-417-1W	417	—
10	BAMr11/√3-334-1W	334	—
10	BAM11.5/2-500-1W	500	—
10	BAM311/2-417-1W	417	—
10	TBBC10-4008/334AKW	334	4008

第二节　电容器原理

一、电容器基本原理

　　装有内熔丝的电容器，每个元件串联一根熔丝，当有元件发生击穿时可将故障元件退出运行而不影响其他完好元件。电容器每个串段并有内装放电电阻，能抑制熔丝动作时产生的电弧，如图 11-2 所示。

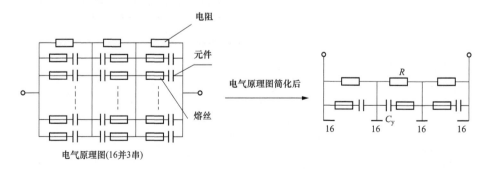

图 11-2　电容器电气原理图

二、电容器的结构

电容器主要由箱壳和器身组成，其中充满液体介质作浸渍剂。电容器对外是一个封闭的箱体。电容器有无内放电电阻和内部熔丝，均可从铭牌上查出。电容器结构图如图 11-3 所示。

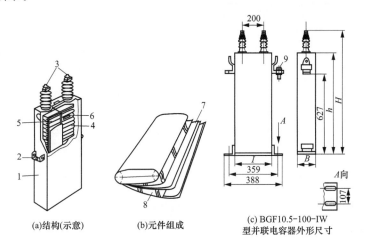

图 11-3 电容器结构图

1—箱壳；2—吊攀；3—出线瓷套管；4—电容器芯子元件；5—内部熔丝；
6—内装放电电阻；7—电容器纸或膜纸复合介质；8—铝箔；9—接地螺栓

1. 电容器元件

元件以铝箔作电极，以双面粗化聚丙稀薄膜作介质，卷绕而成，如图 11-4 所示。

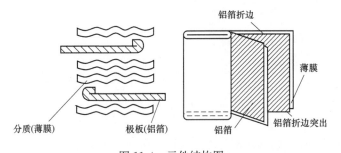

图 11-4 元件结构图

2. 芯子

芯子由数个元件串并联所组成，元件的连接采用铝箔端部钎焊，每个串联段都设有至少一个内装放电电阻，可形成不同的电气连接，以适应不同的电压和容量，如图 11-5所示。

3. 电容器内部熔丝

在电容器单元内部元件间相串联的熔丝，称为内熔丝。一般大容量电容器中每个元件

图 11-5　芯子

都串接有内熔丝，当某个元件击穿时，熔丝熔断，可迅速将故障元件隔离，电容器可正常运行。熔丝在两元件大面外面之间，可有效防止由于熔丝熔断造成的元件群爆发生，同时对未击穿元件有一定的保护作用，如图 11-6 所示。

4. 电容器单元

一个或多个电容器元件组装于单个外壳中并有引出端子的组装体。具体的组装流程如图 11-7 所示。

图 11-6　内部熔丝

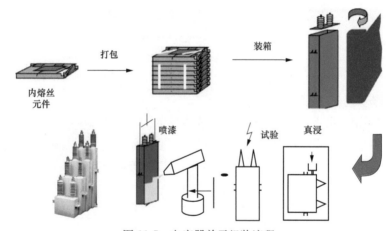

图 11-7　电容器单元组装流程

5. 箱壳

箱壳由薄钢板或不锈钢板密封焊接而成。箱壳通过变形对其内部液体介质体积随温度的变化进行补偿。正常的油补偿外壳两侧厚度的增加应不超过电容器厚度的 15%。箱盖上有出线套管。箱壳两侧焊有吊攀，供搬运和安装使用。

6. 液体介质

电容器的液体介质可以是二芳基乙烷、苄基甲苯、苯基乙苯基乙烷或其他液体。

三、电容器成套装置结构

将电容器单元组装在钢支架上，在电气上连接在一起，形成一组电容器单元，与隔离开关、避雷器、串联电抗器、放电线圈等设备连接在一起，组成电容器成套装置，如图 11-8 所示。整套装置安装在围栏内，保持足够的安全距离，框架、支柱绝缘子让各部件在空间中合理分布，并保持良好的绝缘。

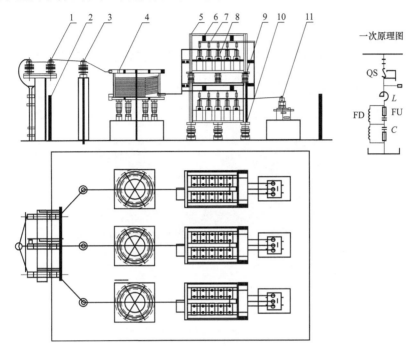

图 11-8　电容器成套装置结构图

1—隔离开关；2—围栏；3—避雷器；4—干式空心串联电抗器；5—框架；6—支柱绝缘子；

7—高压熔断器；8—高压电容器；9—支柱绝缘子；10—支柱绝缘子；11—油浸放电线圈

1. 隔离开关

电容器本体一般选用四极隔离开关，如图 11-9 所示。高压电容器组是星形接线，有一个封星点在运行中不能接地，在停运中需要接地放电，使用四极隔离开关，运行时主刀三极导通，停运时四极接地。

图 11-9　电容器本体隔离开关实物图

2. 避雷器

电容器组中一般使用氧化锌避雷器，电容器在放电时会产生幅值大、陡度大的放电电流，氧化锌避雷器利用其非线性特性，可截断超过保护水平的暂态过电压，从而保护电容器。氧化锌避雷器结构介绍可参考避雷器相关章节。

3. 串联电抗器

并联电容器组中的串联电抗器可降低电容器投入时涌流的变化率，与电容器组成串联谐振滤波器，以滤去系统的主要特征谐波。限制故障电流，保护电容器元件，其结构介绍参考电抗器相关章节，如图11-10所示。

图 11-10　串联电抗器实物图

4. 放电线圈

放电线圈是当电容器从电源脱开后能将电容器端子上的电压在规定时间内降到规定值的带有绕组的器件，每星臂接一只放电线圈，确保停电检修人员的安全。如图 11-11、图 11-12 所示，放电线圈分为油浸式和干式两种类型。

图 11-11　常见油浸式放电线圈

图 11-12　常见干式放电线圈

放电线圈放电原理：正常运行时，放电线圈并联于电容器组两端子之间，工作在交流电压下时呈一很高的励磁阻抗，其放电等值电路如图 11-13 所示，其中 L 为放电线圈的铁芯电感，R 为放电线圈的功耗等值电阻，主要是线圈的直流电阻。电容器组被断开，放电线圈接地开关合上时，相当于一个衰减直流放电的过程。在初始直流电压的作用下，由于放电电流较大，铁芯很快饱和，铁芯电感迅速下降，电容器的储能在电阻 R 上消耗吸收。当电压衰减到较低时，由于放电电流随之减少，此时铁芯的饱和程度会减轻，其电感 L 开始回升。

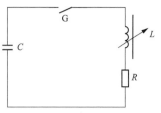

图 11-13 放电线圈的
放电等值电路

第三节 并联电容器巡视要点

（1）电容器壳体无变色、膨胀变形。可能的原因有：①介质内发生局部放电，使介质分解而析出气体；②部分元件击穿或极对壳击穿，使介质分解而析出气体；③运行电压过高或开关重燃引起的操作过电压，产生局部放电，产生气体。发生"鼓肚"的电容器不能修复，只能拆下更换新的电容器。若未及时发现"鼓肚"的电容器或更换不及时，故障进一步发展，会造成电容器击穿，影响电容器正常运行。

（2）集合式电容器无渗漏油，油温、储油柜油位正常。电容器表面或下方有油迹，可能的原因有：①安装搬运时提拿套管使法兰或接线头受损、产生裂纹，导致渗漏油；②安装拧螺帽时用力过大造成套管损伤导致渗漏油；③漆层脱落，箱壳锈蚀；④日光暴晒，温度变化剧烈；⑤产品制造过程中产生缺陷导致的渗漏油情况。未能及时发现电容器渗漏油情况并及时进行处理，电容器表面脏污，电容器性能下降、加速老化，严重缺油的后果是冒烟、爆炸、起火。

（3）放电线圈二次接线紧固无发热、松动现象；干式放电线圈绝缘树脂无破损、放电；油浸放电线圈油位正常，无渗漏。

1）放电线圈二次接线松动，接触不良，会引起引线及接线处发热。

2）干式放电线圈绝缘树脂破损，会引起表面放电闪络，造成设备损坏。

3）油浸放电线圈油位异常或有渗漏油现象，一般是由连接部件密封不严、锈蚀松动引起，缺油会造成放电线圈绝缘性能下降，严重时会引起爆炸火灾等事故。

（4）避雷器垂直和牢固，外绝缘无破损、裂纹及放电痕迹，运行中避雷器泄漏电流正常、无异响。避雷器外绝缘破损、裂纹，会造成避雷器外绝缘放电、击穿，可能会使电容器组接地短路跳闸。运行中避雷器泄漏电流异常，说明避雷器内部有故障，若电容器组出现操作过电压或雷电过电压，避雷器无法保护电容器设备，造成设备绝缘击穿、损坏。

（5）引线、接头无放电、发红过热迹象。环境温度过高、扭矩偏小、接触电阻过大、线夹开裂导致接触不良、铜铝直接接触造成发热、紧固件与螺栓之间产生间隙、造成松动产生接触不良，均会使电容器组接头、引线出现发热现象。电容器及电容器组中各设备部件发热，可能烧毁电容器等设备，引起火灾事故。

（6）线夹及导线无氧化、开裂现象。线夹接触电阻过大、扭矩过大，导致开裂；线夹温升过高，导致氧化、开裂。未及时发现线夹及导线氧化、开裂现象，导线或线夹易断裂，造成电容器短路跳闸。

（7）电容器围栏应设置断开点，防止形成环流，造成围栏发热。围栏内应无杂草，围栏上无杂草搭挂。电容器周围金属设备会受到电容器组产生的强电磁场影响，在设备内部产生涡流，若围栏未设置断开点，将在围栏上产生环流，造成围栏发热。

围栏内杂草过高，与电容器组内设备安全距离不足，可能发生放电现象，严重时，杂草燃烧，发生火灾事故。

（8）电容器接地引下线无发热现象。成套电容器组的漏磁场对周围环境会产生很大的影响，接地引下线会在强磁场的影响下，产生涡流，出现发热现象，因此，在电容器运行过程中，应对电容器周围的金属设备进行重点测温。

（9）电容器室通风系统完好。运行中的并联电容器组电抗器室温度不应超过 35℃，当室温超过 35℃时，干式三相重叠安装的电抗器线圈表面温度不应超过 85℃，单独安装不应超过 75℃。电容器室运行环境温度超过并联电容器装置所允许的最高环境温度时，应进行通风量校核，对不满足消除余热要求的，应采取通风降温措施或实施改造。

（10）电容间连接引线无松动，绝缘皮无破损，电容器外部连接排绝缘热缩套完好，无鞭裂，脱落现象。防止连接引线或连接排外部绝缘破损造成短路事故发生。

第四节　典　型　案　例

案例一：35kV××变电站10kVⅠ段Ⅱ组电容器内部电容击穿导致电容不平衡电压保护动作跳闸

（1）情况说明。2019 年 10 月 4 日 07 时 24 分，35kV××变电站 10kVⅠ段Ⅱ组电容器不平衡电压保护动作，断路器跳闸。

（2）检查处理情况。10 月 4 日 14 时 10 分，现场运行人员向调度申请将 10kVⅠ段Ⅱ组电容器转检修操作完毕，并同变电检修人员办理完工作许可手续后，检修人员开始对 10kVⅠ段Ⅱ组电容器间隔一次、二次设备进行检查，检查发现 10kVⅠ段Ⅱ组电容器间隔一次、二次设备外观均无异常，于是对该电容器进行进一步检查，检修人员用万用表在测量该电容器的电容量时发现 C 相电容量较 A、B 相下降较多，怀疑 C 相电容单元内部故障，于是立即通知检修中心，派高压试验人员进行精确的诊断性试验。

10 月 4 日 17 时 30 分，高压试验人员到达 35kV××变电站现场开始对 10kVⅠ段Ⅱ组电容器进行停电试验，试验结果为 C 相实际测量电容量与上次试验数据有明显下降，总容量与上次试验数据对比也存在差异。根据规程要求该电容器已不满足投运条件。

10 月 4 日 19 时 00 分，向调度申请将该设备转为冷备用。

（3）原因分析。综合试验数据和现场现象进行分析，10kV Ⅰ段 Ⅱ组电容器 C 相内部出现电容单元击穿，导致电容器 C 相电容量下降，是引起相间电压不平衡，导致电容器不平衡电压保护动作的直接原因。暴露出该型集合式电容器设备质量存在问题，导致在正常运行过程中绝缘电阻下降，出现电容单元击穿导致电容量下降。

（4）措施及建议。

1）该型集合式电容器出现内部故障导致电容量下降，应对网内集合式电容器申报停电计划进行排查，杜绝类似情况再次发生。

2）运维人员日常巡视过程中，若发现电容器在运行状态，应加强对电容器的特巡测温，及时发现电容器的问题。

案例二：110kV××变电站 1 号电容器因鸟窝导致短路跳闸

（1）情况说明。2015 年 3 月 11 日，110kV××变电站 1 号电容器过电流一段保护动作跳闸。

（2）检查处理情况。运维人员到现场检查发现，1 号电容器组中，有两个单体电容器有闪络痕迹，下方地面有散落的鸟窝。

（3）原因分析。110kV××变电站的 1 号电容器组是分散式布置，电容器之间的缝隙因鸟筑巢，运维人员日常巡视未及时发现，鸟窝受潮后，造成单体电容器之间短路，电容器组故障跳闸。

（4）措施及建议。运维人员日常巡视时，对电容应进行多角度巡视，重点关注单体电容器之间、干式电抗器通风槽处有无异物，发现问题及时汇报处理。

案例三：110kV××变电站 1、2 号电容器套管渗油

（1）情况说明。运维人员在设备巡视时发现 1、2 号电容器存在渗油现象，不影响正常使用，上报一般缺陷。在经过更换密封圈和清理器身等检修工作后，1、2 号电容器运行正常。设备型号：BFFH1311$\sqrt{3}$-5000-1×3W；出厂日期：2000 年 8 月 1 日。

（2）检查处理情况。检修人员同时更换了绝缘子、绝缘算盘珠和放气孔的密封圈（见图 11-14），保证持久稳定运行，防止套管再次渗油，并使用锯条打磨，用正常的螺帽修复烧损的螺纹，在导电杆上均匀涂抹导电膏，紧固接线板和导电杆等多处的螺钉，保证导电杆和接线板的紧密贴合，防止导电杆再次发热（见图 11-15），处理完静置 12h 后观察，无渗油现象。

（3）原因分析。

1、2 号电容器导电杆螺纹融化变形，说明在运行中 1、2 号电容器导电杆发热较为

严重，加速了绝缘子、绝缘算盘珠和放气孔的密封圈老化，导致密封圈龟裂严重，绝缘油从龟裂的缝隙流出，从而造成设备渗油。

11-14　龟裂的导电杆密封圈　　　　　　图 11-15　烧损的导电杆

（4）措施及建议。

1）加强密封圈材质及保存期管理，采用高性能密封圈、垫。

2）强化设备运维管理，扎实开展隐患排查治理工作，加强设备带电检测，准确掌握设备健康状况，提升设备精益化管理水平。

3）加强红外测温、带电测试工作，同时缩短巡视周期，并加强相关设备巡视。

第五节　习　题　测　评

一、单选题

1. 构架式电容器装置每只电容器应编号，在上部（　　）处贴 45～50℃试温蜡片。

    A. 1/2　　　　　　B. 1/3　　　　　　C. 1/4　　　　　　D. 1/5

2. 并联电容器组新装投运前，除各项试验合格并按一般巡视项目检查外，还应检查（　　）完好。

    A. 通风装置　　　　　　　　　　B. 充电回路和放电回路

    C. 放电回路和保护回路　　　　　D. 放电回路保护回路及通风装置

3. 并联电容器组新安装投运，在额定电压下合闸冲击（　　）次，每次合闸间隔时间（　　）分钟，应将电容器残留电压放完时方可进行下次合闸。

    A. 3 3　　　　　　B. 5 3　　　　　　C. 3 5　　　　　　D. 5 5

4. 运行中的并联电容器组电抗器室温度不应超过 35℃，当室温超过 35℃时，干式三相重叠安装的电抗器线圈表面温度不应超过（　　），单独安装不应超过（　　）。

    A. 75℃ 85℃　　　B. 85℃ 75℃　　　C. 85℃ 65℃　　　D. 65℃ 85℃

5. 并联电容器组外熔断器的额定电流应按不小于电容器额定电流的 1.43 倍选择，并不宜大于额定电流的（　　）倍。

A. 1.3　　　　　B. 1.55　　　　　C. 1.43　　　　　D. 1.35

6. 电容器引线与端子间连接应使用（　　），电容器之间的连接线应采用软连接，宜采取绝缘化处理。

　　A. 专用线夹　　　B. 专用导线　　　C. 专用工具　　　D. 专用引线

7. 室内（　　）电容器组应有良好的通风，进入电容器室宜先开启通风装置。

　　A. 并联　　　　　B. 串联　　　　　C. 串并联　　　　D. 并串联

8. 电容器围栏应设置断开点，防止形成（　　），造成围栏发热。

　　A. 高温　　　　　B. 环流　　　　　C. 短路　　　　　D. 开路

9. 电容器室不宜设置采光玻璃，门应向外开启，相邻两电容器的门应能向（　　）方向开启。

　　A. 一个　　　　　B. 两个　　　　　C. 三个　　　　　D. 四个

10. 室内布置电容器装置必须按有关消防规定设置消防设施，并设有总的消防通道，应（　　）设施完好，通道不得任意堵塞。

　　A. 不检查　　　　B. 检查　　　　　C. 不定期检查　　D. 定期检查

11. 运行中的电力电容器，当（　　）及以上外熔断器熔断时，应立即申请停运。

　　A. 1 根　　　　　B. 2 根　　　　　C. 3 根　　　　　D. 4 根

12. 电容器正常运行时，电容器壳体无变色及膨胀变形；集合式电容器无渗漏油，油温及储油柜油位正常，吸湿器受潮硅胶不超过（　　）。

　　A. 1/4　　　　　B. 1/3　　　　　C. 1/2　　　　　D. 2/3

13. 电容器故障跳闸后应巡视检查电抗器、避雷器（　　）是否完好。

　　A. 放电回路及电缆　　　　　　　　B. 外熔断器及放电回路

　　C. 电缆　　　　　　　　　　　　　D. 外熔断器放电回路及电缆

14. 正常情况下电容器的投入及切除由调控中心 AVC 系统自动控制，或由（　　）根据调度颁发的电压曲线自行操作。

　　A. 值班调控人员　B. 运维人员　　　C. 保护人员　　　D. 检修人员

15. 站内（　　）电容器与（　　）电抗器不得同时投入运行。

　　A. 串联 并联　　B. 串联 串联　　C. 并联 串联　　D. 并联 并联

16. 红外测温发现电容器壳体相对温差（　　）的，可先采取轴流风扇等降温措施。

　　A. $\delta \geq 20\%$　　B. $\delta \geq 40\%$　　C. $\delta \geq 60\%$　　D. $\delta \geq 80\%$

17. 红外测温发现电容器金属连接部分热点温度（　　）或相对温差 $\delta \geq 80\%$ 的，应检查相应的接头、引线、螺栓有无松动，引线端子板有无变形、开裂，并联系检修人员检查处理。

　　A. >20℃　　　　B. >40℃　　　　C. >60℃　　　　D. >80℃

二、多选题

18. 对用于投切电容器组等操作频繁的开关柜要适当缩短（　　）周期。

　　A. 巡检　　　　　B. 测温　　　　　C. 维护　　　　　D. 红外测温

19. 并联电容器组新装投运前，除各项试验合格并按一般巡视项目检查外，还应检查（　　）完好。

A. 充电回路　　　　B. 放电回路　　　　C. 保护回路　　　　D. 通风装置

20. 下列说法错误的有：电容器围栏应设置断开点，防止形成环流，造成围栏（　　）。

A. 接地　　　　　　B. 发热　　　　　　C. 短路　　　　　　D. 锈蚀

21. 电容器室不宜设置采光玻璃，门应向外开启，相邻两电容器的门应能向两个方向开启。电容器室的进、排风口应有防止（　　）进入的措施。

A. 外人　　　　　　B. 风雨　　　　　　C. 雷电　　　　　　D. 小动物

22. 运行中的电力电容器有下列情况时（　　），应立即申请停运。

A. 接头轻微发热　　　　　　　　　B. 电容器放电线圈严重渗漏油

C. 电容器套管发生破裂或有闪络放电　　D. 集合式并联电容器压力释放阀动作

E. 电容器的配套设备有明显损坏，危及安全运行时

23. 串联补偿装置高温季节重点检查电容器（　　）。

A. 无膨胀变形　　B. 渗漏油　　　　C. 导线无松股　　　D. 导线无断股

24. 串补装置的熄灯巡视内容有（　　）。

A. 电容器本体、引线、线夹无放电发热现象

B. 载流导体无异常发热及放电现象

C. 阀控电抗器无发热及放电现象

D. 套管表面无放电痕迹或电晕

25. 对于集合式电容器的吸湿器内硅胶，正确的是（　　）。

A. 使用变色　　　　　　　　　　　B. 硅胶罐装至顶部 1/6～1/5 处

C. 受潮硅胶不超过 2/3　　　　　　　D. 硅胶自上而下变色

26. 运行中的电力电容器有（　　）情况时，运维人员应立即申请停运，停运前应远离设备。

A. 电容器发生爆炸、喷油或起火　　　B. 接头严重发热

C. 电容器套管发生破裂或有闪络放电　　D. 电容器、放电线圈严重渗漏油时

27. 对电力电容器进行例行巡视时，应检查（　　）标识齐全、清晰。

A. 设备铭牌　　　B. 运行编号标识　　C. 相序标识　　　　D. 接地标识

28. 对电力电容器进行例行巡视时，应检查母线及引线无（　　），各连接头无发热现象。

A. 过紧过松　　　B. 散股　　　　　　C. 断股　　　　　　D. 异物缠绕

29. 对并联电容器组进行红外检测时，应重点检测的部位为（　　）

A. 各设备的接头　B. 电容器　　　　　C. 放电线圈　　　　D. 串联电抗器

30. 发现框架式电容器壳体有破裂、漏油、膨胀、变形现象后，应采取的措施是（　　）。

A. 记录该电容器所在位置编号

B. 查看电容器不平衡保护读数（不平衡电压或电流）是否有异常

C. 立即汇报调控人员，做紧急停运处理

D. 现场无法判断时，联系检修人员检查处理

31. 熄灯巡视时应检查串补的（　　）无发热及放电现象。

A. 电容器本体　　B. 载流导体　　　C. 阀控电抗器　　D. 套管表面

32. 高温季节重点检查串补装置的电容器（　　）。

A. 本体无膨胀变形　B. 本体无渗漏油　C. 导线无松股　　D. 导线无断股

33. 对于运行中的串补装置，红外测温检查部位主要考虑（　　）。

A. 引线接头　B. 电容器外壳　C. 电流流过的其他主要设备　D. 零电位设备

34. 下列关于电容器本体或引线接头发热处理原则正确的是（　　）。

A. 依据红外测温导则确定发热缺陷性质

B. 现场检查发热部位有无开焊、漏油现象

C. 记录监控系统电容器不平衡电流值，同时检查有无其他保护信号

D. 向主管部门汇报并记录缺陷，密切监视缺陷发展情况，必要时可迅速按调度命令将串补装置退出运行

三、判断题

35. 电容器围栏应设置接地点，防止形成环流，造成围栏发热。（　　）

36. 运行中的电力电容器发现接头轻微发热时应立即申请停运。（　　）

37. 室内并联电容器组应有良好的通风，进入电容器室宜先开启通风装置。（　　）

38. 吸湿器（集合式电容器）的玻璃罩杯应完好无破损，能起到长期呼吸作用，使用变色硅胶，罐装至顶部 1/6～1/5 处。（　　）

39. 相邻两电容器室的门应能向同一方向开启。（　　）

40. 站内并联电容器与并联电抗器不得同时投入运行。（　　）

41. 电容器喷射式熔断器温度超过 60℃ 需更换。（　　）

42. 运行时间超过 5 年的电容器户外用高压熔断器（外熔丝）应进行更换。（　　）

43. 电容器不平衡保护动作后，应检查故障发生时现场是否存在检修作业，是否存在引起电容器不平衡保护动作的可能因素。（　　）

44. 并联电容器组允许在不超过额定电流 30% 的运行情况下长期运行。三相不平衡电流不应超过 10%。（　　）

45. 当系统发生单相接地时，不准带电检查该系统上的电容器。（　　）

46. 电容器故障跳闸后应巡视检查电抗器、避雷器外熔断器放电回路及电缆是否完好。（　　）

47. 运行中的电力电容器，当 1 根及以上外熔断器熔断时，应立即申请停运。（　　）

48. 电容器室不宜设置采光玻璃，门应向外开启，相邻两电容器的门应能向两个方向开启。（　　）

49. 运行中的并联电容器组电抗器室温度不应超过 35℃，当室温超过 35℃时，干式三相重叠安装的电抗器线圈表面温度不应超过 80℃，单独安装不应超过 85℃。（   ）

50. 并联电容器组新安装投运，在额定电压下合闸冲击 3 次，每次合闸间隔时间 5min，应将电容器残留电压放完时方可进行下次合闸。（   ）

四、问答题

51. 系统电压波动、电容器本体有异常（如振荡、接地、低周或铁磁谐振）时，应检查电容器哪些部位？

第十二章

避 雷 器

第一节 避 雷 器 概 述

一、避雷器的基本情况

避雷器是用于限制雷电过电压或由操作引起的内部过电压，限制续流时间及续流幅值的一种电气设备。一旦出现不正常电压，避雷器发生作用，起到保护作用。避雷器有时也称为过电压保护器、过电压限制器。其中交流无间隙金属氧化物避雷器具有优异的非线性伏安特性、响应特性好、无续流、通流容量大、残压低、抑制过电压能力强、耐污秽、抗老化、不受海拔约束、结构简单、无间隙、密封严、寿命长等特点。

二、避雷器的分类

按发展的先后，目前使用的避雷器有三种，即保护间隙、阀型避雷器和氧化锌避雷器。

（1）保护间隙是最简单的避雷器，主要由两个金属电极和一个间隙构成。

（2）阀型避雷器。为了进一步改善避雷器的放电特性和保护效果，将原来的单个放电间隙分成许多短的串联间隙，同时增加了非线性电阻阀片，主要是用金刚砂 SiC 和结合剂烧结而成，称为碳化硅片，发展成阀型避雷器。

（3）氧化锌避雷器。氧化锌避雷器是在 20 世纪 70 年代出现的一种新型避雷器，它具有无间隙、无续流、残压低等优点，其阀片主要材料为氧化锌，已经成为取代阀型避雷器的新一代产品，在电力系统广泛使用。

三、避雷器常见型号

避雷器型号以 45°斜线分割成两部分，左侧为产品型号，以字母和数字组成，并以短横线隔开。斜线右侧以数字表示产品的标称放电电流下残压，其后为以字母表示的产品附加特性代号。其表示方法如图 12-1 所示。

举例说明如下：

（1）Y10W2-200/520 含义为 Y—氧化锌避雷器，10—标称放电电流，W—无间隙，2—设计序号，200—避雷器的额定电压，520—在标称放电电流下的最大残压。

（2）HY5WS1-12.7/50W 含义为 H—复合型（绝缘外套），Y—氧化锌（金属氧化物）避雷器，5—5kA 标称冲击放电电流（8/20 波形），W—无间隙，结构特征，S—线路型，I—设计序号，12.7—避雷器额定电压为 12.7kV，50—雷电冲击残压为 50kV，

W-附加特征代码。

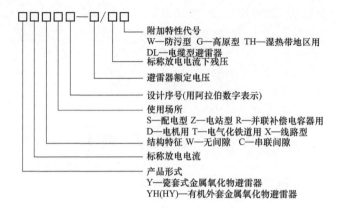

图 12-1 避雷器产品型号示意图

常见避雷器型号见表 12-1。

表 12-1　　　　　　　　　　　常见避雷器型号

额定电压（kV）	型号	标称放电电流	产品形式	结构特征
648	Y20W1-648/1491W	20	瓷套式金属氧化物	无间隙
648	Y20W5-648/1491W	20	瓷套式金属氧化物	无间隙
648	Y20W-648/1491W	20	瓷套式金属氧化物	无间隙
648	Y20W1-648/1491	20	瓷套式金属氧化物	无间隙
648	Y20W2-648/1491BC	20	瓷套式金属氧化物	无间隙
648	Y20W-648/1491	20	瓷套式金属氧化物	无间隙
320	Y5W-132/320W	5	瓷套式金属氧化物	无间隙
204	Y10W1-204/532W	10	瓷套式金属氧化物	无间隙
204	Y10W5-204/532	10	瓷套式金属氧化物	无间隙
144	Y1.5W1-144/320W	1.5	瓷套式金属氧化物	无间隙
144	Y1.5W5-144/320W	1.5	瓷套式金属氧化物	无间隙
144	Y5W5-144/350W	5	瓷套式金属氧化物	无间隙
144	Y5W5-96/250W	5	瓷套式金属氧化物	无间隙
132	Y10W1-132/320W	10	瓷套式金属氧化物	无间隙
105	Y5WR-105/265	5	瓷套式金属氧化物	无间隙
102	Y10W-102/266W	10	管套式金属氧化物	无间隙
102	YH10W-102/266W1	10	有机外套金属氧化物	无间隙
96	Y5W1-96/250	5	瓷套式金属氧化物	无间隙
96	YH5W-96	5	有机外套金属氧化物	无间隙
96	YH5W-96/250W	5	有机外套金属氧化物	无间隙
96	Y1.5W-96/250W	1.5	瓷套式金属氧化物	无间隙
96	Y5WR-96/232	5	瓷套式金属氧化物	无间隙

续表

额定电压（kV）	型号	标称放电电流	产品形式	结构特征
72	Y1.5W-72/186	1.5	瓷套式金属氧化物	无间隙
54	HY5WZ-54/134	5	有机外套金属氧化物	无间隙
51	HY5WZ-54/134	5	有机外套金属氧化物	无间隙
51	HY5W2-51/134	5	有机外套金属氧化物	无间隙
51	HY5WR-51/134	5	有机外套金属氧化物	无间隙
51	HY5WZ-51/134Q 400A	5	有机外套金属氧化物	无间隙
51	YH5WR-51/134	5	有机外套金属氧化物	无间隙
51	Y10W1-102/266W	10	瓷套式金属氧化物	无间隙
51	HY5WZ-51/134	5	有机外套金属氧化物	无间隙
17	HY5WZ-17/45	5	瓷套式金属氧化物	无间隙
17	YH5WZ-17/45	5	有机外套金属氧化物	无间隙

第二节 避雷器原理

这里主要对保护间隙、阀型避雷器、氧化锌避雷器三类避雷器进行结构和原理介绍。

1. 保护间隙

所谓保护间隙，是由两个金属电极构成的一种简单防雷保护装置。其中一个电极固定在绝缘子上，与带电导线相接，另一个电极通过辅助间隙与接地装置相接，两个电极之间保持规定的间隙距离，如图 12-2 所示。保护间隙构造简单，维护方便，但其自行灭弧能力较差。由于保护间隙的间隙距离较小（8～25mm），易被昆虫、鸟类或其他外物偶然碰触而引起短路，因此常在接地引下线上串接一个小角型辅助间隙。保护间隙主要用于变压器中性点保护，防止变压器中性点过电压。

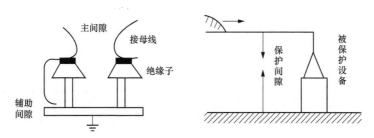

图 12-2　保护间隙原理图

间隙的结构一般有棒形、球形和角形三种。

（1）棒形间隙的伏秒特性较陡，不易与设备的绝缘特性配合，如图 12-3 所示。

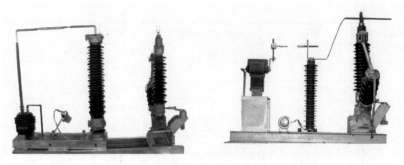

图 12-3　棒形间隙

（2）球形间隙虽然伏秒特性最平坦，保护性能也很好，但它与棒形间隙一样，都存在间隙端头易烧伤的缺点，烧伤后间隙距离增大，不能保证动作的准确性，如图 12-4 所示。

图 12-4　球形间隙

（3）角形间隙放电时，电弧会沿羊角迅速向上移动而被拉长，因而容易自行灭弧，间隙不会严重烧伤，所以，近年来角形间隙被广泛用于配电线路和配电设备的防雷保护，如图 12-5 所示。

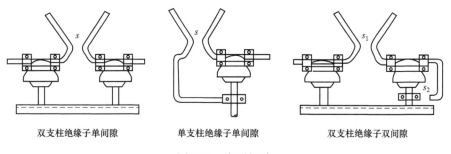

双支柱绝缘子单间隙　　　　单支柱绝缘子单间隙　　　　双支柱绝缘子双间隙

图 12-5　角形间隙

2. 阀式避雷器

阀式避雷器是由空气间隙和一个非线性电阻串联并装在密封的绝缘子中构成的。

在正常电压下，非线性电阻阻值很大，而在过电压时，其阻值又很小，避雷器正是利用非线性电阻这一特性而防雷的。在雷电波侵入时，由于电压很高（即发生过电压），间隙被击穿，而非线性电阻阻值很小，雷电流便迅速进入大地，从而防止雷电波的侵入。当过电压消失之后，非线性电阻阻值很大，间隙又恢复为断路状态，随时准备阻止雷电波的入侵。

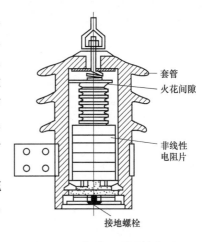

图 12-6 阀式避雷器结构图

阀式避雷器的结构主要由瓷质绝缘套管、火花间隙和非线性电阻片（阀片）组成，如图 12-6 所示。

阀式避雷器其主要元件及作用是：

（1）火花间隙。由多个单元间隙串联而成，每个间隙是由两个冲压成的黄铜片电极，其间用 0.5～1mm 的云母垫圈隔开构成，如图 12-7 所示。每个单元间隙形成均匀的电场，在冲压电压作用下的伏秒特性平衡，能与被保护设备绝缘达到配合。在正常情况下，火花间隙使非线性电阻及黄铜片电极与电力系统隔开，并且在受过电压击穿后半个周期（0.01s）内，能将工频续流电弧熄灭。

（2）非线性电阻片。是由金刚砂和水玻璃等混合后经模型压制成饼状，如图 12-8 所示。它具有良好的伏安特性，当电流通过非线性电阻时，其电阻甚小，产生的残压（火花间隙放电以后，雷电流通过非线性电阻泄入大地，并在非线性电阻上产生一定的电压降）不会超过被保护设备的绝缘水平。当雷电流通过后，其电阻自动变大，将工频续流值限制在 80A 以下，以保护火花间隙可靠灭弧。

图 12-7 火花间隙结构图

图 12-8 非线性电阻片实物图

总之，阀式避雷器的工作原理是：当线路正常运行时，避雷器的火花间隙将线路与地隔开，当线路出现危险的过电压时，火花间隙即被击穿，雷电流通过非线性电阻泄入大地，从而起到了保护电气设备的目的。

阀式避雷器包括普通阀式避雷器（FS 型和 FZ 型）与磁吹阀式避雷器（FCZ 型和 FCD 型）。

（1）FS 型避雷器。结构较为简单，保护性能一般，价格低廉，一般用来保护 10kV 及以下的配电设备，如配电变压器、柱上断路器、隔离开关、电缆头等。

（2）FZ 型避雷器。这种避雷器在火花间隙旁并联有分路电阻，保护性能好，主要用于 3～220kV 电气设备的保护。

（3）FCZ 型避雷器。火花间隙不但有分路电阻，还有分路电容，保护性能较为理想，主要用于旋转电机的保护。

（4）FCD 型避雷器。电气性能更好，专用于变电站高压电气设备的保护。

3. 氧化锌避雷器

氧化锌避雷器主要用于限制大气过电压，在超高压系统中还将用来限制内部过电压或作内部过电压的后备保护。氧化锌避雷器在正常系统工作电压下，呈现高电阻状态，仅有微安级电流通过，在过电压、大电流作用下它便呈现低电阻，从而限制了避雷器两端的残压，如图 12-9 所示。

图 12-9　几种常见的氧化锌避雷器

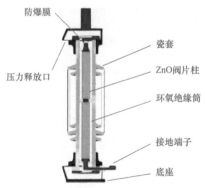

图 12-10　氧化锌避雷器结构图

氧化锌避雷器的内部元件由中间有孔的环形氧化锌阀片组成，孔中穿有一根有机绝缘棒，两端用螺栓紧固而成，内部元件装入瓷套内，上下两端各有一个压紧弹簧压紧。瓷套两端法兰各有一压力释放口，以防瓷套爆炸和损坏其他设备，如图 12-10 所示。

（1）氧化锌（ZnO）阀片柱。氧化锌避雷器的主要元件是氧化锌阀片组成的阀片柱，阀片是以氧化锌（ZnO）为主要材料，添加少量的 Bi_2O_3、MnO_2、Sb_2O_3、Co_3O_3、Cr_2O_3 等制

成的非线性电阻体，在高温下烧结而成，
如图 12-11、图 12-12 所示。在 ZnO 阀片的
侧面上釉是为了防止沿面放电。表面镀铝
的的作用是填满表面凹孔，防止电流在局
部过于集中。

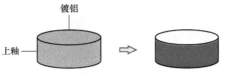

图 12-11　氧化锌阀片

氧化锌阀片组成的非线性电阻体，具有比碳化硅好得多的非线性伏安特性，在持续工作电压下仅流过微安级的泄漏电流，动作后无续流。避雷器在过电压时呈低电阻，从而使避雷器易于对大地放电减小残压，对被保护设备起作用，而在正常工频电压下呈高阻值，有电流不超过 1mA 的对地泄漏电流，使带电设备对地有可靠的绝缘，无需再用串联间隙来隔离工作电压。氧化锌阀片具有理想的伏安性能，是最接近理想避雷器的电阻。因此金属氧化锌避雷器不需要火花间隙，从而使结构简化，并具有动作响应快、耐多重雷电过电压或操作过电压、能量吸收能力大、耐污秽性能好等优点。由于金属氧化锌避雷器保护性能优于碳化硅避雷器，已在逐步取代碳化硅避雷器，广泛用于交、直流系统，保护发电、变电设备的绝缘，如图 12-13 所示。

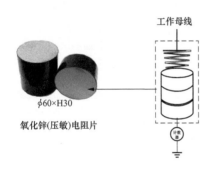

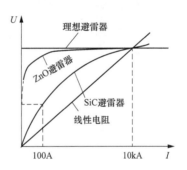

图 12-12　氧化锌阀片工作接线示意图　　图 12-13　各类避雷器电阻对比图

（2）套管。氧化锌避雷器套管主要分为瓷外套和硅橡胶外套两种类型，如图12-14、图 12-15 所示。

6～10kV　35kV　66～110kV中性点　110kV　220kV　500kV

图 12-14　瓷外套氧化锌避雷器

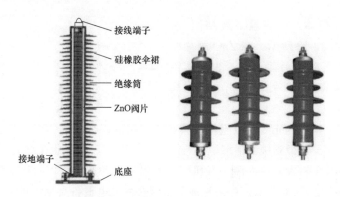

图 12-15　硅橡胶外套氧化锌避雷器

接线端子
硅橡胶伞裙
绝缘筒
ZnO阀片
接地端子
底座

图 12-16　均压环示意图

（3）压力释放装置。避雷器设压力释放装置，当其在负载动作或发生意外损坏时，内部压力剧增，使其压力释放装置动作，排出气体，泄压完成后自动恢复。

（4）均压环。由于高压避雷器对地有杂散电容，使得沿避雷器的电压分布不均匀，电压高的地方就容易发生损坏，所以，220kV 及以上的避雷器，会加装均压环，用来均衡对地杂散电容，使电压分布均匀，不发生局部击穿损坏，如图 12-16 所示。

（5）表计。记录避雷器泄漏电流与动作次数，如图 12-17 所示。

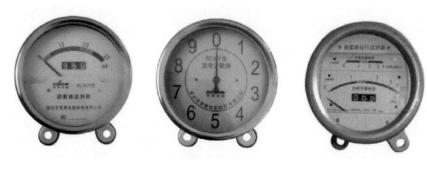

图 12-17　表计示意图

第三节　避雷器巡视要点

（1）引流线无松股、断股和弛度过紧及过松现象；接头无松动、发热或变色等现象。避雷器引流线松股，容易使导线间放电发热；引线断股，会造成断股部位电流过大引起引线发热。引流线弛度过紧，引线接头部位受力会过大，气温降低时，由于热胀冷缩的影响，可能引起引线由于受力过大而造成断股甚至断裂情况。引线接头松动，结合部位接触不良，会使接触电阻过大，引起放电、发热等现象，严重时接头会松动脱落。

（2）均压环无位移、变形、锈蚀现象，无放电痕迹。避雷器均压环位移、变形，将无法起到均压的作用，使得沿避雷器的电压分布不均匀，电压高的地方容易损坏，减少避雷器使用寿命。

（3）瓷套部分无裂纹、破损、放电现象，防污闪涂层无破裂、起皱、鼓泡、脱落；硅橡胶复合绝缘外套伞裙无破损、变形。避雷器瓷套破损，会使瓷套表面出现放电现象，严重时将造成绝缘击穿。防污闪涂层破裂、起皱，防污闪效果会降低，毛毛雨、大雾等天气，外绝缘容易发生闪络。硅橡胶复合绝缘外套伞裙破损、变形，可能会造成外绝缘爬电距离不够而发生短路事故。

（4）压力释放装置封闭完好且无异物。压力释放装置若密封不严或释放通道有异物阻挡，压力释放装置无法发挥释压的作用，当避雷器内部压力过大时，可能会爆炸，损坏相邻设备。压力释放装置密封不好可能造成水蒸气或雨水进入避雷器，造成避雷器绝缘击穿，接地跳闸故障。

（5）监测装置外观完整、清洁、密封良好、连接紧固，表计指示正常，数值无超标；放电计数器完好，内部无受潮、进水。避雷器表计指示不正确或不指示，运维人员无法准确记录避雷器动作情况，无法对避雷器运行情况及性能做出准确的分析判断。避雷器泄漏电流增大，有可能是因为避雷器内部绝缘击穿，若无法及时发现进行处理，雷电或操作过电压时，避雷器将无法保护电气设备。

（6）设备基础完好、无塌陷；底座固定牢固、整体无倾斜；绝缘底座表面无破损、积污。若巡视不及时发现上述问题，可能造成避雷器倾倒影响其他设备跳闸事故。

（7）接地引下线连接可靠，无锈蚀、断裂。若巡视不及时发现上述问题，当受到电压冲击时不能泄放冲击电流入地，不能保护其他设备，造成设备跳闸。

（8）记录避雷器泄漏电流的指示值及放电计数器的指示数，并与历史数据进行比较。在正常运行电压下，避雷器呈高阻绝缘状态，泄漏电流很小，若内部出现故障泄漏电流会变大与动作次数变多，泄漏电流读数超过初始值 1.2 倍为严重缺陷；泄漏电流读数超过初始值 1.4 倍，为危急缺陷。泄漏电流数值为零，可能是泄漏电流表指针失灵，若无法恢复，为严重缺陷。巡视中不能及时发现避雷器表计读书异常，避雷器可能出现绝缘击穿，造成设备跳闸。

（9）熄灯巡视检查引线、接头无放电、发红、严重电晕迹象。熄灯巡视是能够及时发现此类问题的一个手段，若巡视没有及时发现，可能造成避雷器严重发热导致引线断裂。

（10）外绝缘无闪络、放电。白天很难发现此类问题，利用熄灯巡视能及时发现此类问题，巡视中如没有及时发现，避雷器可能出现绝缘击穿，造成设备跳闸。

（11）氧化锌避雷器本体无发热现象。避雷器整体轻微发热时，较热点一般在靠近上部且不均匀，多节组合从上到下各节温度递减，引起整体发热或局部发热，温差超过 0.5～1K。整体或局部发热时，相间温差超过 1K。发热原因一般为阀片受潮或老化。避雷器本体发热，已经说明设备内部故障，继续运行，有绝缘击穿、绝缘子炸裂的危险，应立即申请停运处理，处理前注意与设备保持足够的安全距离。

第四节　典　型　案　例

案例一：220kV××变电站 2 号主变高压侧 C 相避雷器发热

（1）情况说明。2017 年 3 月 10 日，状态评价班人员查看避雷器在线监测系统发现 220kV××变电站 2 号主变压器高侧 C 相避雷器全电流、阻性电流超标，随即安排运维、检修人员对 2 号主变压器高压侧三相避雷器进行离线带电检测。

图 12-18　2 号主变压器高侧
C 相红外测温图谱

（2）检查处理情况。经现场检测，2 号主变压器高压侧 C 相避雷器全电流达 0.812mA、阻性电流达 0.326mA，进行夜间精确红外测温发现 C 相避雷器上节最高温度为 7.6℃、下节最高温度为 2.5℃，上下节温差达到 5.1℃，相间同部位温差最高达 6.9℃，如图 12-18 所示。

通过每 2h 进行一次持续跟踪复测，发现全电流、阻性电流稳定在较高水平且与 2016 年 9 月测试结果相比，数据增长较大（见表 12-2）。通过温度对比，上下节温差有增长趋势（见表 12-3），结合 DL/T 664—2008《带电设备红外诊断运用规范》规定，研判该缺陷为危急缺陷，不满足运行要求。

表 12-2　　　　　　　　　2 号主变压器高压侧三相避雷器泄漏电流测试记录

序号	时间	相别	全电流（μA）	阻性电流（μA）	与初次全电流之差	与初次阻性电流之差
1	2016-9-7	A 相	698	88	—	—
		B 相	666	88	—	—
		C 相	666	87	—	—
2	2017-3-11 0 时	A 相	760	305	8.88%	246.59%
		B 相	649	261	−2.55%	196.59%
		C 相	812	326	21.92%	274.71%

			泄漏电流			
序号	时间	相别	全电流（μA）	阻性电流（μA）	与初次全电流之差	与初次阻性电流之差
3	2017-3-11 1时	A相	752	251	7.74%	185.23%
		B相	651	57	−2.25%	−35.23%
		C相	794	269	19.22%	209.20%
4	2017-3-11 3时	A相	752	256	7.74%	190.91%
		B相	652	57	−2.10%	−35.23%
		C相	792	275	18.92%	216.09%
5	2017-3-11 5时	A相	753	256	7.88%	190.91%
		B相	648	57	−2.70%	−35.23%
		C相	793	279	19.07%	220.69%
6	2017-3-11 7时	A相	751	254	7.59%	188.64%
		B相	650	58	−2.40%	−34.09%
		C相	792	279	18.92%	220.69%
7	2017-3-11 9时	A相	755	260	8.17%	195.45%
		B相	650	57	−2.40%	−35.23%
		C相	792	278	18.92%	219.54%

表 12-3　　　　　　　　2 号主变压器高压侧三相避雷器红外测温记录　　　　　　　　℃

序号	时间	相别	上节	下节	上下节温差
1	2017-3-10 20时	A相	4.8	1.3	3.5
		B相	1	0.9	0.1
		C相	5.8	1.6	4.2
		相间温差（A-B/C-B）	3.8/4.8	0.4/0.7	
2	2017-3-11 0时	A相	4.3	1.1	3.2
		B相	0.7	0.9	0.2
		C相	7.6	2.5	5.1
		相间温差（A-B/C-B）	3.6/6.9	0.2/1.6	
3	2017-3-11 1时	A相	1.4	−1.6	3
		B相	−1.7	−1.9	0.2
		C相	2.1	−1.1	3.3
		相间温差（A-B/C-B）	3.1/3.8	0.3/1.8	
4	2017-3-11 3时	A相	1.6	−2.5	4.1
		B相	−2.3	−2.5	0.2
		C相	1.2	−2	3.2
		相间温差（A-B/C-B）	3.9/4.5	0/0.5	

续表

序号	时间	相别	上节	下节	上下节温差
5	2017-3-11 5 时	A 相	1.9	−2.3	4.2
		B 相	−2.4	−2.8	0.4
		C 相	2.9	−1.9	4.8
		相间温差（A-B/C-B）	4.3/5.3	0.5/0.9	
6	2017-3-11 7 时	A 相	1.9	−2.4	4.3
		B 相	−2.2	−2.4	0.2
		C 相	2.8	−2	4.8
		相间温差（A-B/C-B）	4.1/5	0/0.4	
7	2017-3-11 9 时	A 相	2.3	−2.3	4.6
		B 相	−1.9	−2.3	0.4
		C 相	2.2	−2	4.2
		相间温差（A-B/C-B）	5.2/4.1	0/0.3	
8	2017-3-11 11 时	A 相	4.5	−0.8	5.3
		B 相	−0.3	−0.6	0.3
		C 相	5	−0.5	5.5
		相间温差（A-B/C-B）	4.8/5.3	0.2/0.1	

2017 年 3 月 11 日 12 时 46 分，运维人员汇报调度后，将该站 2 号主变压器由运行转为检修状态，现场完成应急抢修单流程。14 时许可工作后，对原有 220kV××变电站 2 号主变压器高压侧三相避雷器进行拆除，原避雷器型号为：HY10W-200/520W，编号：J3006/5/2。对新安装的 220kV 避雷器进行高压试验，试验合格后，更换三相避雷器，新安装避雷器型号为 Y10W4-204/532。

2017 年 3 月 11 日 19 时 16 分，完成 2 号主变压器高压侧避雷器更换工作后，2017 年 3 月 11 日 19 时，2 号主变压器恢复送电成功，恢复原运行方式。

（3）原因分析 2 号主变压器停电后，将 2 号主变压器高压侧三相避雷器拆除，并对三相避雷器进行直流耐压试验，试验数据见表 12-4，三相避雷器上半节试验数据均不合格，结合红外测温数据，判断三相上半节避雷器存在不同程度的受潮。

表 12-4　　　　　2 号主变压器高压侧三相避雷器直流耐压试验记录

相别	编号	U_{1mA} 直流电压值（kV）	标准值（kV）	$0.75U_{1mA}$ 下电流（μA）	标准值（μA）	结论
A 上节	J3002	131.7	≥150	310	≤50	不合格
A 下节		152.5	≥150	5	≤50	合格
B 上节	J3005	137.4	≥150	37	≤50	不合格
B 下节		151.9	≥150	19	≤50	合格
C 上节	J3006	115	≥150	107	≤50	不合格
C 下节		152.4	≥150	2	≤50	合格

　　为进一步确定 2 号主变压器高压侧避雷器内部是否进水受潮，立即组织人员对 C 相上半节避雷器进行解体检查，经解体查看，该避雷器内部硅胶浇筑不严密，内部有积水，氧化锌阀片有不同程度的受潮迹象，如图 12-19～图 12-21 所示。

C相避雷器局部图

避雷器顶端局部图

避雷器放到后内部积水流出

避雷器顶盖内积水

图 12-19　避雷器顶端积水现场图

避雷器顶盖局部图

硅胶密封局部图

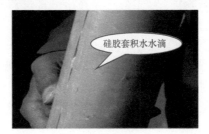

避雷器内部硅胶套局部图

图 12-20　避雷器顶端各部件局部图

解体局部图

压簧有水渍

避雷器解体局部图

金属盖板锈迹

避雷器顶部金属盖内部受潮生锈

氧化锌阀片水渍

氧化锌阀片局部图

图 12-21　避雷器解体检查图

（4）措施及建议。

1）对更换后的避雷器进行检测，各项数据正常，设备运行正常。

2）每天早中晚三次查阅避雷器在线监测装置，监控各站在线数据，及时发现设备异常，及时处理。

3）运维人员日常巡视中，应加强对避雷器在线监测装置数据的检查，发现问题及时上报处理。

案例二：220kV××变电站 2 号主变高压器压侧 A 相避雷器引线断股

（1）情况说明。2017 年 8 月 26 日，运行人员巡视发现 220kV××变电站 2 号主变压器 220kV 侧 A 相避雷器引线断股超过 60％。

（2）检查处理情况。2017 年 8 月 12 日当地大风沙尘暴天气，运行人员巡视220kV 该变电站，发现 220kV 2 号主变压器高压侧避雷器 A 相引线有断股（两根）和散股现象，因断股未达到严重缺陷，运行人员汇报变电运维室后将其列入重点监视对象，并结合迎峰度夏巡视每天进行跟踪。2017 年 8 月 26 日 08 时，运行人员对变电站例行巡视时发现，该故障点断股现象严重扩大，断股率目测在 60％以上（见图 12-22），运行人员立即向上级人员汇报该故障情况。2017 年 8 月 26 日 12 时 42分，运行人员接调度令将 2 号主变压器高压侧避雷器转为检修状态，检修人员对故障进行处理。

2017 年 8 月 26 日 21 时 30 分，检修人员将故障引线进行更换完毕，并对三相避雷器引线使用并沟线夹进行加固处理（见图 12-23），以防止此类故障再次发生。

图 12-22　2 号主变压器 220kV 侧 A 相
避雷器引线断股现象

图 12-23　使用并沟线夹对导线
进行加固

（3）原因分析。故障导线型号为 LGJ-300 型钢芯铝绞线，对 A 相避雷器引线进行检查，发现引线略长（见图 12-24），在风力作用下摆动幅度比较大，容易使设备线夹处引线磨损。

通过图 12-25 可看出，导线线芯之间磨损严重，因该变电站处于风区，在长时间的风摆作用下，线芯之间相互磨损，导致导线断股。

图 12-24　导线长度偏大，风摆严重

图 12-25　导线线芯之间磨损严重

（4）措施及建议。

1）故障导线长度偏大，在运行过程中遭受长时间的风摆，导线线芯之间相互磨损，容易发生断股现象。应加强设备验收管理，对于处在风区的变电站严格控制导线长度，防止导线在长期的风力作用下发生断股和散股行为。

2）运维人员加强设备巡视，对处在风区的变电站进行检查，并建立设备隐患台账。对于有断股风险的，应结合停电计划进行加固，防止类似情况再次发生。

案例三：750kV××变电站 1 号主变高压器压侧 C 相避雷器故障

（1）情况说明。10 月 2 日 17 时 47 分，750kV××变电站 1 号主变压器跳闸，检查 1 号主变压器高压侧 C 相避雷器防爆膜炸裂单相接地差动保护跳闸（未损失负荷）。省电力公司设备部立即启动应急预案，采用检修基地库房 750kV 避雷器备品（生产厂家不同，电气参数相同）连夜发往现场开展抢修工作，10 月 5 日 04 时 08 分恢复主变压器送电。

（2）检查处理情况。1号主变压器750kV侧C相避雷器防爆膜炸裂外，其余设备未见异常。10月3日，对1号主变压器及高压侧避雷器进行了详细检查及试验，具体如下：

1）1号主变压器检查试验情况。一是检查1号主变压器本体及附件外观，未发现异常；二是检测1号主变压器A、B、C三相绕组变形和本体油样色谱结果均合格；三是检测1号主变压器C相绝缘电阻、直流电阻、变比试验、直流泄漏试验、绕组连同套管电容量介损试验、套管试验、短路阻抗试验、绕组变形试验、消磁试验结果均合格。1号主变压器检查试验正常。

2）高压侧避雷器检查试验情况。一是检查1号主变压器高压侧A、B相避雷器本体外观、绝缘电阻和直流泄漏电流，试验结果合格；二是检查C相避雷器，发现避雷器四节防爆膜全部炸裂、氧化锌阀片炸裂、干燥剂四处散落、防爆膜及上下节连接螺栓均已熏黑（动作次数较上次增加1次），现场检测绝缘电阻和直流泄漏电流结果均不合格，具体如图12-26所示。

图 12-26　1号主变压器C相避雷器故障图

通过对故障避雷器解体分析发现：①下 3 节避雷器内的 3 根电容器管有松动歪斜（该节共 3 只电容管与阀片并联），其中左侧一根电容器管上端连接固定螺杆缺失，右侧一根电容器管下端连接固定螺杆缺失，这两根电容器管仅靠一端固定，呈现歪斜靠接在电阻片上，与电阻片接触部位存在严重的放电烧蚀，接触部位与电容管放电路径高度一致，放电路径电阻片部分炸裂破损；②下 2 节避雷器内的 1 根电容器管脱落（该节仅 1 只电容管与阀片并联），该电容器管掉落在避雷器内腔法兰上靠在电阻片上，未发现端部固定螺杆，电容管也是与电阻片接触部位存在严重的放电烧蚀，部分电阻片炸裂破损，如图 12-27、图 12-28 所示。

图 12-27　下 4 节避雷器阀片破损、电容管固定良好

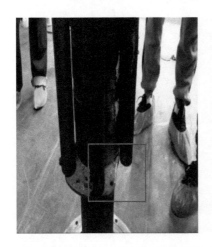

图 12-28　下 3 节两根电容器管（共 3 根）上、下部固定螺栓脱落

（3）原因分析。通过对故障避雷器解体分析，本次故障原因为避雷器内部均压电容管连接固定工艺不可靠，下 2 节避雷器均压电容管（该节仅 1 支）掉落在灭弧筒内，靠在电阻片上（见图 12-29）。下 3 节避雷器灭弧筒内两侧电容管（该节共 3 支）固定

连接螺杆各缺失一个，电容器管歪斜靠接在电阻片上，造成电阻片上电压分布异常，超过避雷器耐受电压，两节避雷器内部电弧放电击穿，引发设备内部突发故障，造成跳闸（见图 12-30）。

图 12-29　下 2 节处 1 根电容器管（共 1 根）上下固定脱落放电

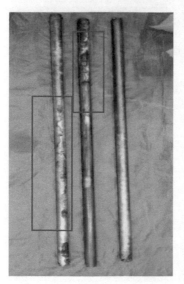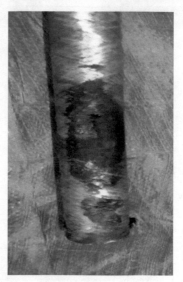

图 12-30　下 3 节处电容器管明显放电烧灼痕迹

（4）措施及建议。运维人员在避雷器巡视过程中，应尽量缩短在避雷器周围停留的时间，以免绝缘子突然爆炸导致人员受伤；同时，对于避雷器套管，应定期使用红外测温仪进行测温，对同一相的不同部位以及不同相的相同部位温度进行对比，关注温度差的大小，超过规定的值时，及时汇报处理。

第五节 习 题 测 评

一、单选题

1.（ ）及以上电压等级避雷器应安装泄漏电流监测装置。

A. 35kV　　　　B. 110kV　　　　C. 220kV　　　　D. 500kV

2. 安装了监测装置的避雷器，在投入运行时，应记录（ ），作为原始数据记录。

A. 泄漏电流值　B. 动作次数　　C. 泄漏电流值及动作次数　　D. 铭牌参数

3. 安装了监测装置的避雷器，在投入运行时，应记录泄漏电流值和动作次数，作为（ ）数据记录。

A. 出厂　　　　B. 交接　　　　C. 运行　　　　D. 原始

4. 瓷外套金属氧化物避雷器下方法兰应设置有效（ ）。

A. 排水孔　　　B. 排气孔　　　C. 排油孔　　　D. 排尘孔

5. 瓷绝缘避雷器（ ）加装辅助伞裙，可采取喷涂防污闪涂料的辅助防污闪措施。

A. 允许　　　　B. 不宜　　　　C. 禁止　　　　D. 更换后

6. 避雷器应全年投入运行，严格遵守避雷器交流泄漏电流测试周期，雷雨季节前测量（ ），测试数据应包括全电流及阻性电流，合格后方可继续运行。

A. 一次　　　　B. 二次　　　　C. 三次　　　　D. 四次

7. 当避雷器泄漏电流指示异常时，应及时查明原因，必要时（ ）。

A. 缩短巡视周期　　　　　　B. 上报缺陷
C. 进行特巡　　　　　　　　D. 退出运行

8. 系统发生过电压及（ ）等异常运行情况时，应对避雷器进行重点检查。

A. 过电流　　　B. 过负荷　　　C. 过热　　　　D. 接地

9. 雷雨时，严禁巡视人员接近（ ）。

A. 避雷器　　　B. 变压器　　　C. 断路器　　　D. 电压互感器

10. 本体严重过热达到（ ）程度，应立即汇报值班调控人员申请将避雷器停运。

A. 一般缺陷　　B. 严重缺陷　　C. 危急缺陷　　D. 特殊缺陷

11. 运行中避雷器哪种情况下，不需立即汇报值班调控人员将避雷器停运（ ）。

A. 瓷套破裂或爆炸　　　　　　B. 内部异常声响或有放电声
C. 运行电压下泄漏电流严重超标　D. 本体过热达到严重缺陷程度

12. 全面巡视避雷器，应记录避雷器泄漏电流的指示值及放电计数器的指示数，并与（ ）进行比较。

A. 出厂数据　　B. 试验数据　　C. 历史数据　　D. 交接数据

13. 覆冰天气时，检查外绝缘覆冰情况及冰凌桥接程度，覆冰厚度不超过 10mm，冰凌桥接长度不宜超过干弧距离的 1/3，放电不超过（　　）伞裙，不出现中部伞裙放电现象。

A 第一　　　　B. 第二　　　　C. 第三　　　　D. 第四

14. 覆冰天气时，检查外绝缘覆冰情况及冰凌桥接程度，覆冰厚度不超过（　　），冰凌桥接长度不宜超过干弧距离的 1/3，放电不超过第二伞裙，不出现中部伞裙放电现象。

A. 5mm　　　　B. 10mm　　　　C. 15mm　　　　D. 20mm

15. 大雪天气，检查引线积雪情况，为防止套管因过度受力引起套管破裂等现象，（　　）引线积雪过多和冰柱。

A 不需处理　　　B. 及时处理　　　C. 处理　　　D. 及时检查

16. 避雷器整体或局部发热，相间温差超过（　　）。

A. 1K　　　　B. 2K　　　　C. 3K　　　　D. 4K

17. 避雷器整体轻微发热，较热点一般在靠近上部且不均匀，多节组合（　　）各节温度递减，引起整体发热或局部发热，温差超过 0.5～1K。

A 从左到右　　　B. 从右到左　　　C. 从下到上　　　D. 从上到下

18. 避雷器确认本体发热后，可判断为（　　）。

A. 内部异常　　　B. 外部异常　　　C. 温度异常　　　D. 环境异常

19. 正常天气情况下，泄漏电流读数超过初始值（　　）倍，为严重缺陷，应登记缺陷并按缺陷流程处理。

A. 1.1　　　　B. 1.2　　　　C. 1.3　　　　D. 1.4

20. 中性点非有效接地系统，避雷器本体炸裂、引线脱落接地，相应母线电压表指示：接地相电压（　　），其他两相电压（　　）。

A. 降低、升高　　　　　　　　B. 升高、降低

C. 降低、降低　　　　　　　　D. 升高、升高

二、多选题

21. （　　）后，检查引线连接应良好，无异常声响，垂直安装的避雷器无严重晃动，户外设备区域有无杂物、漂浮物等。

A. 大风　　　　B. 沙尘　　　　C. 冰雹　　　　D. 洪水

22. 发现避雷器外绝缘破损现象是（　　）等。

A. 破损、开裂　　B. 缺胶　　　　C. 杂质　　　　D. 凸起

23. 安装了监测装置的避雷器，在投入运行时，应记录（　　），作为原始数据记录。

A. 避雷器型号　　　　　　　　B. 放电计数器型号

C. 泄漏电流值　　　　　　　　D. 动作次数

24. 对避雷器均压环巡视应无（　　）。

A. 位移　　　　　B. 变形　　　　　C. 锈蚀现象　　　D. 放电痕迹

25. 避雷器应全年投入运行，严格遵守避雷器交流泄漏电流测试周期，雷雨季节前测量一次，测试数据应包括（　　），合格后方可继续运行。

A. 标称放电电流　B. 全电流　　　C. 阻性电流　　　D. 残压

26. 系统发生（　　）等异常运行情况时，应对避雷器进行重点检查。

A. 过负荷　　　　B. 过电压　　　C. 改变运行方式　D. 接地

27. 运行中避雷器有下列情况时，应立即汇报值班调控人员申请将避雷器停运：（　　）。

A. 本体过热达到严重缺陷程度　　　B. 瓷套破裂或爆炸

C. 内部异常声响或有放电声　　　　D. 运行电压下泄漏电流严重超标

28. 避雷器精确测温周期为：新安装及（　　）类检修重新投运后 1 个月。

A. A　　　　　　B. B　　　　　C. C　　　　　　D. D

29. 中性点非有效接地系统，避雷器本体炸裂、引线脱落接地，下列正确现象有（　　）。

A. 监控系统发出母线接地告警信息

B. 监控系统发出相关保护动作及断路器跳闸变位信息

C. 接地相电压升高，其他两相电压降低

D. 避雷器本体损坏及引线脱落

30. 正常天气情况下，下列避雷器缺陷定性正确的是（　　）。

A. 泄漏电流超过初始值 1.2 倍，为一般缺陷

B. 漏电流超过初始值 1.2 倍，为严重缺陷

C. 泄漏电流超过初始值 1.4 倍，为严重缺陷

D. 泄漏电流超过初始值 1.4 倍，为危急缺陷

三、判断题

31. 运行中避雷器本体过热达到一般缺陷程度时，应立即汇报值班调控人员申请将避雷器停运。（　　）

32. 避雷器动作次数、泄漏电流抄录每月 1 次。（　　）

33. 220kV 及以上电压等级避雷器应安装泄漏电流监测装置。（　　）

34. 避雷器红外检测范围为避雷器本体及电气连接部位，重点检测电气连接部分。（　　）

35. 避雷器熄灯巡视检查引线、接头无放电、发红、严重电晕迹象。外绝缘无闪络、放电。（　　）

四、问答题

36. 氧化锌避雷器的工作原理是什么？

第十三章

防雷及接地装置

第一节　防雷及接地装置概述

一、防雷接地装置的基本情况

电气设备的任何部分与大地（土壤）间作用良好的电气连接称为接地。接地是确保电气设备正常工作和安全防护的重要措施。电气设备接地通过接地装置实现，接地装置由接地体和接地线组成。与土壤直接接触的金属体称为接地体，连接电气设备与接地体之间的导线（或导体）称为接地线，如图 13-1 所示。

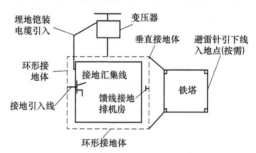

图 13-1　变电站防雷及接地原理图

二、防雷接地装置的分类

1. 防雷设备分类

变电站防雷设备一般有避雷针、避雷器、避雷线。避雷器有专门章节进行介绍，本章主要介绍避雷针及避雷线。避雷针主要分为构架避雷针及独立避雷针。避雷线为圆截面导线。

2. 接地形式分类

变电站常见接地形式一般为工作接地、防雷接地、保护接地、防静电接地、屏蔽接地五种形式。

（1）工作接地。为满足电力系统或电气设备的运行要求，而将电力系统的某一点进行接地，称为工作接地，如电力系统的中性点接地。

（2）防雷接地。为防止雷电过电压对人身或设备产生危害而设置的过电压保护设备接地，称为防雷接地，如避雷针、避雷器的接地。

（3）保护接地。为防止电气设备的绝缘损坏，将其金属外壳对地电压限制在安全电压内，避免造成人身电击事故，将电气设备的外露可接近导体部分接地，称为保护接地，如：

1）电机、变压器、照明器具、手持式或移动式用电器具和其他电器的金属底座和外壳。

2）电气设备的传动装置。

3）配电、控制和保护用的盘（台、箱）的框架。

4）交直流电力电缆的构架、接线盒和终端盒的金属外壳、电缆的金属护层和穿线的钢管。

5）室内外配电装置的金属构架或钢筋混凝土构架的钢筋及靠近带电部分的金属遮拦和金属门。

6）变（配）电站各种电气设备的底座或支架。

（4）防静电接地。为了消除静电对人身和设备产生危害而进行的接地。

（5）屏蔽接地。为了防止电气设备因受电磁干扰，而影响其工作或对其他设备造成电磁干扰的设备接地。

三、避雷针型号（见表 13-1）

表 13-1　　　　　　　常 见 避 雷 针 型 号

序号	型号
1	GH-30M
2	RFT-55M
3	GH-60M
4	GH-60M

第二节　防雷及接地装置原理

一、避雷针、避雷线结构原理

1. 避雷针

避雷针又称防雷针，在变电站构支架顶端安装一根金属棒，或在变电站设备周围安装避雷塔，用金属线与埋在地下的一块金属板连接起来，利用金属棒的尖端放电，使云层所带的电和地上的电逐渐中和，从而不会引发事故。变电站构架避雷针、独立避雷针如图 13-2、图 13-3 所示。

图 13-2　变电站构架避雷针

雷电对地的放电过程分为先导放电、主放电和余辉放电三个阶段。在先导放电的初始阶段，因先导离地面较高，故先导发展

图 13-3　变电站独立避雷针

的方向不受地面物体的影响。但当先导发展到离地面某一高度时，由于避雷针高于被保护设备且具有良好的接地，避雷针上因静电感应而积累了许多与先导通道中极性相反的电荷，使先导通道与避雷针间的电场强度大大增强，则从避雷针顶端可能会发展向上的迎面先导，从而影响下行先导的发展方向，将先导放电的路径引向避雷针，最后对避雷针发生主放电，并通过其接地引下线和接地装置将雷电流引入大地。这样，在避雷针附近的物体遭到直接雷击的可能性就会显著降低。因此避雷针的主要作用是将雷电引到自身上来，起到引雷的作用。一定高度的避雷针下面有一个安全的区域称为避雷针的保护范围，它通常为一个闭合的锥体空间，在这个区域中的设备遭受雷击的概率很小。

2. 避雷线

避雷线的保护原理与避雷针基本相同，主要用于输电线路的直击雷保护。对于输电线路，避雷线除了可防止雷击导线外，还具有分流作用，可减小流经杆塔入地的雷电流，从而降低塔顶电位，而且避雷线对导线的耦合作用还可降低导线上的感应过电压。如果避雷线距离导线很近，则雷电绕过避雷线直击导线的概率大大增加，因此避雷线需高于导线一个合适的距离。

二、接地装置结构

接地装置主要由接地体和接地引下线组成。

1. 接地体

接地体是埋入地中并与大地直接接触的金属导体。在大地中的若干接地体由导体相互连接形成接地网。接地网能有效消散雷电浪涌能量、电气浪涌和故障电流，起到泄流和均压的作用，接地网示意图如图 13-4 所示。接地体可分为自然接地体和人工接地体。

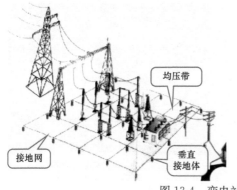

图 13-4　变电站接地网示意图

　　自然接地体指利用大地中已有的金属构件、管道及建筑物钢筋混凝土而构成的接地体；人工接地体指专门为接地而人为装设的接地体。

　　接地体有水平接地体、垂直接地体、环形接地体等几种形式，如图 13-5 所示。

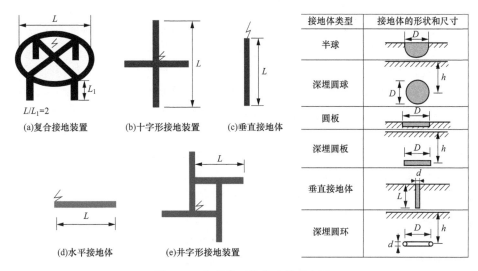

图 13-5　各种类型的接地体示意图

2. 接地引下线

图 13-6　变电站接地标识

　　接地引下线是电气设备接地端与接地体相连接的金属部分。明敷的接地引下线应标志清晰，涂 15～100mm 宽度相等的绿黄相间条纹；暗敷接地线入口处应设接地标识（见图 13-6）。接地线应采取防止发生机械损伤和化学腐蚀的措施，如采用涂防锈漆或镀锌等防腐措施，如图 13-7 所示。

图 13-7　变电站接地引下线

第三节　防雷及接地装置巡视要点

（1）接地引下线无松脱、锈蚀、伤痕和断裂，与设备、接地网接触良好。接地引下线锈蚀、有伤痕，均有可能造成引下线松脱、断裂，从而与设备和接地网接触不良，当有雷电或接地电流流过时，无法保护设备。

（2）运行中的接地网无开挖及露出土层，地面无塌陷下沉。接地网因开挖或地面塌陷下沉导致漏出土层，将会造成土壤电阻率降低，影响接地网工作效果，当雷电流通过防雷设备流入大地时，由于接地网外露，容易造成触电事故。

（3）接地装置、接地网防腐措施应完好，无腐蚀现象。接地网、接地装置运行时间较长，防腐处理不够，会出现腐蚀现象，应及时处理。当接地网腐蚀严重时，水平导体和接地线会变细甚至断裂，使接地电阻升高，造成电气设备"失地"。当系统出现短路电流时，可能会发生接地故障，危害人身和设备安全。

（4）避雷针本体塔材无缺失、脱落、摆动、倾斜、裂纹、锈蚀。避雷针巡视时应使用望远镜仔细观察，避雷针本体塔材缺失、脱落，有裂纹和锈蚀情况，将造成避雷针整体结构不牢固，出现倾斜、坍塌等情况，对周围设备产生影响。

（5）钢管避雷针排水孔无堵塞，出水孔无锈蚀。若钢管避雷针排水孔堵塞或锈蚀，管内积水，会加速钢管锈蚀速度；另外，冬季气温降低，积水结冰膨胀，会将钢管冻裂。

（6）避雷针基础完好，无沉降、破损、酥松、裂纹及露筋等现象。避雷针出现上述情况，均可能导致避雷针倒塌造成设备跳闸。

（7）雷雨过后，重点检查避雷器、避雷针等设备接地引下线有无烧蚀、伤痕、断股，接地端子是否牢固。雷雨天气时，避雷器、避雷针通过的雷电流，可能会造成接地引下线烧蚀，伤痕、断股，雷雨过后应重点检查，及时发现后立刻处理，防止再出现雷电流或操作过电压时，避雷器、避雷针无法保护设备。

（8）避雷针连接部件螺栓无松动、脱落；连接部件本体无裂纹；大风天气后，应加强避雷针特巡。通过望远镜检查避雷针连接部件有无异常，若松动、脱落或产生裂纹，尤其是大风天气后，连接螺栓松动的情况更为突出，若出现松动现象，将造成避雷器结构松散，可能发生坍塌事故造成设备跳闸。

第四节　典　型　案　例

案例一：750kV××变电站避雷针断裂

（1）情况说明。2015 年 4 月 1 日，750kV××变电站 220kV 设备构架 8 号避雷针掉落。调取站内当天风速记录（间隔 5min 取样），最高风速为 30.7m/s（实际瞬间风速达到 34m/s）左右，设计风速为 31m/s。

电科院于 2015 年 4 月 2～6 日对 750kV××变电站 220kV 设备构架 8 号避雷针断裂原因进行分析。

（2）检查处理情况。

1）如图 13-8（a）所示，该 220kV 构架 8 号避雷针（此避雷针共 5 节，安装在靠近××一线 220kV Ⅱ母构架上，构架离地面高度 12m，避雷针到地面总高度为 40m，断裂处距离地面约 17.6m）断裂处为从下往上第 2 节下法兰焊接部位上方（断裂处管壁厚 8mm，管径为 300mm）。

2）从上往下数第 1、2 节法兰连接处螺栓均断裂［见图 13-8（a）中黑色箭头所指位置］，断裂螺栓断面呈脆性断裂，如图 13-8（b）所示。

3）检查其他法兰角焊缝，在从上往下数第 3 个法兰角焊缝发现明显裂纹，如图 13-8（c）中黑色箭头所指位置。

4）检查发现法兰螺栓存在松动现象，如图 13-8（d）所示。

(a)断裂情况

(b)断裂螺栓断面

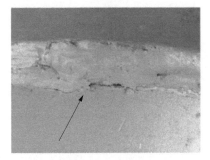

(c)第3个法兰角焊处裂纹

(d)法兰螺栓松动

图 13-8　现场检查情况

5）从图 13-9（a）可看出，断口存在明显疲劳纹［见图 13-9（a）中①号箭头］，其他部位断口呈脆性断裂且如图 13-9（a）中②号箭头所示，该部位金属颜色与基体金属颜色不同，由此可判断该处位于焊缝热影响区附近。图 13-9（b）大黑色箭头所指位置基体金属上存在明显焊接烧穿或灼伤痕迹，为法兰焊接造成。

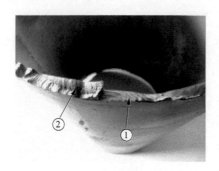

(a)断口金属　　　　　　　　　　　　　(b)明显焊接烧穿痕迹

图 13-9　断口宏观形貌

6）对避雷针进行检验分析，元素含量符合 Q235B 标准要求，壁厚测量、屈服强度、抗拉强度均符合技术要求。对断口处进行金相组织分析，如图 13-10 所示，可看出断口位于热影响区边缘的金相组织为铁素体＋珠光体，由于距焊缝较近，故该处组织存在轻微球化迹象，球化等级为 2 级，属于正常组织；从图 13-10(b) 可看出母材金相组织为铁素体＋珠光体，未见明显球化，球化等级为 1 级，属于正常组织。管材微观组织未见异常。

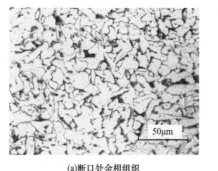
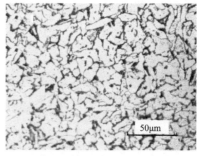

(a)断口处金相组织　　　　　　　　　　(b)母材金相组织

图 13-10　金相组织分析图

（3）原因分析。

1）结合化学成分分析、力学性能及微观组织分析可看出，该避雷针所用材质未见异常。

2）该避雷针法兰与管子焊接处结构欠佳，易造成应力集中，焊缝区域本是管材最薄弱部位，在较大风速下（瞬时风速超过设计风速）易在该处产生裂纹（在掉落的法兰中已发现裂纹），若该处本身存在缺陷（焊接烧穿），也极易从缺陷处扩展开裂；另外断口的疲劳纹也表明，起裂后避雷针摆动加速断裂的状况。

（4）措施及建议。

1）建议改善避雷针法兰连接根部结构，采用加强筋以减少根部焊缝的应力集中；

同时法兰连接螺栓应采取防松动措施。

2）运维人员日常巡视时，以及大风天气前后，对避雷针连接螺栓、钢筋焊接处焊缝外观应重点检查。

案例二：220kV××变电站220kV××线断路器接地引下线脱焊造成感应电伤人

（1）情况说明。220kV××变电站于 2000 年 5 月投运，2020 年 7 月在持续暴雨后，运行人员对该站设备开展特巡，当巡视至 220kV××线间隔，打开断路器机构箱门时，发生感应电伤人，随即送往医院救治。

（2）检查处理情况。现场检查，设备运行正常，各连接部位无闪络情况，用 0.4kV 验电器进行验电时，验电器报警。对接地引下线进行检查，发现断路器两处与主地网连接部位均脱焊，用万用表测量断路器外壳，电压接近 400V。随后对设备临时加装接地线后重新对接地引下线进行补焊、打磨、涂防腐漆后，重新测量，电压降低至 20V，测量接地电阻合格。

（3）原因分析。

1）因近期持续降雨，导致设备区回填土下沉，拉动接地引下线，引下线受力脱焊，电压无法泄漏，加之空气潮湿造成感应电伤人。

2）日常巡视不到位，回填土轻微下沉时，未引起足够重视，最终酿成恶劣后果。

（4）措施及建议。

1）针对变电站隐蔽工程，要派专人验收，最后资料的存档，特别注意接地网焊点检查，回填土的夯实，防止地基下沉。

2）加强设备巡视，特别针对辅助类的设施，严格按照"变电运检五项通用制度"要点开展巡视，发现问题及时处理。

案例三：××变电站 110kV××线路避雷线断裂

（1）情况说明。2000 年 12 月 18 日 07 时 56 分，110kV××线路事故跳闸，重合闸失败，故障显示线路 C 相零序Ⅰ段，距离Ⅰ段保护动作。变电站检查发现门形构架上避雷线断线掉落在导线上，避雷线断头有过热、烧伤痕迹。

（2）检查处理情况。2000 年 12 月 18 日 07 时 56 分，110kV××线路事故跳闸，现场检查二次设备动作情况显示 C 相零序Ⅰ段、距离Ⅰ段保护动作，检查一次设备发现线路门形构架上避雷线断线掉落在导线上，避雷线断头有过热、烧伤痕迹。进一步检查门形构架上避雷线连接螺栓掉落，导致避雷线脱落搭在线路上。

（3）原因分析。避雷线受天气影响，在大风情况下摆动受力较大，连接螺栓长时间摆动，螺栓上开口销脱落，螺栓无固定措施掉落，导致避雷线脱落。

（4）措施及建议。

1）日常巡视加强避雷线连接处螺栓固定情况检查，特别是环境恶劣变电站，对大风过后进行特巡。

2）开展避雷线连接螺栓隐患排查，排查出的问题安排处理计划。

第五节　习　题　测　评

一、单选题

1. 接地流入地中的电流通过接地体向大地作半球形散开时，由于这个半球形的球面在离接地体越近的地方越小，越远的地方越大，所以在离接地体越远的地方电阻（　　）。

A. 越大　　　　　　B. 越小　　　　　　C. 同球面无关　　　　D. 一样

2. 电力系统接地一般为中性点接地，当相线碰壳或接地时，其他两相对地电压，在中性点绝缘系统中将升高为相电压的（　　）倍。

A. 1.414　　　　　B. 1.5　　　　　　C. 1.732　　　　　D. 1.25

3. 直流工作接地利用（　　）作参考电位，保证各通信设备间甚至各局（站）间的参考电位没有差异，从而保证通信设备的正常工作。

A. 电池正极　　　　B. 电池负极　　　　C. 开关电源　　　　D. 大地

4. 安装避雷网，要求扁钢与扁钢的焊口为扁钢宽度的（　　）倍，并且至少要三面施焊；圆钢与圆钢（扁钢）的焊口为圆钢直径的（　　）倍且双面施焊。

A. 1　2　　　　　　B. 1　4　　　　　　C. 2　4　　　　　　D. 2　6

5. 避雷针保护范围按 GB 50057—1994《建筑物防雷设计规范》规定的方法计算，如果采用的针长是 1～2m，那么圆钢和钢管分别为（　　）。

A. 12mm　20mm　　　　　　　　B. 12mm　30mm

C. 16mm　25mm　　　　　　　　D. 16mm　30mm

6. 为了保护架空线路或其他物体（包括建筑物）免受直接雷击，要求避雷线架设在架空线路的（　　）。

A. 上边　　　　　　B. 下边　　　　　　C. 左边　　　　　　D. 右边

二、多选题

7. 以下属于接地装置例行巡视项目的有（　　）。

A. 引向建筑物的入口处、设备检修用临时接地点的"⏚"接地黑色标识清晰可识别

B. 运行中的接地网无开挖及露出土层；黄绿相间的色漆或色带标识清晰

C. 接地引下线无松脱。

8. 根据历次接地引下线（　　）测试结果，分析接地装置腐蚀程度，按要求对接地网进行开挖检查。

A. 导通　　　　　　B. 接地电阻　　　　C. 绝缘　　　　　　D. 耐压

9. 洪水后，检查地网不得露出地面、发生破坏，接地引下线有无（　　）。

A. 变形　　　　　B. 断裂　　　　　C. 伤痕　　　　　　D. 破损

10. 检查接地引下线连接螺栓、压接件，有（　　）时应进行紧固、防腐处理。

A. 松动　　　　　B. 变形　　　　　C. 破损　　　　　　D. 锈蚀

11. 雷雨过后，重点检查避雷器、避雷针等设备接地引下线有无（　　），接地端子是否牢固。

A. 烧蚀　　　　　B. 伤痕　　　　　C. 断股　　　　　　D. 开裂

三、判断题

12. 接地电阻测量应在干季里测量。（　　）

13. 接地流入地中的电流通过接地体向大地作半球形散开时，由于这个半球形的球面在离接地体越近的地方越小，所以在离接地体越近的地方电阻越小。（　　）

14. 在距单根接地体或碰地处 20m 以外的地方，实际已没有什么电阻存在，该处的电位已趋近于零。（　　）

15. 接地引下线和接地体的总和称为接地装置。（　　）

16. 把接地装置通过接地线与设备的接地端子连接起来就构成了接地系统。（　　）

17. 接地可分为工作接地、防雷接地和保护接地。（　　）

四、问答题

18. 避雷针特殊巡视项目有哪些？

第十四章

中 性 点 隔 直 装 置

第一节 中性点隔直装置概述

一、中性点隔直装置的基本情况

由于直流输电系统固有的运行方式和特点，在特殊情况下直流电流会流过大地，造成接地极周边变电站内中性点直接接地的主变压器产生较为严重的直流偏磁现象。

直流输电以大地作为回路，在不同的地点之间会存在一定的直流电位差，对直流通道经过的各个变电站接地网会造成一定的影响，如图 14-1 所示。对于具有一定距离的两个不同变电站，它们接地网之间会有一定的直流电位差。而土壤的电阻率一般会比较大，交流电网的直流电阻相对较小，因此直流电流就会流过交流电网，在交流电网中会汇入直流电流，从其中一个变压器的中性点流入后，流经交流电网，最后又从远方另一个变电站的变压器流出，直流电流流入变压器中性点，产生了直流偏磁现象。

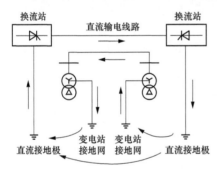

图 14-1 两台中性点接地变压器流过直流电流示意图

中性点隔直装置利用电容器的"隔直通交"的特性，在变压器中性点和电网之间，将一组电容器串联接入，同时将旁路装置与其并联。正常运行时，装置处于直接接地的状态。通过并联旁路开关，可避免电容器收到过电压或大电流的冲击，提高电容器的使用寿命。当电网恢复正常后，旁路装置自动断开，电容器再次处于隔直运行状态。

二、中性点隔直装置常见型号

受直流偏磁的影响，中性点隔直装置一般运用于换流站或直流线路附近的变电站，具体型号见表 14-1。

表 14-1 中性点隔直装置型号

序号	型号
1	PAC-50K
2	KLMZ-220/50

第二节　中性点隔直装置原理

一、中性点隔直装置工作原理

中性点隔直装置原理如图 14-2 所示，K1 为变压器中性点接地开关，K2 为变压器中性点隔直装置投切开关，C 为电容组，K3 为旁路机械开关，THY1、THY2 为反向并联晶闸管。K3 与 THY1、THY2 组成电容器旁路装置在电容器过电压或过电流时使变压器中性点可靠接地。隔直装置有两种工作状态：①直接接地状态，即 K3 处于合位，电容器被短路，变压器中性点直接接地；②隔直工作状态，即 K3 处于分位，变压器中性点经电容接地。反向并联晶闸管 THY1、THY2 以及电抗器 L 的作用是：当 K3 合闸时，能提前导通，使得电容器容量能及时释放，以降低 K3 合闸时的冲击电流。

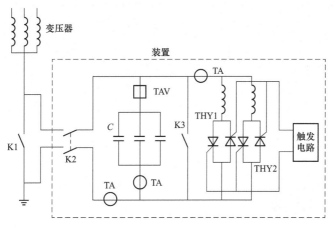

图 14-2　中性点隔直装置原理图

其动作逻辑为：正常情况下 K1 处于分位，K2 处于合位，K3 处于合位电容器两端被短接，隔直装置处于直接接地状态。当变压器中性点电流互感器检测到流过直流电流大小超过整定值，则 K3 断开，使得电容器组投入运行，利用电容隔直通交的性能特点对直流电流进行抑制，此时装置处于隔直工作状态。当装置处于隔直工作状态时，若系统发生接地故障，电流互感器检测到的电流值大于整定值时，会给 K3 的合闸线圈施加电压，使得 K3 合闸。由于 K3 为机械开关，其合闸时间大于晶闸管导通时间，因此故障电流会先经晶闸管旁路流入大地。当 K3 合上后，故障电流再经 K3 流入大地，此时隔直装置切换回直接接地状态。

当隔直装置发生故障，则发出告警信号，由运维人员合上 K1，然后断开 K2，使得隔直装置退出运行。隔直通交的作用主要由电容器组 C 实现，其电容容抗值一方面要保证变压器中性点能有效接地，另一方面也不能对继电保护装置的整定产生影响。

电容器容量过小会导致出现故障电流时电容器组太容易损坏，而电容器组容量过大会造成电容器组投资偏高，因此对电容器组的容量选择需寻找最佳点。

二、中性点隔直装置结构

中性点隔直装置安装在变压器中性点附近，户外集装箱就位于事先做好的水泥基础上，如图 14-3 所示。集装箱内部分为两个室，分别为装置室和隔离开关室。电容器隔直装置位于装置室，户内隔离开关位于隔离开关室。两个室之间有一次电缆连接。变压器中性点电缆经穿墙套管或电缆沟进入装置内部隔离开关，如图 14-4 所示。

图 14-3　装置现场安装外形图

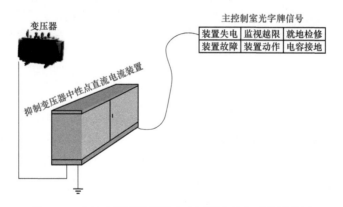

图 14-4　中性点隔直装置接入变压器中性点系统结构图

中性点隔直装置由以下三个部分构成：

1. 旁路机械开关

旁路机械开关也称状态转换开关，用于切换隔直装置是否投入运行，如图 14-5 所示。

2. 隔直装置

隔直装置串联接入变压器中性点，包括隔直电容、晶闸管、整流二极管、电感等一次设备，内部结构如图 14-6 所示。装置内部各部件实物图如图 14-7 所示。

（1）隔直电容。利用电容隔直通交的性能特点对直流电流进行抑制。

（2）晶闸管、整流二极管、电感。组成晶闸管回路，当旁路机械开关合闸时，能提前导通，使得电容器容量能及时释放，以降低旁路机械开关合闸时的冲击电流。

3. 测控装置

如图 14-8 所示，测控装置是装置实现智能化控制的关键部分，相当于具有控制功能的 RTU。测控装置实现

图 14-5 状态转换开关实物图

装置重要位置的电气量测量，并根据测量结果实现运行状态的自动转换或告警，同时与远程监控终端通信。

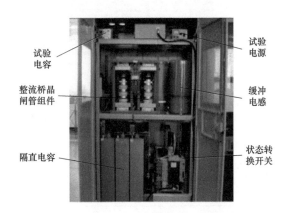

图 14-6 装置内部正面及背面视图

隔直电容　　　运行状态转换开关　　　快速旁路晶闸管回路　　　快速旁路过电压启动单元

图 14-7 装置内部各部件实物图

装置就地操作面板如图 14-9 所示，在测控装置上通过"远方/就地"和"跳/合"两个旋钮提供装置的就地操作，可在装置检修时实现电容接地/直接接地的就地状态转换。当装置上的"远方/就地"旋钮处于就地位置时，远程监控终端及测控单元不再对装置具有控制功能（只具有监视功能），此时通过就地操作面板上的"跳/合"旋钮控制装置的运行状态。

图 14-8　测控装置　　　　　　　　图 14-9　装置就地操作面板

测控装置输出的开关量、模拟量信号应通过电缆连接到变电站的主控制室，并通过主控制室的远动设备传输到上级调度中心，便于运行人员及时了解隔直装置的运行状态。

中性点隔直装置提供开关量状态信号输出见表 14-2，模拟量信号表见表 14-3。

表 14-2　　　　　　　　　　　　　中性点隔直装置开关量信号表

序号	开关量信号名称	功能说明
1	交流工作电源告警	当装置交流电源异常时告警
2	直流工作电源告警	当装置直流电源异常时告警
3	电容接地	当电容接地时信号触点闭合
4	直接接地	当直接接地时信号触点闭合
5	就地控制	当装置状态开关处于"就地"位置时，装置处于就地控制状态
6	远方控制	当开关处于"远方"位置时，装置处于远方控制状态
7	数字控制器告警	当隔直装置测控单元异常时告警
8	DCCT 告警信号	当中性点电流越限时触点闭合
9	电压传感器告警	当电容器两端电压越限时触点闭合
10	温度超限	当隔直装置温度传感器温度越限时触点闭合
11	自动控制	当后台软件更改操作方式为"自动"时，装置处于自动状态
12	手动控制	当后台软件更改操作方式为"手动"时，装置处于手动状态

表 14-3　　　　　　　　中性点隔直装置模拟量信号表

序号	定义	测量范围
1	变压器中性点直流电流量测主	4～20mA 对应±100A
2	变压器中性点直流电流量测辅	4～20mA 对应±100A

第三节　中性点隔直装置巡视要点

（1）中性点隔直装置柜（室）通风设备工作正常，无受潮，接地良好。中性点隔直装置柜（室）通风不良，会使室内温度过高、湿度过大，造成设备发热、受潮击穿或闪络情况。

（2）中性点隔直装置隔离开关（统一）位置正确，与运行方式相符，引线接头完好、无过热迹象；中性点隔直装置隔离开关位置不正确，与运行方式不符，隔离开关引线接头损坏或过热，无法正常工作，当系统中出现直流电时，隔直装置无法起到隔离直流电的作用，直流电流流进交流系统，会发生直流偏磁现象。

（3）支持绝缘子表面无破损、裂纹、放电痕迹，熄灯巡视无闪络、放电现象。外绝缘表面出现破损、裂纹，绝缘性能下降，会发生放电、闪络现象。

（4）中性点隔直测控装置运行正常，控制模式正常，遥测遥信正常，无告警。如控制模式不正确，当系统中有直流电流流过时，可能造成装置无法正确动作进行隔离开关的切换，直流电流会流入交流系统中。若遥测、遥信不正常，测控装置检测到的数据不正确，导致隔直装置拒动或误动，影响装置正确运行。

（5）变压器出现短路跳闸、外部过电压、系统谐振等异常状况后，应检查中性点电容隔直/电阻限流装置内部元器件完好，无放电、异响、异味。变压器出现短路跳闸、过电压、谐振等异常情况后，中性点隔直装置内部元器件有可能受到损坏，如有放电、异响、异味等情况，说明元器件可能烧毁，影响隔直装置正确动作。

（6）中性点隔直装置运行正常，无异常告警信号。装置外部供电回路电源空气开关跳闸，中性点隔直测控装置会发装置异常、装置失电信号。未及时发现装置控制电源异常，若遇到直流线路单级接地时，装置无法实现隔离开关的自动切换。

（7）中性点隔直装置机械旁路开关状态正常。中性点隔直装置机械旁路开关因故障拒动时，如遇直流电流流经变压器中性点，测控装置发直流电流越限信号，测控装置采集的电流或电压数值满足机械旁路开关动作定值，开关未能正确动作。可能存在的原因有装置控制模式不在自动模式，或机械旁路开关控制回路异常。旁路开关拒动，变压器发生接地故障时，旁路开关无法自动闭合，装置将一直处于隔直状态。

（8）中性点隔直装置穿墙套管密封良好，无受潮积水现象。穿墙套管若密封不严，尤其是对于竖直布置的穿墙套管，容易使穿墙套管内部进水，导致穿墙套管受潮，降低穿墙套管绝缘性能，易发生绝缘击穿事故。

第四节 典型案例

案例一：750kV××变电站因巡视不到位导致隔直装置拒动

(1) 情况说明。06 时 37 分，750kV××变电站后台监控机发"1 号主变隔直装置直接接地返回""1 号主变隔直装置电容接地动作""3 号主变隔直装置直接接地返回""3 号主变隔直装置电容接地动作""2 号主变隔直装置越线告警动作""2 号主变隔直装置故障动作"；"1 号主变隔直装置电容接地""3 号主变隔直装置电容接地""2 号主变隔直装置越线告警""2 号主变隔直装置故障"光字亮，现场检查：2 号主变压器隔直装置 722 断路器机械位置指示在合位，2 号主变压器隔直装置中性点电流遥测值 16A，超过 10A 电容接地动作值。

(2) 检查处理经过。

1) 现场就地检查 1～3 号主变压器及隔直装置，将检查情况反馈生产指挥中心及省调监控。

2) 采用就地操作改为电容接地方式。将 2 号主变压器隔直装置由自动控制切换至手动控制，按下 722 断路器手动分闸按钮，手动拉开 722 断路器。

3) 上报 2 号主变压器中性点隔直装置无法自动切换的严重缺陷，等待检修人员进行检查处理，加强 1～3 号主变压器中性点电流、电压监视，联系天中直流确认方式切换情况，待方式切换时及时对 2 号主变压器隔直装置进行手动切换。

(3) 原因分析。

1) 对缺陷归属划分不清楚，未能及时确定缺陷归属。

2) 在人员充足的情况下，未及时安排人员准备工器具。

3) 等待操作人员返回后才准备工器具，增加了消除处理时间。

(4) 措施及建议。

1) 隔直装置中性点电流越上限后，后台检查确认与现场检查同步进行，发现隔直装置满足动作条件而拒动时，应立即就地手动切至电容接地模式，并同时汇报上级领导。

2) 现场尽量缩短主变压器在中性点电流越上限时的运行时间。

案例二：220kV××变电站 2 号主变压器隔直装置限流电阻烧断

(1) 情况说明。2019 年 8 月 18 日，运行人员例行巡视时，发现 220kV××变电站 2 号主变压器中性点隔直装置限流电阻烧断，电容器室存在明显放电现象。随后对 1 号主变压器进行排查，发现也存在限流电阻片烧黑、末端电阻片烧断、放电现象。

(2) 检查处理结果。根据现场巡视及调取历史数据，1、2 号隔直装置已损坏，该站 110kV 线路自隔直装置投运以来共发生故障跳闸 8 次，非对称接地故障 7 次。随后联合厂家对限流电阻进行大电流冲击试验。试验时，限流电阻在 13.8kA 电流冲击后出现明显的冒烟和烧损情况，但未发现熔断现象，通过大电流试验可发现系统在发生单相接地故障时，大电流在流过限流电阻后会产生参数变化、表面碳化现象。

（3）原因分析。隔直装置正常运行时，电容器长期处于投入状态，电阻片流过的不平衡电流和短时冲击大电流造成电阻片温升过大，进一步造成电阻片参数变化、表面碳化现象，长期的不平衡电流和多次的短路冲击造成了电阻片熔断。

（4）措施及建议。

1）对所有在运的无源型隔直装置进行排查，若为不锈钢限流电阻片结构形式的全部取消，采用母排直接搭接的方式。

2）对一次设备开展相关试验，包括交流耐压试验及电容器容值测试等。

3）加强设备巡视，关注电阻片运行情况，发现问题及时进行处理。

案例三：220kV××变电站 2 号主变压器隔直装置异常动作

（1）情况说明。2020 年 6 月 5 日，220kV××变电站 2 号主变压器中性点隔直装置动作，现场检查网内近期均无操作记录及故障异常发生。

（2）检查处理结果。现场对该设备停电检查，打开柜门时发现，小室四周存在凝露现象且内部双石墨放电间隙存在水珠，其他未见明显异常，将内部清理干净，进行干燥处理后申请送电。

（3）原因分析。隔直装置中装有一个关键部件是双石墨间隙放电间隙且两个石墨球之间的间隙只有 2mm。隔直装置正常工作在电容接地状态，当直流偏磁电压消失时，系统控制快速旁路开关闭合，使快速旁路开关闭合。两个石墨球为垂直布置，而且集装箱内部密封、通风工艺欠佳，一旦箱内空气湿度变大，在石墨烯上出现凝露，将会造成间隙异常击穿。

（4）措施及建议。

1）采取措施降低集装箱内空气湿度，一方面加强集装箱底部密封效果，防止地面湿气进入集装箱；另一方面在集装箱内加装工业除湿机，将湿气及时排出。同时，运维人员日常巡视时，对加热驱潮装置运行状况应做好检查。

2）改变双石墨烯间隙的布置结构，由垂直布置改为水平布置，这样即使集装箱内空气湿度大，出线凝露，也不至于使间隙击穿。

第五节　习　题　测　评

一、单选题

1. 例行巡视中性点电容隔直/电阻限流装置无（　　　）。

A. 异常振动　　　　　　　　　　B. 异常声音

C. 异味　　　　　　　　　　　　D. 异常振动、异常声音及异味

2. 两台主变压器（　　）同时共用一台中性点电容隔直/电阻限流装置。

A. 允许　　　　　　B. 不应　　　　　　C. 并列可以

3. 雨雪天气时，检查中性点电容隔直/电阻限流装置柜内（　　）是否启动，有无进水受潮。

A. 加热器　　　　　B. 空调　　　　　　C. 照明　　　　　　D. 风机

4. 正常运行时，中性点电容隔直/电阻限流装置应处于（　　）工作模式。

A 间断　　　　　　B. 连续　　　　　　C. 手动　　　　　　D. 自动

5. 中性点电容隔直/电阻限流装置（　　）巡视应检查绝缘体表面无破损、裂纹、放电痕迹。

A. 特殊　　　　　　B. 熄灯　　　　　　C. 例行　　　　　　D. 正常

6. 变压器出现（　　）等异常状况后，应检查中性点电容隔直/电阻限流装置内部元器件完好，无放电、异响、异味。

A. 短路跳闸、内部过电压　　　　　　B. 外部过电压、系统谐振

C. 短路跳闸、内部过电压、系统谐振　D. 短路跳闸、外部过电压、系统谐振

7. 退出中性点电容隔直装置前，应（　　）主变压器中性点电容隔直接地开关。

A. 断开　　　　　　B. 保持不动　　　　C. 切断　　　　　　D. 合上

二、多选题

8. 下列属于中性点隔直装置熄灯巡视检查项目的有（　　）。

A. 控制屏内装置工作正常，无告警

B. 引线连接部位、线夹无发热，无异常电晕、放电现象

C. 放电间隙表面无异物、无闪络痕迹

D. 绝缘子无闪络、放电

9. 下列属于中性点隔直装置例行巡视检查项目的有（　　）。

A. 中性点电容隔直/电阻限流装置无异常振动、异常声音及异味

B. 绝缘体表面无破损、裂纹、放电痕迹

C. 测控装置运行正常，控制模式正常，遥测、遥信正常，无告警

D. 原存在的设备缺陷是否有发展

10. 中性点电容隔直/电阻限流装置的熄灯巡视应注意其引线连接部位、线夹无发热，无异常（　　）现象。

A. 电晕　　　　　　B. 闪络　　　　　　C. 打火　　　　　　D. 放电

11. 变压器出现（　　）等异常状况后，应检查中性点电容隔直/电阻限流装置内部元器件完好，无放电、异响、异味。

A. 短路跳闸　　　　B. 外部过电压　　　C. 系统谐振　　　　D 一台风扇故障

12. 变压器出现短路跳闸、外部过电压、系统谐振等异常状况后，应检查中性点电容隔直/电阻限流装置（　　）。

A. 内部元器件完好　B. 无放电　　　　　C. 无异响　　　　　D. 无异味

13. 中性点电容隔直/电阻限流装置红外重点检测电容器（　　）互感器、引线接头等。

A. 熔断器　　　　　　B. 高能氧化锌组件　C. 电阻器　　　　　　D. 放电间隙

三、判断题

14. 变压器中性点隔直装置退出前，应合上中性点隔直装置接地开关。（　　）

15. 两台主变压器不应同时共用一台中性点隔直装置。（　　）

16. 退出中性点隔直装置前，应合上主变压器中性点电容隔直/电阻限流装置接地开关。（　　）

17. 在中性点隔直装置单独检修或故障处理时，应将变压器中性点直接接地，并将装置与运行变压器中性点可靠隔离。（　　）

四、简答题

18. 中性点隔直装置特殊巡视的内容是什么？

第十五章

耦合电容器、结合滤波器

第一节 耦合电容器、结合滤波器概述

一、耦合电容器、结合滤波器的基本情况

1. 耦合电容器

耦合电容器是用来在电力网络中传递信号的电容器，主要用在高压及超高压交流输电线路中，使得强电和弱电两个系统通过电容器耦合并隔离，提供高频信号通路，阻止工频电流进入弱电系统，保证人身安全。

2. 结合滤波器

结合滤波器连接在耦合电容器或电容式电压互感器的低电压端与连接电力线载波机的高频电缆之间。它与耦合电容器一起，实现传输通道与电力线载波设备的阻抗匹配，在电力线和高频电缆之间传输载波信号。

二、耦合电容器、结合滤波器常见型号

1. 耦合电容器（见表 15-1）

表 15-1 常见耦合电容器型号

序号	型号
1	OWF35-0.0035
2	JL-1000-5-T8A
3	OW-35-0.035
4	OWF220/$\sqrt{3}$-0.005-2
5	OWF220$\sqrt{3}$-0.005H
6	OWF-110/$\sqrt{3}$-0.01H
7	OWF-220/$\sqrt{3}$-0005H
8	110 OWF110/3-0.01
9	OWF110/$\sqrt{3}$-0.01H
10	OWF1-110/$\sqrt{3}$-0.02H
11	OWF35/$\sqrt{3}$-0.0035HT
12	OWF-35/$\sqrt{3}$-0.0035
13	OWF-35-0.0035
14	OWF220/$\sqrt{3}$-0.005H

续表

序号	型号
15	OWF35/√3-0.0035
16	OWF-110/√3-0.01
17	OW35-0.0035
18	OWF-110√3-0.0066
19	Y10WF5-200/500
20	OWF-35
21	OMF220/3-0.01H
22	OWF-35√3-0.01HF

2. 结合滤波器（见表 15-2）

表 15-2   **常见结合滤波器型号**

序号	型号
1	JL-600-7.5-138ZD
2	JL-400-606-135
3	JL-400-10N1
4	JL-400-D1

第二节　耦合电容器、结合滤波器原理

一、耦合电容器

1. 原理

电容器容抗 X_C 的大小取决于电流的频率 f 和电容器的容量 $CX_C=1/(2\pi fC)$，高频载波信号通常使用的频率为 $30\sim500\,\mathrm{kHz}$，对于 $50\,\mathrm{Hz}$ 的工频来说，耦合电容器呈现的阻抗是高频信号阻抗值 $600\sim1000$ 倍，基本上相当于开路，而对于高频信号来说，则相当于短路。

2. 结构

耦合电容器的结构示意图如图 15-1 所示，耦合电容器产品主要由器身、瓷套等部件组成，110kV及以下电压等级的耦合电容器由 1 台耦合电容器单元组成，电压等级更高时通常由 2～4 台耦合电容器单元叠装而成。

（1）端子用于将耦合电容器与线路引线相连接。

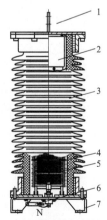

图 15-1　耦合电容器结构示意图
1—端子；2—金属膨胀器；3—瓷套；
4—器身；5—绝缘油；6—低压绝
缘子；7—底座

（2）金属膨胀器用于补偿绝缘油的体积随温度发生的变化。

（3）瓷套是器身的容器，其机械强度应能承受电容器顶部的导线拉力、风力和地震力的作用。外绝缘的爬电比距和干弧距离应符合有关规定。近几年新发展的硅橡胶复合套管也可代替瓷套使用，具有耐污秽能力强、抗弯强度高的优点。

（4）绝缘油用于对耦合电容器的绝缘和冷却。

（5）耦合电容器低压绝缘子上的端子 N 用以连接结合滤波器。当耦合电容器不用于载波通信时，应使用金属连接片将 N 端子直接接地。

（6）底座用于将耦合电容器固定在水泥杆基础上。

OWF220/√3-0.01H 型耦合电容器整体及部件如图 15-2 所示，其结构外壳为绝缘管；外壳内为器身，器身由电容元件串并联而成；电容元件极板为铝箔，极间介质为高分子薄膜或膜与电容器纸复合；电容器经高真空处理，浸渍及灌注用无毒无味高性能绝缘油。

外壳　　　　　器身　　　　　电容元件

图 15-2　OWF220/√3-0.01H 型耦合电容器整体及部件图

二、结合滤波器结构

1. 原理

如图 15-3 所示，结合滤波器连接于耦合电容器与高频电缆之间，它里面的电容器 C 和耦合电容器配合组成带通滤波器，可抑制工频带以外的其他高频波干扰（它对工作频带以外的高频波具有高阻抗和高衰耗的特性）通过线圈 L_2 和 L_1 的耦合，线路侧输入的高阻抗和电缆侧输出的低阻抗相匹配，可使收信机得到最大能量的工作高频信号。

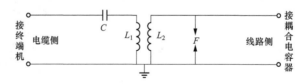

图 15-3　结合滤波器电路图

2. 结构

（1）接地开关。将结合设备的初级端子直接有效的接地，以适应维修和其他的需要，保证设备和人身安全。

（2）避雷器。限制来自电力线的瞬时过电压。

（3）排流线圈。将来自耦合电容器的工频电流接地。

（4）调谐元件（包括匹配变量器）。与耦合电容器一起组成高通、带通滤波器或其他网络，以提高载波信号的传输效率。

结合滤波器中排流线圈、避雷器、调谐元件（包括匹配变量器）、保护元件等部分装在一个壳体内，接地开关可在壳体内部或外部，如图15-4所示。

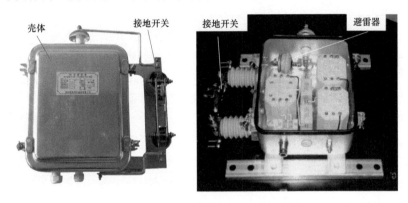

图 15-4　结合滤波器外形及内部结构图

第三节　耦合电容器、结合滤波器巡视要点

（1）耦合电容器高压套管表面无裂纹及放电痕迹，各电气连接部位无断线及散股现象。高压套管表面有裂纹，可能会发生放电闪络情况，若有放电痕迹，说明套管绝缘已经闪络，一般会引起线路跳闸。

（2）耦合电容器本体无渗漏油，无异常振动和声响。耦合电容器密封破坏会出现渗漏油情况，此时内部油会部分或全部流失，芯子容易进水受潮，当系统内出现过电压，很容易引起爆炸事故，应立即停运处理。

（3）耦合电容器引线连接良好，无发热现象。耦合电容器引线连接接触不良，接触电阻过大，引线散股、断股，均会引起引线发热、放电，严重时引线脱落，造成短路、接地事故。

（4）带线路 TV 功能的耦合电容器应无渗漏油，油色、油位正常，油位指示玻璃管清晰、无碎裂。耦合电容器油色不正常，说明耦合电容器内部发生故障，应及时进行检查处理。耦合电容器油位过低，芯子容易进水受潮，当系统内出现过电压，很容易引起爆炸事故；油位过高，若密封不严，则会出现溢油现象。油位指示玻璃管模糊或碎裂，运维人员日常巡视无法观察到油位，对油位异常情况不能及时发现处理。

（5）耦合电容器电缆穿管端部封堵严密。电缆穿管端部封堵不严，将会造成管内有异物或积水，电缆长期受潮，容易破坏绝缘。若气温降低，积水结冰，穿管容易冻裂。

（6）红外热像仪检测耦合电容器存在异常发热，应进行详细检查，是否存在裂纹及渗漏油情况。红外测温发现耦合电容器存在异常发热，可能是耦合电容器内部出现故障或电容器处于长期过电压的状态。当外绝缘出现裂纹及渗漏油情况时，应及时汇报处理，防止套管爆炸损伤周围其他设备。

（7）耦合电容器元器件无击穿、漏电、通电后击穿现象。

1）电容器击穿后，失去电容器的作用，电容器两根引脚之间为通路，电容器的隔直作用消失，电路的直流电路出现故障，从而影响交流工作状态。

2）电容器漏电时，导致电容器两极板之间绝缘性能下降，两极板之间存在漏电阻，有直流电流通过电容器，电容器的隔直性能变差，电容器的容量下降。电路噪声大。这是小电容器中故障发生率比较高的故障，而且故障检测困难。

3）电容器加上工作电压后击穿，断电后它又表现为不击穿，万用表检测时它不表现击穿的特征，通电情况下测量电容两端的直流电压为零或很低，电容性能变坏。

（8）结合滤波器接地开关绝缘子无开裂。接地开关支柱绝缘子开裂，会使绝缘子断裂或造成接地开关脱落，当载波通道检修时，影响安全接地。

第四节　典　型　案　例

案例一：500kV××变电站220kV设备区626B相耦合电容器的红外热像异常

（1）情况说明。2011年7月红外小组在500kV××变电站的例检工作中发现了220kV设备区626B相耦合电容器的红外热像异常，红外图像表现为：B相耦合电容器的上节整体温度偏高。该上节耦合电容器的型号为OWF110/$\sqrt{3}$-0.01H，1995年6月24日出厂，额定电容量为10127pF。

（2）检查处理情况。626B相耦合电容器的上节热点温度为35℃，正常相温度为28.2℃，环境参照体温度为27.0℃。按照DL/T 664—2008《带电设备红外诊断应用规范》中规定，温差为6.8K，相对温差85%，该缺陷类型为电压致热型设备缺陷，缺陷性质为严重缺陷且为设备内部缺陷。

（3）原因分析。耦合电容器耦合电容部分以磁套为封装容器，在正常状态下，因介质损耗发热的表面热像特征是一个具有轴对称性的整体发热热像图，温度最高点接近顶部附近，往下递减。根据现场运行和诊断实践统计，耦合电容器的常见故障，除连接不良等外部故障以外，内部故障缺陷主要包括受潮、绝缘老化、绝缘支架放电、缺油、内部元件击穿等几种类型。

（4）措施及建议。日常巡视过程中，尤其是在高温及线路大负荷期间，应对耦合电容器本体进行重点测温，并对各部位测温数据进行分析比较，发现问题及时汇报处理。

案例二：220kV××线高频保护交换信号不正常

（1）情况说明。2008年1月30日，220kV××线高频保护交换信号不正常，继电保护人员初步判断高频通道中其他设备无异常后，怀疑是耦合电容器的问题，要求将线路停电，更换一台新的耦合电容器。

（2）检查处理情况。检修时修试人员推上结合滤波器的接地开关，用数字式钳形电流表测量耦合电容器接地线上的工作电流 $I=199$mA，从变电站监控系统显示器上可看出，当时系统线电压为230kV，由此可计算出电容量为0.00477μF。该耦合电容器由上下两节串联而成，铭牌上的上节电容值为0.00978μF，下节0.00984μF，上下节串联后的总电容量为0.00490pF，该数值可作为其额定值。检测所求得的电容值对额定值的相对偏差为-2.65%。按照DL/T 596—1996《电力设备预防性试验规程》中规定的判断方法，当相对偏差超出$-5\%\sim10\%$范围时，应停电进行试验，而实际相对误差为-2.65%，说明耦合电容器绝缘状态良好，工作正常，问题不出在这里。在实测和计算被试耦合电容器相对误差时，继电保护人员对结合滤波器、高频电缆、收发信机也做了更为详细的检查，最终发现本侧收发信机中串接在信号输出回路中的抗干扰电容开路，引起高频通道不通，更换后正常。

（3）原因分析。本侧收发信机中串接在信号输出回路中的抗干扰电容开路，引起高频通道不通。

（4）措施及建议。运维人员应按周期要求，定期对高频保护通道进行测试，发现通道不通或衰耗过大时，及时上报处理。

案例三：220kV××变电站220kV××线B相耦合电容器设备线夹断裂

（1）情况说明。2016年7月28日22时30分～23时30分，××市城区大风天气，瞬间最大风力达九级，运维人员在大风天气特巡时，发现220kV××变电站220kV××B相耦合电容器设备线夹断裂，一次连接引线与耦合电容器顶部有放电、打火现象。

（2）检查处理情况。现场检查B、C相耦合电容器外观均完好，瓷套无损伤，B相耦合电容器连接设备线夹铜铝过渡部分断裂，一次连接引线与耦合电容器脱开，C相耦合电容器设备线夹与引线连接正常。随后对设备线夹进行了更换，对C相耦合电容器设备线夹进行了检查，从上部及下部检查均无明显的裂纹，来回晃动一次引线十次，设备线夹铜铝过渡部分无开裂。开展站内其他间隔耦合电容器一次引流线进行了检查，引流线裕度合适，无明显的松动、脱落现象后恢复送电。

（3）原因分析。

1）铜铝设备线夹固有缺陷，铜铝过渡型设备线夹在生产浇筑过程中铜铝因为材质硬度、密度、熔点等不同，过渡处有一点缝隙、阶差，在下雨或空气潮湿时，铜、铝遇水蒸气、氧气发生电化学反应，对铜、铝均产生了腐蚀。本次 B 相耦合电容器设备线夹腐蚀面积为 30％左右，铜铝过渡处变成设备线夹机械强度最薄弱点，引线在风的作用下产生反复摆动，最终发生断裂。

2）220kV××线 A、B、C 三相采用上下垂直布置，1 号塔与站内龙门架有约 50°夹角，C 相耦合电容器位于线路正下方，B 相耦合电容器与引线有约 40cm 的水平位移，因此 B 相引流线相对 C 相受风摆的影响更大。

（4）措施及建议。

1）对全站户外一次设备引线弧度进行全面检查，使用高空相机对一次设备线夹进行拍照，对存在隐患线夹及时上报计划消除隐患。

2）加快线路保护换型，及时对耦合电容器、阻波器进行拆除，并加强金具储备，结合停电对间隔内铜铝过渡设备线夹进行更换。

3）加强基建及技改工程验收，严禁使用铜铝焊接形式铜铝过渡线夹，避免因运行年限久造成线夹铜铝过渡部位因长时间金属疲劳而断裂。

4）运维人员在日常巡视过程中，应使用高倍望远镜，对高处设备线夹进行检查，并利用红外测温仪对连接处测温，发现异常情况及时汇报处理。

第五节　习　题　测　评

一、单选题

1. 耦合电容器测得的电容值与其额定值之差应不超过额定值的（　　　）。

A. −5％～+5％　　　B. −10％～+5％　　　C. −5％～+10％　　　D. −10％～+10％

2. 两节或多节耦合电容器叠装时，应按（　　　）安装，不得互换。

A. 现场实际情况　　　B. 设计图纸　　　　C. 制造厂的编号　　　D. 厂家要求

3. 耦合电容器两节或多节耦合电容器叠装时，应按制造厂的（　　　）安装，不得互换。

A. 铭牌　　　　　　B. 要求　　　　　　C. 编号　　　　　　D. 顺序

4. 耦合电容器的电容单元进行耐电压及局放试验之后，在 0.9～1.1 倍（　　　）下进行电容复测及介质损耗正切值测量。

A. 最大电压　　　　B. 运行电压　　　　C. 额定电压　　　　D. 标称电压

5. 对已退役的高频阻波器，结合滤波器和分频滤过器等设备，应及时采取（　　　）措施。

A. 安全防范　　　　B. 安全运行　　　　C. 安全搁置　　　　D. 安全隔离

二、多选题

6. 带电断、接耦合电容器时，应（　　　）。

A. 将其接地开关合上　　　　　　　　B. 停用高频保护

C. 停用高频信号回路　　　　　　　　D. 被断开的电容器应立即对地放电

7. 下列（   ）属于线路跳闸时，耦合电容器的特殊巡视内容。

A. 高频保护通道测试正常

B. 耦合电容器外绝缘无污闪、放电、破损

C. 本体无渗漏油

D. 引线接头有无发热、烧融

8. 耦合电容器红外检测重点检测（   ）。

A. 套管　　　　　B. 引线　　　　　C. 接头　　　　　D. 二次回路

9. 耦合电容器新投入后巡视内容包括（   ）。

A. 声音应正常，只要发现有响声，应认真检查

B. 本体有无变形、渗漏油

C. 红外测温本体和接头有无发热

D. 高频保护通道测试正常

10. 耦合电容器例行巡视要求包括（   ）。

A. 设备铭牌、运行编号标识、相序标识齐全、清晰

B. 高压套管表面无裂纹及放电痕迹

C. 各电气连接部位无断线及散股现象

D. 均压环应无裂纹、变形、锈蚀

E. 本体无渗漏油

F. 本体无异常振动和声响

11. 耦合电容器发热异常时，以下处理原则正确的是（   ）。

A. 加强监视，若耦合电容器本体或引线桩头发红发热或伴有声音异常，则应汇报调控人员，立即停电处理

B. 检查耦合电容器有否存在渗漏油

C. 检查耦合电容器高压瓷套表面是否爬电，瓷套是否破裂

D. 现场确认发热原因并进行分析、判断和处理，必要时联系检修人员

12. 耦合电容器熄灯巡视内容包括检查引线、接头无（   ）现象。

A. 放电　　　　　B. 发红过热　　　　　C. 异常电晕　　　　　D. 绝缘损坏

13. 耦合电容器出现声音异常时，处理原则包括（   ）。

A. 测试高频通道是否正常

B. 检查耦合电容器有否存在渗漏油

C. 检查耦合电容器高压瓷套表面是否爬电，瓷套是否破裂

D. 现场无法判断时，联系检修人员检查处理

14. 在（   ）情况下，需要及时事先通知对方，做好耦合电容器停用措施。

A. 高频通道与载波通道混用一相时

B. 合上耦合电容器的接地开关前

C. 高频或通信发生异常

D. 高频或通信需要检修时

15. 下列关于耦合电容器声音异常的处理原则正确的有（　　）。

A. 测试高频通道是否正常

B. 检查耦合电容器有否存在渗漏油

C. 检查耦合电容器高压瓷套表面是否爬电，瓷套是否破裂

D. 现场无法判断时，联系厂家检查处理

16. 异常天气时耦合电容器巡视内容包括（　　）。

A. 大风后，检查接线端子接线牢固

B. 雾霾、霜冻、雷雨后，检查套管外绝缘无闪络

C. 带线路 TV 功能的耦合电容器应无渗漏油，油色、油位正常，油位指示玻璃管清晰无碎裂

D. 高温天气时，检查无渗漏油

17. 耦合电容器例行巡视内容，下列说法正确的是（　　）。

A. 设备铭牌、运行编号标识、相序标识齐全、清晰

B. 本体无渗漏油，无异常振动和声响

C. 引线连接良好，无发热现象

D. 如红外热像仪检测到异常发热，应详细检查是否存在裂纹及渗漏油情况

18. 运行中耦合电容器发生下列（　　）故障之一时，应立即申请停用。

A. 本体存在严重发热　　　　　　　B. 本体渗漏油

C. 外绝缘有严重破损，有放电闪络　　D. 运行中膨胀器异常伸长顶起上盖

19. 发生下列（　　）情况应对耦合电容器进行紧急停运。

A. 耦合电容器渗漏油时　　　　　　B. 耦合电容器有异常放电声

C. 耦合电容器外绝缘严重损坏　　　D. 运行中膨胀器异常伸长顶起上盖

20. 运行中的结合滤波器，接地开关应在断开位置，人员不得触及（　　）。

A. 刀口　　　　　B. 外绝缘　　　　　C. 引线　　　　　D. 二次回路

三、判断题

21. 在耦合电容器设备上工作影响高频保护时，应向调控人员申请停用该线路所有保护。（　　）

22. 在耦合电容器设备上工作影响高频保护时，可不停用相关高频保护进行工作，但应做好安全措施。（　　）

23. 在接触耦合电容器之前，应将线路停役。

24. 运行中的结合滤波器，接地开关应在合上位置，人员不得触及刀口及引线。（　　）

25. 耦合电容器发生渗漏油时，应作为严重缺陷上报。（　　）

26. 耦合电容器有异常放电时，可短时运行，不必立即停用。（　　）

27. 耦合电容器所匹配的结合滤波器有打火放电现象，应报告调控人员，立即退出

使用全部通道的纵联保护及重合闸装置。（　　）

28. 耦合电容器发生渗漏油时，应作为严重缺陷上报。（　　）

29. 耦合电容器发生渗漏油时，应联系检修人员查明原因，并加强监视。（　　）

30. 耦合电容器二次侧严禁开路运行。（　　）

31. 耦合电容器的接地开关运行中应在合上位置，如因工作需要分开，应向有关调控人员申请许可。（　　）

32. 耦合电容器瓷套有开裂、破损现象的，应立即汇报调控人员，可暂时继续运行一段时间，但应加强巡视。（　　）

33. 耦合电容器瓷套有开裂、破损现象的，应立即汇报调控人员，进行紧急停运处理。（　　）

34. 高温天气时，应检查耦合电容器无渗漏油。（　　）

35. 发现运行中耦合电容器渗漏油，汇报调控人员，加强监视，必要时停电处理。（　　）

36. 当耦合电容器内部有放电声或异常声响增大时，应到设备下方观察故障原因，及时报告调控人员停运。（　　）

四、问答题

37. 耦合电容器的工作原理是什么？

第十六章

阻 波 器

第一节 阻波器概述

一、阻波器的基本情况

阻波器是指与输电线路串联使用，为某些特定的频率或频带提供阻波阻抗，为电力载波通信提供信号通道的电抗器。阻波器是载波通信及高频保护不可缺少的高频通信元件，它阻止高频电流向其他分支泄漏，起减少高频能量损耗的作用。

二、阻波器常见型号

阻波器产品型号示意图如图 16-1 所示。

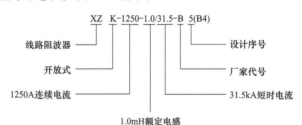

图 16-1 阻波器产品型号示意图

常见阻波器型号见表 16-1。

表 16-1 　　　　　　　　　　常见阻波器型号

序号	型号
1	XZK-1600-1.0/63-T6
2	XZK-630-1.0/20-T5
3	XZK-1000-1.0/31.5-B5
4	XZK-2000-1.0/50-T6
5	XZK-500-1.0/12.5-B4
6	XZK-1600-1.0/40 T6
7	XZK-400-0.5
8	XZK-2.0/20-T5
9	XZK630-0.5/40-T5
10	XZK630-1.0/16-T5

序号	型号
11	XZK1600-1.0/40-T6
12	XZK-400-0.5/10-B4
13	XZK-400-1.0/10
14	XZK-630-0.5/16-B4
15	XZK-400
16	XZK-400-1.0/16-B4
17	XZF-800-1.0/25-131
18	XZK-0.5/5-NC
19	XZK-400-0.5/100-N6
20	XZF-1600-1.0/50-B5
21	X2K-630-0.5-N2
22	XZK-630-1.0/20
23	XZK-400-0.5/10-N 3A
24	XZK-400-0.6/16-N3A

第二节 阻波器原理

一、原理

阻波器是由电感与电容并联构成，主要利用谐振原理使阻波器对高频信号呈高阻抗，而对工频电流则只有很小的阻抗，这样使工频信号畅通无阻而将高频信号阻隔在线路上，以避免高频信号对系统的干扰，同时可利用此高频信号在两变电站或电厂之间进行通信，并实现高频保护，如图 16-2 所示。

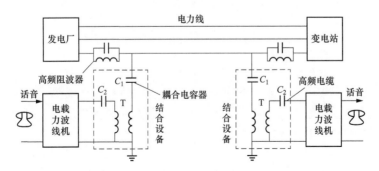

图 16-2　电力线路高频通道组成示意图

二、结构

阻波器的主线圈由一层至多层并联线圈组成，匝数由内层向外层逐渐减少，导线截面由内层向外层逐渐加大。阻波器结构图如图 16-3 所示。

线路阻波器一般是由主线圈、调谐装置和避雷器三部分组成。

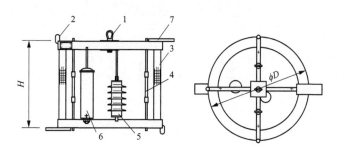

图 16-3　阻波器结构图

1—吊环；2—电晕球；3—主线圈；4—绝缘拉杆；5—避雷器；6—调谐装置；

7—接线端子；H—线圈高度；D—最大外径

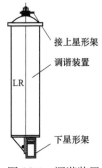

图 16-4　调谐装置
外形图

（1）主线圈。用裸铝扁线绕制，线匝由玻璃钢垫块和撑条支持，经浸漆处理。线圈两端星形架是由铝合金挤压型材制成，这使它具有较高机械强度、耐锈蚀和低损耗的特点。线圈两端还采用高机械强度和高电气强度的玻璃钢拉杆压紧或拉紧。主线圈整体用以承载工频电流包括系统的短路电流。

（2）调谐装置。此装置主要由电容器、电感器和电阻器构成，它与主线圈构成谐振回路，对高频信号起阻塞作用，如图 16-4 所示。

（3）避雷器。避雷器是将阻波器所受到的雷电过电压及操作过电压限制在一定的范围之内，用以保护调谐装置和主线圈。采用专为阻波器研制的带串联间隙的氧化锌避雷器。

第三节　阻波器巡视要点

（1）引线接头处接触良好，无过热发红现象，无断股、扭曲、散股。线路潮流过大，接头处连接不牢固，接触电阻过大，均会造成引线接头处发热，若未及时发现导致长期发热会使接头处脱落，造成设备掉落，引起线路跳闸事故。引线若有断股、散股现象，导线间会放电发热。

（2）检查高频阻波器及内部各元件〔调谐元件，保护元件（避雷器）等〕正常。高频阻波器内部元件故障，可能造成通道损耗过大，也可能影响高频通道收信和发信，造成高频保护拒动或误动。

（3）无异常振动和声响。高频阻波器有异常振动声响，可能是由于各部件连接不牢固，连接螺栓松动，阻波器在运行过程中就会因为振动发出异常声响。

（4）悬式绝缘子完整，无放电痕迹，无位移。悬式绝缘子表面有放电痕迹，说明绝缘子出现过闪络现象，绝缘子绝缘可能已被击穿，无法起到绝缘的效果。

（5）高频阻波器内无杂物、鸟窝，构架无变形。高频阻波器因其内部有通风散热用的空隙，很容易堆积杂物，鸟类也便于筑巢，若因杂物或鸟巢造成阻波器通风不良，阻波器会因温度过高而损坏。

（6）支撑条无松动、位移、缺失，紧固带无松动、断裂。支撑条松动、位移、缺失，会造成阻波器机械强度降低，整体结构松动，可能出现散开甚至脱落现象。

（7）防污闪涂层无破裂、起皱、鼓包、脱落现象。防污闪涂层破裂、起皱、鼓包，长期不处理，会逐渐脱落，设备外绝缘防污闪涂料缺失，会增大表面积污造成的设备闪络概率。

（8）红外热像仪检测有无发热现象，应在白天通过肉眼或高清望远镜进行详细观察，是否存在裂纹。由于线路阻波器一般安装在线路侧引线上，电压等级越高，阻波器安装的位置也就越高。红外测温发现阻波器有发热现象时，一般是由于线路电流过大，或设备存在裂纹、接触不良造成的，白天应尽量用高清望远镜对阻波器进行仔细检查。

（9）高频保护通道测试应正常。高频保护通道测试能够反映出高频通道的通断状态以及衰耗情况，定期进行测试，发现通道不通或衰耗过大时，能够及时进行处理，防止高频保护拒动或者误动。

（10）高频阻波器连接螺栓开口销正常。连接螺栓的开口销脱落，由于阻波器正常运行时的振动，螺母和螺栓之间容易发生相对转动现象，造成连接螺栓松动，连接不紧固，一是会造成连接部位发热，二是螺栓松脱严重，阻波器会从高空脱落，造成线路跳闸。

第四节 典型案例

案例一：2853线路B相调谐装置内部电容器炸裂，A相调谐装置内部断线

（1）情况说明。某供电公司220kV××变电站至××开关站2853线路，在微机高频保护通道正常情况下，线路由运行转检修，进行两侧隔离开关更换工作，在检修结束恢复送电时出现高频阻波器特殊故障，高频通道异常，使线路不能正常送电，分析处理过程如下。

2853线路为220kV单回路线路（见图16-5），线路长度85.3km，三相均挂有阻波

器，其中 A、B 相为高频保护通道，C 相为载波电话通道。隔离开关更换工作结束后，根据省调安排，在 2853 断路器及线路两侧均为冷备用方式情况下进行对调试验，测试结果见表 16-2。根据对调结果，选择高频通道裕度为 15dB 及整定好 3dB 告警电平，工作结束，开始操作送电。

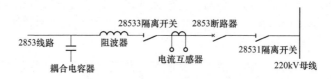

图 16-5　2853 线路接线示意图

表 16-2　　　　　　　　　　测 试 记 录

保护	频率 （kHz）	本侧发送电平 （dB$_\mu$）	本侧接收电平 （dB$_\mu$）	对侧接收电平 （dB$_\mu$）
方向高频保护（901，A 相）	210	29.5	18	19
高频闭锁保护（902，B 相）	125	30	15.5	15

当运行人员操作到 2853 断路器及线路转热备用时，进行通道试验检查发现，2853 两套高频保护收发信机 3dB 告警灯亮。

（2）检查处理结果。为查出高频通道衰耗过大原因，在不同运行方式下开展检查和测量电平工作。

从测量数据得出，除了 B 相对侧符合要求外，其余的分流衰耗均大于标准要求 1.7～2.6dB。可判定本侧 A、B 相阻波器、对侧 A 相阻波器存在问题。在排除了结合滤波器、高频电缆、收发信机的情况下，决定吊下阻波器检查。将两只故障阻波器放到地面后，外观正常。测得阻波器对信号的衰减，均大于 20dB，在正常范围内。为了判别故障原因，便于分析比较，用 XZL21 阻波器自动测试仪对两只故障阻波器和一只备品分别测试，由测试结果得出，A、B 相阻波器的特性曲线异常，其阻塞电阻 R 在工作频率附近均大大低于 570Ω 的标准要求。

（3）原因分析。由测试结果得出，可能是其内部调谐装置失效所致。打开调谐装置检查，发现 B 相调谐装置内部电容器炸裂，A 相调谐装置内部断线。更换 B 相的调谐装置，将 A 相阻波器按省调要求淘汰，换上备品。

（4）措施及建议。

1）建议通过测量阻波器的阻塞电阻来确定阻波器的好坏，在该案例中，开始使用传统的测试方法，即信号发生器配合电平表来测量阻波器的衰耗，结果均大于 20dB，符合要求，但事实上却造成误判。因此，建议按标准要求通过测量阻波器的阻塞电阻来确定阻波器的好坏。

2）要结合线路大修停电的机会对阻波器的特性进行测试，可采用不吊下阻波器的测量方法来减小工作量，即只拆下阻波器线路侧引线，另一侧通过接地开关接地，用阻波器特性测试仪测量。

　　3）运维人员在日常巡视过程中，应按要求定期对高频通道进行检查，发现问题及时汇报处理。同时，在高频保护线路停电检修工作结束后，送电前，应按要求在送电的各个阶段对高频通道进行测试检查，发现问题能及时处理。

案例二：220kV××变电站 220kV××线阻波器引流线脱出典型案例

　　（1）情况说明。2015 年 9 月 14 日 12 时，运行人员对 220kV××变电站巡视时，发现 220kV××线线路侧 B 相阻波器上部双分裂引流线上端单根引线从螺栓型 T 形线夹中脱出，如图 16-6 所示。

图 16-6　现场检查情况图

　　（2）检查处理结果。检修人员登高作业检查后发现 220kV××线 B 相阻波器上部引流线 T 形线夹下引线连接固定连接片 1 片（共 3 片）断裂（见图 16-7），线夹结构受力发生变化，在大风舞动及导线重力作用下引流线从线夹线槽中脱出。

图 16-7　线夹检查情况图

图 16-8　加固引流线示意图

随即申请停电，现场更换了 B 相 T 形线夹，并对其他两相线夹进行了检查和力矩紧固。为保证螺栓型 T 形线夹连接可靠，对每只 T 形线夹处并接加固引流线（见图 16-8），分担原线夹的受力及负荷电流，保证可靠连接。××线于 19 时 55 分恢复运行。

（3）原因分析。初步分析，固定连接片断裂可能的原因为：①220kV××线设计风速 30m/s，220kV××变电站周围持续三天为大风天气，平均风力 6～7 级，瞬时风力达 8 级以上，220kV××线引线持续剧烈摆动，使固定连接片受到持续较强作用力发生断裂现象；②安装时固定连接片两侧螺栓紧固过度，固定连接片受力接近极限，在大风作用下引线舞动使连接片受力超出极限发生断裂现象；③连接片铸铝材质硬度（强度）不足，受力后易产生金属疲劳发生断裂现象。

（4）措施及建议。

1）对此类螺栓型 T 形线夹开展排查整改工作，建议 220kV 及以上电气主回路通流线夹均采用液压型设备线夹，杜绝发生金具断裂、接头发热等问题。

2）结合恶劣天气预警通知和季节性特殊时段，积极开展输变电设备的特巡特护工作，发现设备异常、故障及时进行抢修处理。

3）加强设备验收与运维管理工作，严格执行标准化验收及检修作业指导书，不同型号螺栓严格按规定力矩科学紧固，同时开展变电设备金具质检工作。

案例三：220kV××变电站 220kV××线阻波器鸟窝导致高频保护动作

（1）情况说明。2016 年 7 月 12 日 12 时，220kV××变电站 220kV××线 A 套高频保护动作跳闸，A 相跳闸，重合闸动作，重合不成功。

（2）检查处理结果。输电人员对线路进行巡线，未发现故障点。变电运维人员现场检查发现 220kV××线 A 相阻波器下方有鸟毛和杂草，用望远镜观察阻波器内部缝隙有鸟窝。保护人员对保护动作情况进行分析，判断保护装置动作正确。

（3）原因分析。结合故障发生时天气为刚下过雨且 220kV××线负荷较大，判断为鸟窝受潮导致线路阻波器故障，导致高频保护动作跳闸，申请将线路转检修，清除鸟窝，对阻波器进行检查试验正常后，恢复送电，线路运行正常。

（4）措施及建议。运维人员应使用高倍望远镜，对线路阻波器内部情况定期进行检查，尤其是在特殊天气后或大负荷时，应加强巡视，发现设备故障或有异物时，及时进行处理。

第五节 习 题 测 评

一、单选题

1. 阻波器应（　　）在输电线路中。

A. 串联　　　　　　B. 并联　　　　　　C. 级联　　　　　　D. 串并联

2. 阻波器是载波通信及高频保护不可缺少的高频通信元件，它阻止（　　）向其他分支泄漏。

A. 低频电流　　　B. 高频电流　　　C. 高频信号　　　D. 高频电压

3. 阻波器是由电感与电容（　　）构成。

A. 串联　　　　　　B. 并联　　　　　　C. 级联　　　　　　D. 串并联

4. 阻波器调谐装置主要由电容器、电感器和电阻器构成，它与主线圈构成谐振回路，对高频信号起（　　）作用。

A. 分配　　　　　　B. 通流　　　　　　C. 阻塞　　　　　　D. 汇集

5. 应对高频保护通道进行（　　）测试。

A. 每日　　　　　　B. 定期　　　　　　C. 每周　　　　　　D. 每月

二、多选题

6. 高频阻波器有下列哪些故障之一，应立即申请停运（　　）。

A. 绝缘子严重破损，放电闪络　　　B. 引线接头发热严重，烧断

C. 高频阻波器内元件着火、爆炸　　　D. 高频阻波器支柱绝缘子断裂、金具脱落

7. 高频阻波器有异常声响，处理原则正确的是（　　）。

A. 应判定是否由于线路潮流大而引起的，若线路潮流过大应加强监视，否则应马上汇报调控人员，及时停运线路，联系检修人员处理

B. 应判定是否由于线路潮流大而引起的，若线路潮流过大应加强监视，否则应马上汇报调控人员，及时将线路减载，联系检修人员处理

C. 停电检修后现场查明高频阻波器异响原因及情况，做出判断和处理

D. 立即停用高频阻波器

8. 高频阻波器接头过热处理原则是（　　）。

A. 检查是否为线路潮流过大引起，联系调控人员，申请线路减载

B. 发热点温度未达到严重缺陷，增加红外检测频次，监视热点，填报缺陷，联系检修人员查明原因

C. 高频阻波器引线接头热点温度大于110℃，相对温差δ大于95%，为危急缺陷，应汇报调控人员，及时停运线路，联系检修人员处理

D. 运维负责人可不经许可，自行将高频阻波器停运

9. 测温发现高频阻波器发热点温度未达到严重缺陷，增加（　　），联系检修人员查明原因。

A. 红外检测频次　　　　　B. 监视热点　　　　　C. 填报缺陷

10. 发现高频阻波器接头过热时应（　　　）。

A. 检查是否为线路潮流引起　　　　　B. 增加红外温度频次

C. 立即停运　　　　　　　　　　　D. 根据需要联系检修人员

11. 发现高频阻波器内部调谐元件故障，汇报调控人员（　　　）。

A. 停运线路　　　　B. 联系检修人员处理　　　　　C. 联系运维人员处理

12. 高频阻波器的检修应满足条件有（　　　）。

A. 所在线路必须停电

B. 所在断路器必须停电

C. 合上线路接地开关，在高频阻波器线路侧挂接地线

D. 合上断路器接地开关，在高频阻波器线路侧挂接地线

13. 高频阻波器内部调谐元件故障时，监控系统会发出（　　　）。

A. 振荡闭锁　　　B. 高频装置故障　　C. 通道故障　　　D. 收信异常

14. 线路跳闸后对高频阻波器的巡视内容有（　　　）。

A. 检查高频阻波器本体有无变形，表面有无闪络痕迹

B. 检查接头导线有无断股迹象，有无飘落杂物

C. 外观是否完好，各连接有无开脱破损情况

D. 绝缘子表面有无放电痕迹

15. 在雷电过电压和操作后，应检查高频阻波器内的避雷器是否完好，如发现避雷器损坏，应立即汇报加以更换，避免（　　　）可能承受的电压冲击。

A. 支持立柱　　　B. 调谐装置　　　C. 主线圈　　　D. 导线

二、判断题

16. 高频阻波器的精确测温周期为 330～750kV：1 月；220kV：3 月；110（66）kV：半年；35kV 及以下：1 年。新设备投运后 1 周内。（　　　）

17. 高频阻波器的载流量应满足最大负载的要求，引下线不应过松或过紧，接头接触良好。（　　　）

18. 高频阻波器发生绝缘子严重破损，放电闪络现象时，应立即申请停运。（　　　）

19. 高频阻波器接头过热是由线路潮流过大引起时，应联系调控人员，申请线路停运。（　　　）

20. 高频阻波器例行巡视中应巡视悬式绝缘子完整，无放电痕迹，无位移。（　　　）

21. 高频阻波器内部的调谐元件、保护元件（避雷器）应完整，连接良好，固定可靠。（　　　）

22. 高频阻波器内部的调谐元件、保护元件（电容器）应完整，连接良好，固定可靠。（　　　）

23. 高频阻波器新投入运行时，表面油漆应无变色，红外测温本体和接头无发热。（　　　）

24. 高频阻波器有异常声响判定是由于线路潮流大而引起的，应及时汇报调控人员，申请线路减载。（　　）

25. 高频阻波器运维细则中，高频阻波器引线接头热点温度大于 110℃，相对温差 δ 大于 95%，为危急缺陷，应汇报调控人员，及时停运线路，联系检修人员处理。（　　）

四、问答题

26. 阻波器的工作原理是什么？

第十七章

站用变压器

第一节 站用变压器概述

一、站用变压器的基本情况

所谓站用变压器，即变电站站用电源变压器，一般为干式或油浸式双绕组变压器。站用变压器的作用有：

(1) 提供变电站内的生活、生产用电。

(2) 为变电站内的设备提供交流电，如保护屏、断路器的储能电动机、主变压器有载调机构等需要操作电源的设备。

(3) 为直流系统充电。站用变压器的原理与主变压器原理相同，都是利用电磁感应原理进行电压变换供设备使用。

站用变压器的电源主要取自于变电站内低压母线，将高电压变换为400V的低电压，再通过低压配电柜或交流配电屏分配负荷，供站内设备及设施使用。站用变压器主要为站内照明及工作用电、蓄电池充电机、变压器冷却器、设备操作及电机提供交流电源。

二、站用变压器的分类

(1) 按电压分类。分为10、35、66kV站用变压器，其中66kV站用变压器常用于750kV变电站。

(2) 按调压方式分类。有无励磁调压和有载调压站用变压器两大类。

(3) 按冷却方式分类。有干式变压器和油浸自冷式站用变压器。

三、站用变压器常见型号

常见站用变压器型号见表17-1。

表 17-1   常见站用变压器型号

序号	型号	额定电压（kV）	额定容量（kVA）
1	SZ-1250/66	66	1250
2	SZ11-1250/66	66	1250
3	SZ11-1600/66	66	1600
4	S11-1250/35	35	1250

续表

序号	型号	额定电压（kV）	额定容量（kVA）
5	SZ11-1250/35	35	1250
6	SZ9-1250/35	35	1250
7	SZ11-1250/35	35	1250
8	S9-50/33	35	50
9	S11-50/35	35	50
10	S7-50/35	35	50
11	S11-100/35	35	100
12	S11-400/35	35	400
13	S9-30/35	35	30
14	SC10-100/10.5	10.5	100
15	SC10-100/10	10.5	100
16	DKSC-400-100/10	10.5	100
17	DKSC-1200-200/10	10.5	200
18	DKSC-800-200/10	10.5	200
19	SC9-50/10.5-0.4	10.5	50
20	SCB10-630/10	10.5	630
21	S11-M-50/10.5	10.5	50
22	SC11-100/10	10	100
23	SC(B)11-100/10	10	100
24	SZL7-630/10	10	630
25	SC-100/10	10	100
26	SCB10-100/10	10	100
27	S13-M-50/10	10	50
28	SC9-80/6.3	6.3	80

第二节　站用变压器原理

站用变压器原理与主变压器原理相同，只是站用变压器容量较小，一般使用干式站用变压器和油浸式站用变压器，油浸式站用变压器结构与主变压器结构相同，相关内容参考主变压器章节，此处针对干式站用变压器做简要介绍。

110kV及以下变电站，由于站用变压器容量较小，为简化布置，常将站用变压器置于开关柜中，一般选用干式变压器。干式站用变压器铁芯绕组结构与主变压器相同，其外形结构及相关附件如图17-1所示。

（1）低压出线铜排、高压端子。高、低压绕组引出线接线端子。

（2）夹件。用于夹紧铁芯硅钢片。

（3）冷却气道。用于变压器散热的通道。

（4）垫块、底座、双向轮、接地螺栓。对变压器起支撑和接地作用。

（5）高压分接头、高压连杆、高压连接片。相互配合，对变压器的挡位进行选择。

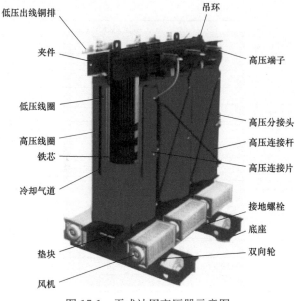

低压出线铜排

吊环

夹件

高压端子

低压线圈

高压分接头

高压线圈

高压连接杆

铁芯

高压连接片

冷却气道

接地螺栓

底座

垫块

双向轮

风机

图 17-1　干式站用变压器示意图

第三节　站用变压器巡视要点

（1）各部位无渗油、漏油。站用变压器因渗漏而使油位降低后，可能使带电接头、开关等处在无油绝缘的状况下运行，从而可能导致击穿、短路、烧损，甚至引起设备爆炸。站用变压器渗漏油后，会使全密封结构丧失密封状态，易使油纸绝缘遭受外界的空气、水分的入侵而使绝缘性能降低，加速绝缘的老化，影响站用变压器的安全、可靠运行。

（2）事故放油阀无渗漏油。油浸式站用变压器事故放油阀有渗漏油痕迹，可能是因为连接阀门接触部位不严密造成。长期渗漏，会影响站用变压器本体油位，也可能使渗漏油情况恶化，还可能引起火灾等事故。

（3）套管无破损裂纹、无放电痕迹及其他异常现象。套管的作用是使引出线之间及引出线与变压器外壳之间绝缘，同时起固定引出线的作用。如果套管出现脏污、破损等异常情况将会影响套管的正常运行，异常情况严重时可能导致套管闪络站用变压器跳闸。

（4）站用变压器低压侧绝缘包封情况良好。站用变压器因电压等级较低，低压桩头距离较近，低压侧引线绝缘包封有效地防止了低压引线相间短路接地的情况。若绝缘包封脱落，造成低压侧引线裸露，当发生异物搭挂等情况时，可能会造成站用变压器短路跳闸。

（5）站用变压器高低压电缆表面无破损、绝缘护套完好，温度正常。站用变压器高低压侧一般使用电缆或铜排与其他设备连接，若发现表面破损、绝缘护套缺失、温度过高等情况，增大了站用变压器发生电缆头击穿、相间短路的可能性。

（6）站用变压器各部位的接地可靠，接地引下线无松动、锈蚀、断股。站用变压器外壳接地不良，会造成金属外壳带电而出现触电事故。站用变压器正常运行时铁芯必须有一点可靠接地，若没有接地，则铁芯对地的悬浮电压，会造成铁芯对地断续性击穿放电，铁芯一点接地后消除了形成铁芯悬浮电位的可能。

（7）有载分接开关的分接位置及电源指示应正常，分接挡位指示与监控系统一致。带有载调压功能的站用变压器，分接开关的位置及电源指示不正常，监控系统指示与实际不符，当站内进行分接头调整时，无法判断站用变压器的挡位。

（8）本体运行温度正常，温度计指示清晰，表盘密封良好、防雨措施完好。站用变压器温度过高，可能是因为过负荷、散热不良、温度指示计指示故障造成，变压器温度过高，会造成变压器绝缘劣化，减少变压器使用寿命。温度指示计表盘密封不良，表盘内会积灰、受潮造成表面模糊，运维人员巡视时无法观察到温度数据。若防雨措施不良，温度计二次接线受潮短路，可能会误发信号。

（9）油浸式站用变压器油位正常，符合油位—油温曲线对应的范围。油位过高或过低，不在正常限值内，不符合油位—油温曲线表，均属于油位异常。油位过高往往是呼吸器堵塞、防爆管通气孔堵塞所致且极易造成溢油现象；油位过低往往是由于设备漏油、检修后没及时补油、温度过低等造成的，会使绝缘能力下降，可能会引起短路、放电、击穿等现象。

冬季、夏季应对油位重点检查。防止冬季油位过高，造成夏季出现满油位或溢油现象；或夏季油位过低，造成冬季出现油位不可见现象，同时，做好冬季和夏季油位对比，防止出现假油位现象。

（10）本体吸湿器呼吸正常，外观完好，吸湿剂符合要求，油封油位正常。吸湿器内硅胶的作用是在变压器温度下降时对吸进的气体去潮气，当硅胶变色时，表明硅胶已受潮而且失效。一般使用的蓝色硅胶，受潮后会变为粉色。

杯油位过低，则无法起到隔离作用，油质浑浊可能造成呼吸器堵塞导致气室不能正常伸缩。

对于采用胶囊式储油柜的站用变压器，应检查呼吸器呼吸正常，油封杯内有呼吸产生的气泡，防止出现憋气现象。

（11）干式站用变压器环氧树脂表面及端部应光滑、平整，无裂纹、毛刺或损伤变形，无烧焦现象，表面涂层无严重变色、脱落或爬电痕迹。干式站用变压器若环氧树脂表面及端部不平整、有毛刺，容易发生放电现象。若出现损伤、变形、烧焦现象，说明站用变压器发生了放电、闪络等故障，会引起站用变压器跳闸，应立即停运处理。

（12）气体继电器（本体、有载开关）、温度计防雨措施良好。气体继电器防雨措施不良，二次接线部位进水，引起端子短路，气体继电会误发信号，严重时会使重瓦斯误动造成站用变压器跳闸。

（13）对于安装在开关柜内的干式站用变压器，应对可观察范围内的导体部分示温蜡片变色情况进行检查。示温蜡片发生变色，说明站用变压器导体部分有发热现象，可能是由于负荷过大、连接部位接触不良等原因造成，若未及时对示温蜡片进行检查，日常红外测温也无法有效反映开关柜内设备的温度，设备长期发热，可能会造成过热烧融，引起设备跳闸或开关柜爆炸事故。

（14）站用变压器室的门、窗、照明完好，房屋无渗漏水，室内通风良好、温度正常、环境清洁；消防灭火设备良好。站用变压器室的门窗关闭不严，小动物会进入站用变压器室，有可能造成站用变压器短路跳闸。站用变压器室照明不足，会影响运维人员正常巡视。房屋渗漏水，严重时会造成站用变压器短路跳闸。站用变压器室通风不良，会造成站用变压器温度升高，影响站用变压器使用寿命。

第四节　典　型　案　例

案例一：220kV××变电站站用变压器室小动物进入造成站用变压器跳闸

（1）情况说明。2019年5月26日，220kV××变电站35kV1号站用变压器过电流一段保护动作跳闸，运维人员到达现场后发现1号站用变压器起火，立刻进行了灭火。

（2）检查处理情况。通过现场检查及调取现场视频监控发现，一只猫爬上站用变压器本体，在活动中造成B、C相间短路，站用变压器跳闸，套管炸裂，引起喷油起火。

（3）原因分析。此次事故暴露出变电站防小动物管理措施不到位，变电站大门存在较大缝隙，小动物可随意出入。同时，站用变压器采取室外敞开方式布置，绝缘护套不牢固，运维人员巡视时未发现，巡视不到位，造成猫在站用变压器本体活动时，绝缘护套无法起到绝缘作用。

（4）措施及建议。运维人员日常巡视时，对站用变压器低压侧绝缘护套要重点关注，发现护套脱落要及时汇报处理；同时，加强变电站防小动物措施管理，变电站大门缝隙处，用装订绝缘垫的方式进行密封，防止小动物随意出入。

案例二：220kV××变电站35kV1号站用变压器轻瓦斯告警

（1）情况说明。2017年7月5日，接运行现场人员反馈，220kV××变电站35kV1号站用变压器轻瓦斯报警，气体继电器内部存在大量气体。检修人员赶赴现场后，对35kV1号站用变压器本体进行检查无异常，随后对气体继电器内部气体及站用变压器本体油样进行色谱试验，发现油中溶解气体中氢气及总烃含量超过注意值，见表17-2。

表17-2　　　　　　　　　　1号站用变压器离线数据

序号	化验日期	分析数据（μL/L）								备注
		H_2	CO	CO_2	CH_4	C_2H_4	C_2H_6	C_2H_2	总烃	
1	2016.03.25	2.332	8.971	73.909	0.66	0	0	0	0.66	交接试验
2	2017.07.05	5300.59	69.95	644.19	150.17	0.47	32.88	0.40	183.92	油样（台式色谱仪）

（2）检查处理结果。对 1 号站用变压器进行本体试验，包括绝缘电阻测试、变比试验、直流电阻试验，并与交接试验报告进行对比，发现该站用变压器绝缘电阻比交接时有明显下降，其余试验数据全部合格。

对站用变压器油中溶解气体进行分析，发现故障特征气体氢气增速较快且相对产气速率大于 10%，可认为设备有异常。

对溶解气体量用三比值法进行分析，由于该站用变压器投运时间较短，故按照 2016 年 3 月 25 日与 2017 年 7 月 5 日时间间隔内两次测定结果的差值来计算。

$$C_2H_2/C_2H_4=0.40/0.47=0.85$$
$$CH_4/H_2=150.17/5300.59=0.028$$
$$C_2H_4/C_2H_6=0.47/32.88=0.014$$

由上可知三比值码为 110，故障类型判断为电弧放电，故障原因初步判断为线圈匝间放电、层间放电、相间闪络，引线对箱壳或其他接地体放电。

（3）原因分析。综上所述，由于氢气含量突增且数值较大，初步怀疑该站用变压器可能存在受潮现象，油中含有的水与铁作用生成氢气；同时，该站用变压器投运时间较短，出现氢气严重超标，怀疑内部存在受潮或轻微电弧放电缺陷。

（4）措施及建议。运维人员日常巡视时，对于站用变压器气体继电器内集气情况应重点关注；同时，定期取油样进行色谱分析，发现问题时应进行对比分析，及时处理。

案例三：220kV××变电站站用电消失造成强油风冷主变压器跳闸

（1）情况说明。220kV××变电站 1 号站用变压器停电检修期间，由 2 号站用变压器带所有站用负载运行。工作结束恢复原运行方式期间，因站内水泵起动，负荷突增，两台站用变压器低压侧均跳闸，运维人员站用电恢复时间过长，造成站内 2 号主变压器（强迫油循环冷却方式）冷却器全停跳闸。

（2）检查处理情况。两台站用变压器低压侧跳闸后，运维人员对低压侧断路器进行试送时操作不当，未按下复归按钮，导致断路器一直试送不成功，在运维人员申请退出 2 号主变压器冷却器全停出口连接片时，2 号主变压器冷却器全停时间达到限值，2 号主变压器跳闸。

（3）原因分析。

1）运维人员对站用变压器低压断路器操作不熟悉，多次试送均未发现复归按钮未按下，导致断路器试送不成功，耽误了站用电恢复时间。

2）运维人员未意识到站用电消失对强油主变压器的影响，冷却器全停后，没有及时记录冷却器停运时间，未关注 2 号主变压器负荷及温度变化情况，未及时申请退出 2 号主变压器冷却器全停保护，导致主变压器跳闸。

（4）措施及建议。

1）加强运维人员对站用变压器低压断路器的操作培训，以及站用电消失后，强油主变压器冷却器全停反事故演习。

2）对于有人值守变电站，将强油变压器冷却器全停改投信号。

第五节　习　题　测　评

一、单选题

1. 当任一台站用变压器退出时，（　　）应切换至失电的工作母线段继续供电。

A. 运行站用变压器　　B. 逆变电源　　C. 备用站用变压器　　D. 失电站用变压器

2. 新投运站用变压器、涉及绕组接线的大修或低压回路进行拆、接线工作后恢复时，必须进行（　　）。

A. 带负荷试验　　　　B. 冲击试验　　　C. 核相　　　D. 预防性试验

3. 下列不是站用变压器并列运行的条件的有（　　）。

A. 电源电压等级　　　B. 联结组别　　　C. 短路阻抗　　D. 额定容量

4. 切换不同电源点的站用变压器时，（　　）站用变压器低压侧并列，严防造成站用变压器倒送电。

A. 不宜　　　　　　　B. 允许　　　　　C. 必须　　　　D. 严禁

5. 站用变压器在额定电压下运行，其二次电压变化范围一般不超过（　　）。

A. $-5\%\sim+10\%$　　　　　　　　B. $-5\%\sim+5\%$

C. $-10\%\sim+10\%$　　　　　　　　D. $-10\%\sim+5\%$

6. 在下列哪种情况下，站用变压器有载分接开关禁止调压操作？（　　）

A. 站用变压器低负荷运行时

B. 站用变压器轻微渗油时

C. 有载分接开关储油柜油位正常

D. 有载分接开关油箱内绝缘油劣化不符合标准

7. 树脂绝缘干式站用变压器宜安装在（　　）。

A. 室外　　　B. 室内　　　C. 室内、室外均可　　　D. 通风较好的场所

8. 站用变压器母排应加装（　　）。

A. 绝缘罩　　　　　　B. 绝缘护套　　　C. 塑料盒　　D. 防尘套

9. 油浸式站用变压器的上层油温不超过（　　）℃。

A. 85　　　　　　B. 90　　　　　C. 95　　　D. 100

10. 正常运行时，干式站用变压器的绝缘系统温度为180℃，额定电流下的绕组平均温升限值为（　　）K。

A. 75　　　　　　B. 80　　　　　C. 100　　　D. 125

11. 站用变压器套管有轻微裂纹、局部损坏及放电现象，（　　）将站用变压器停运。

A. 不需　　　　　　B. 不允许　　　C. 应立即　　D. 必要时

12. 油温变化应正常，站用变压器带负载后，油温应（　　）上升。

A. 缓慢　　　　　　B. 快速　　　　　C. 急剧　　　　D. 不断

13. 覆冰天气时，观察绝缘子的覆冰厚度及冰凌桥接程度，覆冰厚度不超（　　），冰凌桥接长度不宜超过干弧距离的1/3，放电不超过第二伞裙，不出现中部伞裙放电现象。

A. 5mm　　　　　　B. 8mm　　　　　C. 10mm　　　D. 15mm

14. 站用变压器吸湿剂受潮变色超过（　　）应及时维护。

A. 2/3　　　　　　B. 1/3　　　　　C. 3/4　　　　D. 4/5

15. 站用变压器吸湿器内吸湿剂宜采用同一种变色硅胶，其颗粒留有（　　）空间。

A. 1/4~1/5　　　　B. 1/5~1/6　　　C. 1/6~1/7　　D. 1/5~1/7

16. 站用变压器吸湿剂油杯内的油应补充至（　　）位置，补充的油应（　　）。

A. 最低合格　　　　B. 合适完备　　　C. 最高合格　　D. 合适合格

二、多选题

17. 关于站用变压器运行规定，下列说法正确的是（　　）。

A. 当任一台站用变压器退出时，备用站用变压器应切换至失电的工作母线段继续供电

B. 切换不同电源点的站用变压器时，允许站用变压器低压侧并列

C. 树脂绝缘干式站用变压器宜安装在室外

D. 站用变压器母排应加装绝缘护套

18. 站用变压器（　　）不一致时，严禁并列运行。

A. 电源电压等级　　B. 联结组别　　　C. 短路阻抗　　D. 额定容量

19. 在下列哪种情况下，站用变压器有载分接开关禁止调压操作（　　）。

A. 站用变压器低负荷运行时

B. 站用变压器轻微渗油时

C. 有载分接开关储油柜的油位异常

D. 有载分接开关油箱内绝缘油劣化不符合标准

20. 关于站用变压器运行温度，说法正确的是（　　）。

A. 油浸式站用变压器的上层油温不超过85℃

B. 油浸式站用变压器温升不超过50K

C. 正常运行时，油浸式站用变压器上层油温不宜经常超过85℃

D. 正常运行时，干式站用变压器的绝缘系统温度为105℃，额定电流下的绕组平均温升限值为60K

21. 发现站用变压器有下列情况之一，应立即将站用变压器停运（　　）。

A. 站用变压器严重漏油使油面下降，低于油位计的指示限度

B. 站用变压器在正常负载下，温度不正常并不断上升

C. 站用变压器引出线的接头过热，红外测温显示温度达到严重发热程度，需要停运处理

D. 高压熔断器熔断

22. 关于站用变压器例行巡视，说法正确的是（　　）。

A. 有载分接开关的分接位置及电源指示应正常，分接挡位指示与监控系统一致

B. 本体运行温度正常、温度计指示清晰、表盘密封良好、防雨措施完好

C. 压力释放阀及防爆膜应完好无损，无漏油现象

D. 气体继电器内应无气体

23. 站用变压器各部位的接地可靠，接地引下线无（　　）。

A. 松动　　　　　　B. 锈蚀　　　　　　C. 断股　　　　D. 散股

24. 关于站用变压器吸湿器说法，正确的是（　　）。

A. 呼吸畅通

B. 吸湿剂不应自上而下变色，上部不应被油浸润，无碎裂、粉化现象

C. 吸湿剂潮解变色部分不超过总量的 2/3

D. 油杯油位正常

25. 干式站用变压器环氧树脂表面及端部应（　　）。

A. 光滑、平整　　　　　　　　　B. 无裂纹、毛刺或损伤变形

C. 锈蚀　　　　　　　　　　　　D. 无烧焦现象

26. 关于干式站用变压器温度控制器的说法正确的是（　　）。

A. 干式站用变压器温度控制器显示正常　B. 器身感温线松动但无脱落现象

C. 散热风扇可正常起动　　　　　　　　D. 运转时无异常响声

三、判断题

27. 站用变压器的负载超过允许的正常负载时，应对高压熔断器进行测温监视，并查看是否存在裂纹及渗漏油情况。（　　）

28. 站用变压器吸湿器内吸湿剂宜采用同一种变色吸湿剂，其颗粒直径大于 3mm 且留有 1/5～1/6 空间。（　　）

29. 不运行的站用变压器每半年应带电运行不少于 48h。（　　）

30. 当任一台站用变压器退出时，备用站用变压器应能自动切换至失电的工作母线段继续供电。（　　）

31. 干式站用变压器超温告警时，干式站用变压器温度控制器温度指示超过闭锁值。（　　）

32. 两路不同站用变压器电源供电的负荷回路不得并列运行，站用交流环网严禁合环运行。（　　）

33. 切换不同电源点的站用变压器时，严禁站用变压器低压侧并列，严防造成站用变压器倒送电。（　　）

34. 油浸式站用变压器的上层油温不超过 95℃，温升不超过 55K。（　　）

四、问答题

35. 站用变压器低压侧绝缘包封的作用是什么？

习 题 答 案

第一章 变 压 器

一、单选题

1. A 2. C 3. D 4. A 5. B 6. B 7. A 8. D 9. A 10. B
11. A 12. C 13. D 14. A 15. C 16. B 17. A 18. A 19. B 20. A
21. C 22. A 23. A 24. B

二、多选题

25. ABD 26. ABCD 27. ABC 28. AB 29. ABCD

三、判断题

30. √ 31. × 32. √ 33. × 34. √ 35. √

四、问答题

36. 变压器在电力系统中的主要作用是什么？其基本原理是什么？

答：变压器在电力系统中的主要作用是变换电压，以利于功率的传输。电压经升压变压器升压后，可减少线路损耗，提高送电的经济性，达到远距离送电的目的。而降压变压器则能把高电压变为用户所需要的各级使用电压，满足用户需要。变压器是一种按电磁感应原理工作的电气设备，当一次绕组加上电压、流过交流电流时，在铁芯中就产生交变磁通。这些磁通中的大部分交链着二次绕组，称它为主磁通。在主磁通的作用下，两侧的绕组分别产生感应电动势，电动势的大小与匝数成正比。变压器的一、二次绕组匝数不同，这样就起到了变压作用。

变压器一次侧为额定电压时，其二次侧电压随着负载电流的大小和功率因素的高低而变化。

37. 变压器冷却器的作用是什么？变压器的冷却方式有哪几种？

答：当变压器上层油温与下部油温产生温差时，通过冷却器形成油温对流，经冷却器冷却后流回油箱，起到降低变压器温度的作用。

（1）油浸式自然空气冷却方式。

（2）油浸风冷式。

（3）强迫油循环水冷式。

（4）强迫油循环风冷式。

（5）强迫油循环导向冷却。

在 500kV 变电站中一般大型变压器采用强油强风冷式，而超大型变压器采用强迫油循环导向冷却方式。

38. 什么叫分接头开关？什么叫无载调压？什么叫有载调压？

答：连接以及切换变压器分接抽头的装置，称为分接开关。

如果切换分接头必须将变压器从电网中切除，即不带电切换，称为无励磁调压或无载调压。这种分接头开关称为无励磁分接头开关，或无载调压分接头开关。

如果切换分接头不需要将变压器从电网中切除，即可带着负载切换，则称为有载调压。这种分接头开关称为有载分接头开关。

39. 气体继电器的作用是什么？如何根据气体的颜色来判断故障？

答：气体继电器的作用是当变压器内部发生绝缘击穿、线匝短路及铁芯烧毁等故障时，运行人员发出信号或切断电源以保护变压器。

40. 变压器油枕的作用是什么？

答：当变压器油的体积随着油的温度膨胀或减小时，油枕起着调节油量，保证变压器油箱内经常充满油的作用。若没有油枕，变压器油箱内的油面波动就会带来以下两个方面的不利因素：①油面降低时露出铁芯和绕组部分会影响散热和绝缘；②随着油面波动，空气从箱盖缝里排出和吸进，而由于上层油温很高，使油很快地氧化和受潮。减少油和空气的接触面，防止油被过速地氧化和受潮，油枕的油面比油箱的油面要小，另外油枕的油在平常几乎不参加油箱内的循环，它的温度要比油箱内的上层油温低得多，而油在低温下氧化过程慢。因此有了油枕，可防止油的过速氧化。

41. 变压器套管末屏的作用？

答：油纸电容式套管末屏上引出的小套管是供套管介损试验和变压器局部放电试验用的，正常运行中小套管应可靠接地，拆卸末屏小套管时须防止小套管导杆转动和拉出，以免发生引线断线或极板上的引出铜皮损坏。

42. 变压器铁芯多点接地危害是什么？

答：变压器正常运行时，是不允许铁芯多点接地的，因为变压器正常运行中，绕组周围存在着交变的磁场，由于电磁感应的作用，高压绕组与低绕组之间、低绕组与铁芯之间、铁芯与外壳之间都存在寄生电容，带电绕组将通过寄生电容的耦合作用，使铁芯对地产生悬浮电位，由于铁芯及其他金属构件与绕组的距离不相等，使各构件之间存在着电位差，当两点之间的电位差达到能击穿其间的绝缘时，便产生火花放电，这种放电是断续的，长期下去，对变压器油和固体绝缘都有不良影响，为了消除这种现象，把铁芯与外壳可靠地连接起来，使它们等电位，但当铁芯或其他金属构件有两点或多点接地时，接地点就会形成闭合回路，造成环流，引起局部过热，导致油分解，绝缘性能下降，严重时，会使铁芯硅钢片坏，造成主变压器重大事故，所以主变压器铁芯只能一点接地。

43. 简述轻瓦斯、重瓦斯动作条件。

答：当变压器（或有载开关）内部出现轻微故障时，变压器油由于分解而产生的气体聚集在继电器上部的气室内，迫使其油面下降，浮杯（浮子）随之下降到一定位置，其上的磁铁使干簧管接点吸合，接通信号回路，发出报警信号。

当变压器（或有载开关）内部出现严重故障时，将会出现变压器油涌浪，在管路产生油流，冲动继电器的挡板，当使挡板达到某一限定位置时，继电器的跳闸接点接通，切断变压器电源，以保护变压器。

44. 简述变压器温度计测温工作原理。

答：变压器温度计主要由弹性元件、传感导管、感温部件、温度变送器、数字式温度显示仪组成。由弹性元件、传感导管和感温部件构成的密封系统内充满感温介质，当被测温度变化时，感温部件内的感温介质体积随之变化，这个体积增量通过传感导管传递到仪表内弹性元件，使之产生一个相对应的位移，这个位移经机构放大后便可指示被测温度。

45. 简述磁铁、磁针油位计工作原理。

答：（1）磁铁式油表。当储油柜油面升降时，浮子也随之升降，通过连杆使永久磁铁转动，吸引玻璃板另一侧的磁铁转动，从而带动指针转动，指针位置在表盘上反映储油柜中的油面位置。

（2）磁针式油表。当储油柜内油位的变化，使得油位计连杆上的浮球上下摆动，带动油位计的转动机构转动，通过磁耦合器及指针轴的转动，将储油柜的油位在表盘上通过指针指示出来。油位计内装有超限油位报警机构，可实现远距离油位监测。

46. 变压器油色谱中 H_2、CO_2、CO 超标表示什么意思？

答：H_2 超标表示变压器可能存在油过热、油纸绝缘中局部放电、油和纸中电弧或油中火花放电故障；CO_2 超标表示变压器可能存在油和纸过热或油和纸中电弧故障；CO_2 超标表示变压器可能存在油纸绝缘中局部放电或油和纸中电弧故障。

第二章　断　路　器

一、单选题

1. B　　2. B　　3. C　　4. D　　5. C　　6. C　　7. B　　8. D　　9. C　　10. D

11. B　　12. B　　13. C　　14. C　　15. A　　16. B　　17. C　　18. B　　19. C　　20. A

21. D　　22. B

二、多选题

23. AB　　　　24. BD　　　　25. BC　　　　　26. ACD　　　　27. ABCD

三、判断题

28. √　　29. ×　　30. ×　　31. √　　32. √　　33. √　　34. √　　35. √

四、问答题

36. 断路器在电网中起着什么样的作用？

答：断路器在电网中起着两方面的作用：

（1）控制作用。根据电网运行需要，用断路器把一部分电力设备或线路投入或退出运行。

（2）保护作用。断路器还可在电力线路或设备发生故障时，将故障部分从电网中快速切除，保证电网中的无故障部分正常运行。

37. 断路器一般采用哪几种灭弧方式？

答：灭弧方式包括：①利用油熄灭电弧；②采用多断口灭弧；③用 SF_6（六氟化硫）灭弧；④用真空灭弧。

38. 断路器有异常声响的危害。

答：断路器发出异常声响原因有：①内部紧固件松动，运行过程中发生震动；②触头接触不良，对于大电流断路器而言，发生触头接触不良的情况很低，而这种接触不良导致的异响是很严重的，一是输出电压不稳，二是开关发热，甚至烧毁。当我们日常巡检时，发现断路器异常声响，应提高警惕进行故障排除。如果巡视未发现断路器异常声响，导致故障没有及时排除，会产生严重后果，影响断路器的正常运行，更严重的情况导致断路器烧毁。

第三章 隔 离 开 关

一、单选题

1. B　　2. B　　3. A　　4. A　　5. B　　6. D　　7. C　　8. B　　9. B　　10. B

11. B　　12. C　　13. D　　14. A　　15. A　　16. D

二、多选题

17. ABCD　　　18. BCD　　　19. BC　　　20. ABCD

三、判断题

21. √　22. √　23. √　24. √　25. ×　26. √　27. √　28. ×　29. ×　30. ×

31. ×　32. √　33. √　34. ×　35. ×

四、问答题

36. 隔离开关的作用是什么？

答：（1）隔离电源。将需要检修的电气设备与带电的电网可靠隔离，以保证检修工作人员的安全。

（2）倒闸操作。在双母线制的电路中，用隔离开关将电气设备或供电线路从一组母线切换到另一组母线。

（3）用以连通或切断小电流电路。

37. 隔离开关是如何分类的？

答：（1）按绝缘支柱数目，可分为单柱式、双柱式和多柱式隔离开关。

（2）按闸刀的运行方式，可分为水平旋转式、垂直旋转式、摆动式和插入式。

（3）按有无接地开关，可分为有接地开关和无接地开关。

（4）按装设地点不同，可分为户内式和户外式。

（5）按操作机构不同，可分为手动、电动和气动式。

38. 隔离开关为什么不能用来接通或切断负荷电流或短路电流？

答：因为隔离开关没有专门的灭弧装置，所以不能用来接通或切断负荷电流或短路电流。

第四章　电压互感器

一、单选题

1. A　　2. B　　3. C　　4. B　　5. A　　6. A　　7. C　　8. A　　9. B　　10. C

二、多选题

11. ABD　　　12. CD　　　13. ABC　　　14. ABCD　　　15. AB

三、判断题

16. √　　17. √　　18. ×　　19. √　　20. √

四、简答题

21. 电压互感器的几个原理特点?

答：(1) 工作时，一次绕组并联在高压线路（母线）上，二次绕组接有测量仪表和继电保护装置的电压线圈，其二次绕组阻抗高、电流小，相当于空载变压器运行。

(2) 电压互感器的一、二次绕组之间有足够的绝缘，并且通过匝数的匹配，可将不同的一次电压变换成较低的标准电压，一般情况是 $100V$ 或 $100/\sqrt{3}V$，这样有利于其二次仪器、仪表的小型化和标准化。

(3) 二次绕组不允许在运行中短路。

22. 电容式电压互感器电容分压器作用?

答：电容分压器是将线路高压分压到 $20kV$ 以下的电压，承受线路上的高压。

23. 运行中电压互感器产生异常声响的原因?

答：运行中的电压互感器二次电压异常时，内部伴有"嗡嗡"较大噪声；运行中的电压互感器过电压、铁磁谐振、谐波作用时声响比平常增大而均匀；运行中的电压互感器本体内部故障时伴有"噼啪"放电声响；运行中的电压互感器外绝缘表面有局部放电或电晕，外绝缘损坏伴有"噼啪"放电声响。

第五章　电流互感器

一、单选题

1. A　　2. A　　3. B　　4. D　　5. A　　6. B　　7. C　　8. B　　9. D　　10. B

11. D　　12. A　　13. D　　14. B　　15. C

二、多选题

16. ABC　　　17. ABCD　　　18. ABCD　　　19. ABCD　　　20. ABCD

三、判断题

21. √　22. √　23. ×　24. ×　25. √

四、简答题

26. 电流互感器二次为什么不许开路？开路后有什么后果？

答案：电流互感器一次电流的大小与二次负载的电流无关。互感器正常工作时，由于阻抗很小，接近于短路状态，一次电流所产生的磁化力大部分被二次电流所补偿，总磁通密度不大，二次绕组电动势也不大。当电流互感器开路时，阻抗 Z_2 无限增大，二次绕组电流等于零，二次绕组磁化力等于零，总磁化力等于原绕组的磁化力（$I_{0N1} = I_{1N1}$）。也就是一次电流完全变成了励磁电流，在二次绕组产生很高的电动势，其峰值可达几千伏，威胁人身安全，或造成仪表、保护装置、互感器二次绝缘损坏。另一方面一次绕组磁化力使铁芯磁通密度增大，可能造成铁芯强烈过热而损坏。

电流互感器开路时，产生的电动势大小与一次电流大小有关。在处理电流互感器开路时一定将负荷减小或使负荷为零，然后带上绝缘工具进行处理，在处理时应停用相应的保护装置。

27. 何谓电流互感器的末屏接地，不接地会有什么影响？

答案：在 220kV 及以上的电流互感器或 60kV 以上的套管式电流互感器中，为了改善其电场分布，使电场分布均匀，在绝缘中布置一定数量的均压极板——电容屏，最外层电容屏（末屏）必须接地。如果末屏不接地，则因在大电流作用下，其绝缘电位是悬浮的，电容屏不能起均压作用，在一次通有大电流后，将会导致电流互感器绝缘电位升高，而烧毁电流互感器。

第六章　构支架、母线与绝缘子

一、单选题

1. C　2. B　3. D　4. B　5. D

二、多选题

6. BC　　　7. AC　　　8. BCD　　　9. ABCD　　　10. CD

三、判断题

11. ×　12. √　13. ×　14. √　15. √

四、简答题

16. 母线巡视要点有哪些？

答：（1）线夹、接头无过热、无异常。

（2）带电显示装置运行正常。

（3）软母线无断股、散股及腐蚀现象，表面光滑整洁。

（4）引线无断股或松股现象，连接螺栓无松动脱落、无腐蚀现象、无异物悬挂。

17. 绝缘子的作用是什么?

绝缘子作用有两个方面: ①牢固地支持和固定载流导体; ②将载流导体与地之间形成良好的绝缘。

第七章 组 合 电 器

一、单选题

1. B   2. A   3. B   4. A   5. C

二、多选题

6. ABCD   7. AB   8. ABC   9. ABCD   10. CD

三、判断题

11. √   12. √   13. ×   14. ×   15. √   16. √   17. √   18. √   19. √   20. √

四、简答题

21. 结构上 GIS 与 HGIS 的区别是什么?

答: 在结构方面, GIS 是变电站中除变压器外所有一次电气元件的组合、集成在一起的三相气体绝缘金属封闭开关设备。而 HGIS 是变电站中除变压器、母线外所有一次电气元件的组合、集成在一起的单相气体绝缘金属封闭开关设备, 即 HGIS 就是没有三相母线的 GIS。

第八章 开 关 柜

一、单选题

1. D   2. A   3. D   4. B   5. B   6. C   7. C   8. A   9. C   10. D

二、多选题

11. ABD   12. ABCD   13. ABD   14. ABCD   15. BC

16. ABCD   17. ABCDEFG   18. AC   19. AB   20. BD

三、判断题

21. √   22. √   23. √   24. ×   25. ×

四、简答题

26. 开关柜静触头盒隔板的作用是什么?

答案: 手车在试验位置和工作位置的移动过程中, 遮挡上、下静触头盒的活门自动相应打开或闭合, 形成隔室间有效的隔离。

27. 开关柜零序电流互感器的作用是什么?

答案: 出线高压电缆三相一并穿过零序电流互感器中心, 正常情况三相电流向量和为零, 当发生不对称接地故障时, 零序电流互感器二次绕组将有零序感应电流, 上传给保护装置。

第九章　高压电抗器

一、单选题

1. A　　2. C　　3. A　　4. A　　5. D　　6. B

二、多选题

7. AB　　　　8. ABC　　　　9. ABCD　　　　10. ABC　　　　11. ABCD

三、判断题

12. ×　　13. √　　14. ×　　15. √　　16. √

四、简答题

17. 简述串联电抗器与并联电抗器的作用。

答案：串联电抗器主要用来限制短路电流，也有在滤波器中与电容器串联或并联用来限制电网中的高次谐波。并联电抗器是用来吸收电网的充电容性无功的，并可通过调整并联电抗器的数量来调整运行电压。

18. 严寒季节时高压电抗器特殊巡视项目和要求？

答案：检查高压电抗器油枕油位符合温度—油位曲线、导线无过紧、接头无开裂发热、绝缘子无积雪冰凌桥接、管道无冻裂等现象。

19. 高温季节时高压电抗器特殊巡视项目和要求是什么？

答案：检查高压电抗器油枕油位符合温度—油位曲线，无油温过高（以厂家说明书、规程规定为准）、接头无发热等现象。

20. 高压电抗器故障后巡视项目和要求？

答案：（1）重点检查信号、继电保护、录波及自动装置动作情况。

（2）检查故障范围内的设备情况，如导线有无烧伤、断股，设备的油位、油色、油压等是否正常，有无喷油异常情况等，绝缘子有无污闪、破损情况。

第十章　电抗器

一、单选题

1. D　　2. D　　3. A　　4. A　　5. B

二、多选题

6. AD　　　　7. AB　　　　8. ABC　　　　9. BC　　　　10. ABC

三、判断题

11. √　　12. √　　13. ×　　14. √　　15. √　　16. √　　17. √　　18. √　　19. √　　20. √

21. √

四、简答题

22. 电抗器运行时内部有放电声，应如何处理？

答案：内部有放电声，检查是否为不接地部件静电放电、线圈匝间放电，影响设备正常运行的，应汇报调控人员，及时停运，联系检修人员处理。

23. 并联电抗器和串联电抗器各有什么作用？

答案：线路并联电抗器可补偿线路的容性充电电流，限制系统电压升高和操作过电压的产生，保证线路的可靠运行。母线串联电抗器可限制短路电流，维持母线有较高的残压。而电容器组串联电抗器可限制高次谐波，降低电抗。

24. 线路电抗器在哪些情况下必须进行特殊巡视？

答案：在以下情况下必须进行特殊巡视：

（1）电抗器所在的线路每次跳闸和操作后。

（2）每次信号动作后。

（3）过电压运行时要特别注意电流的变化情况、温度和接头的过热情况以及异常声音、油枕油位等情况。

（4）设备有缺陷时。

（5）天气异常时和雷雨后。

（6）其他特殊情况。

25. 干式电抗器新投入后巡视的项目有哪些？

答案：

（1）声音应正常，如果发现响声特大、不均匀或有放电声，应认真检查。

（2）表面无爬电，壳体无变形。

（3）表面油漆无变色，无明显异味。

（4）红外测温电抗器本体和接头无发热。

（5）新投运电抗器应使用红外成像测温仪进行测温，注意收集、保存、填报红外测温成像图谱佐证资料。

26. 干式电抗器异常天气时巡视的项目有哪些？

答案：

（1）气温骤变时，检查一次引线端子无异常受力，无散股、断股，撑条无位移、变形。

（2）雷雨、冰雹、大风天气过后，检查导引线摆动幅度及有无断股迹象，设备上有无飘落积存杂物，瓷套管有无放电痕迹及破裂现象。

（3）浓雾、毛毛雨天气时，瓷套管有无沿表面闪络和放电和异常声响。

（4）高温天气时，应特别检查电抗器外表有无变色、变形，有无异味或冒烟。

（5）下雪天气时，应根据接头部位积雪溶化迹象检查是否发热。检查导引线积雪累积厚度情况，及时清除导引线上的积雪和形成的冰柱。

27. 试求型号为 NKL-10-400-6 的电抗器感抗 X_L。

答案：

因为

$$X_L\% = \frac{X_L}{\dfrac{U_e}{\sqrt{3}I_e}} \times 100$$

$$X_L\% = X_L I_e/(U_e/\sqrt{3}) \times 100$$

所以

$$X_L = U_e X_L\%/(\sqrt{3}I_e \times 100) = 10000 \times 6/(\sqrt{3} \times 400 \times 100) = 0.866(\Omega)$$

答：电抗器的感抗为 0.866Ω。

第十一章　电　容　器

一、单选题

1. B　　2. D　　3. C　　4. B　　5. B　　6. A　　7. A　　8. B　　9. B　　10. D

11. B　　12. D　　13. D　　14. A　　15. D　　16. D　　17. D

二、多选题

18. AC　　　　19. BCD　　　　20. ACD　　　　21. BD　　　　22. BCDE

23. ABCD　　24. ABCD　　25. ABC　　26. ABCD　　27. ABC

28. ABCD　　29. ABCD　　30. ABCD　　31. ABCD　　32. ABCD

33. ABC　　　34. ABC

三、判断题

35. ×　36. ×　37. √　38. √　39. ×　40. √　41. ×　42. √　43. √　44. ×

45. √　46. √　47. ×　48. √　49. ×　50. √

四、简答题

51. 系统电压波动、电容器本体有异常（如振荡、接地、低周或铁磁谐振）时，应检查电容器哪些部位？

答案：应检查电容器固件有无松动，各部件相对位置有无变化，电容器有无放电及焦烟味，电容器外壳有无膨胀变形。

第十二章　避　雷　器

一、单选题

1. B　　2. C　　3. D　　4. A　　5. C　　6. A　　7. A　　8. D

9. A　　10. C　　11. D　　12. C　　13. B　　14. B　　15. B　　16. A

17. D　　18. A　　19. B　　20. A

二、多选题

21. ABC　　　22. ABCD　　　23. CD　　　24. ABCD　　　25. BC

26. BD　　　27. BCD　　　28. AB　　　29. AD　　　30. BD

三、判断题

31. × 32. √ 33. × 34. × 35. √

四、简答题

36. 氧化锌避雷器的工作原理是什么?

答案:氧化锌避雷器在正常系统工作电压下,呈现高电阻状态,仅有微安级电流通过,在过电压、大电流作用下它便呈现低电阻,从而限制了避雷器两端的残压。

第十三章　防雷及接地装置

一、单选题

1. B　2. C　3. D　4. D　5. C　6. A

二、多选题

7. ABC　8. AB　9. AD　10. AD　11. ABC

三、判断题

12. √　13. ×　14. √　15. √　16. √　17. √

四、问答题

18. 避雷针特殊巡视项目有哪些?

答案:

(1) 雷雨后的巡视。

1) 雷雨过后,重点检查避雷针等设备接地引下线有无烧蚀、伤痕、断股,接地端子是否牢固。

2) 雷雨、冰雹、冰雪等异常天气过后,检查设备上无飘落积存杂物,避雷针本体与引下线连接处无脱焊断裂。

(2) 洪水后的巡视。

1) 大雨过后,基础无沉降,钢管避雷针排水孔无堵塞。

2) 大风前后,避雷针无晃动、倾斜,设备上无飘落积存杂物。

3) 气温骤变时,避雷针本体无裂纹,连接接头处无开裂。

第十四章　中性点隔直装置

一、单选题

1. D　2. B　3. A　4. D　5. C　6. D　7. D

二多选题

8. BD　9. ABCD　10. AD　11. ABC　12. ABCD　13. ABCD

三、判断题

14. √　15. √　16. √　17. √

四、问答题

18. 中性点隔直装置特殊巡视的内容？

答案：

(1) 雨雪天气时，检查中性点电容隔直/电阻限流装置柜内加热器是否启动，有无进水受潮。

(2) 高温天气、变压器过载运行期间，检查中性点电容隔直/电阻限流装置柜（室）通风设备工作正常，内部元器件无过热。

(3) 变压器出现短路跳闸、外部过电压、系统谐振等异常状况后，应检查中性点电容隔直/电阻限流装置内部元器件完好，无放电、异响、异味。

第十五章　耦合电容器、结合滤波器

一、单选题

1. C　　2. C　　3. C　　4. C　　5. D

二、多选题

6. ABCD　　7. BCD　　8. ABCD　　9. BCD　　10. ABCDEF

11. AD　　12. ABC　　13. ABCD　　14. ABCD　　15. ABC

16. ABD　　17. ABC　　18. ABCD　　19. ABCD　　20. AC

三、判断题

21. ×　22. ×　23. √　24. ×　25. ×　26. ×　27. ×　28. ×　29. ×　30. √

31. ×　27. ×　33. √　34. √　35. ×　36. ×

四、问答题

37. 耦合电容器的工作原理是什么？

答：电容器容抗 X_c 的大小取决于电流的频率 f 和电容器的容量 C，$X_c = 1/(2\pi fC)$，高频载波信号通常使用的频率为 $30 \sim 500\text{kHz}$，对于 50Hz 的工频来说，耦合电容器呈现的阻抗要比高频信号呈现的阻抗值大 $600 \sim 1000$ 倍，基本上相当于开路，而对于高频信号来说，则相当于短路。

第十六章　阻　波　器

一、单选题

1. A　　2. B　　3. B　　4. C　　5. B

二、多选题

6. ABCD　　7. AC　　8. ABC　　9. ABC　　10. ABD

11. AB　　12. AC　　13. BCD　　14. AB　　15. BC

三、判断题

16. ×　17. √　18. √　19. ×　20. √　21. √　22. ×　23. √　24. ×　25. √

四、问答题

26. 阻波器的工作原理是什么？

答案：阻波器是由电感与电容并联构成，主要利用谐振原理使阻波器对高频信号呈高阻抗而对工频电流则只有很小的阻抗，这样使工频信号畅通无阻而将高频信号阻隔在线路上，以避免高频信号对系统的干扰，同时可利用此高频信号在两变电站或电厂之间进行通信，并实现高频保护。

第十七章　站 用 变 压 器

一、单选题

1. C　2. C　3. D　4. D　5. A　6. D　7. B　8. B　9. C　10. D

11. C　12. A　13. C　14. A　15. B　16. D

二、多选题

17. AD　　　18. ABC　　　19. CD　　　20. CD　　　21. ABC

22. ABCD　　23. ABC　　24. ABCD　　25. ABD　　26. ACD

三、判断题

27. ×　28. √　29. ×　30. √　31. ×　32. √　33. √　34. √

四、问答题

35. 站用变压器低压侧绝缘包封的作用是什么？

答案：站用变压器因电压等级较低，低压桩头距离较近，低压侧引线绝缘包封有效防止了低压引线相间短路接地的情况。若绝缘包封脱落，造成低压侧引线裸露，当发生异物搭挂等情况时，可能会造成站用变压器短路跳闸。